生物经济

一个革命性时代的到来

李 斌◎主编

中国出版集团 | 全国百佳图书
中国民主法制出版社 | 出版单位

图书在版编目（CIP）数据

生物经济：一个革命性时代的到来 / 李斌主编. —

北京：中国民主法制出版社，2022.5

ISBN 978-7-5162-2828-9

Ⅰ.①生… Ⅱ.①李… Ⅲ.①生物技术—技术经济学

Ⅳ.①Q81-05

中国版本图书馆CIP数据核字(2022)第067354号

图书出品人：刘海涛

出 版 统 筹：石　松

责 任 编 辑：张佳彬　高文鹏　刘险涛

书　　　　名/生物经济：一个革命性时代的到来

作　　　者/李　斌　主编

出版·发行/中国民主法制出版社

地址/北京市丰台区右安门外玉林里7号（100069）

电话/（010）63055259（总编室）　63058068　63057714（营销中心）

传真/（010）63055259

http：//www.npcpub.com

E-mail：mzfz@npcpub.com

经销/新华书店

开本/16开　710mm×1000mm

印张/25.5　字数/370千字

版本/2022年5月第1版　2022年5月第1次印刷

印刷/北京盛通印刷股份有限公司

书号/ISBN 978-7-5162-2828-9

定价/78.00元

21世纪是生命科学的世纪?!

谨以此书献给关注生命、执着于生命科学研究、
努力推动生物经济、推动未来发展的人们

智者预见

在沃森和克里克联合发表他们著名的论文以来的50年里，引发的知识爆炸跟任何一个受欢迎的爆炸一样，在以指数形式增长着。我想我说的就是爆炸。

——［英］克林顿·理查德·道金斯：《小摩尔定律》

生物物质经济将以爆炸性的态势在短时间内为全球经济带来革命性的发展，它会像基因一样从内部展开从而带来根本的改变，其力量已经相当明显。

——［美］理查德·W.奥利弗：《即将到来的生物科技时代——全面揭示生物物质时代的新经济法则》

"生物技术世纪"很像是浮士德与魔鬼签订的协约。它向我们展示了一个光明的、充满希望的、日新月异的未来。但是，每当我们向这个"勇敢新世界"迈进一步，"我们会为此付出什么代价"这个恼人的问题就会警告我们一次。

——［美］杰里米·里夫金：《生物技术世纪——用基因重塑世界》

我们所生活的时代十分值得玩味。在过去几百万年中，我们的祖先一直顺应着基因社会，而地球上其他生命显然还依然如此。但我们却已然开始超越我们的遗传物质，渐渐扩大了我们要保护的对象范畴——从家庭延伸到了村庄和国家，继而延伸到了全部人类；当我们考虑到动物权利时，我们的保护范畴甚至延伸到了人类之外。

——［美］以太·亚奈、［美］马丁·莱凯尔：《基因社会：哈佛大学
人性本能 10 讲》

巨大的 DNA 序列数据正静待我们进一步挖掘。还有更多的数据等待我们去研读，而且数据还会增加。我相信，人类遗传学的前进方向，就是从每个人出生开始对其进行完整的基因测序。然后，我们将进入尚未完全被意识到的数据安全和隐私领域，这些问题需要结合尽可能广泛的咨询，在社会层面得到解决。

——［英］亚当·卢瑟福：《我们人类的基因：全人类的历史与未来》

比起过去，我更感兴趣的是未来。在人群聚集之处，瘟疫是不可避免的。这意味着，当全球人口由 70 多亿人，每年新增8000万人——差不多是当前德国人口的总量，于是，问题就成了：下一场大瘟疫会是什么？什么时候发生？谁将首当其冲？

——［美］马丁·布莱泽：《消失的微生物：滥用抗生素引发的健康危机》

地球上的人类不仅正处于壮丽的信息时代，也正经历着有独创性的可持续性革命、制造业上的高级3D打印革命、激动人心的身体认知革命、不可思议的纳米技术革命、感官附件上的工业革命以及仿生科技革命……

——［美］戴安娜·阿克曼：《人类时代：被我们改变的世界》

推荐语

经济活动是人类赖以繁衍生存的基础。处理好生产资料和人类活动管理的关系，社会才能进步，人类才能永续繁衍，地球才可以可持续发展。自古以来，人类在自己的社会活动中摸索出了一套经济活动模式，巧用自然发展经济一直是人类的法宝，人们发明的酒、醋、酱油就是生物经济的雏形。今天的生物技术给人类提供了无限可能，像今天抗击新冠斗争中 mRNA 疫苗为代表的新技术，在防病治病的过程中，必将给人类经济活动带来美好的未来，所以今天的生物经济必定是未来经济发展的趋势。李斌通过访谈的形式对话领域大咖，让我们了解生物经济的过去、现在与未来，精彩尽在本书中……

——高福（中科院院士、国家自然科学基金委副主任、中国疾病预防控制中心主任）

作为涵盖生命科学、生物技术、生物制造与生物安全的新经济形态，生物经济在全球化发展中的重要性与日俱增。《生物经济：一个革命性时代的到来》一书紧扣创新发展等新发展理念核心，以深度对话方式剖析新一轮科技革命和产业革命尤其是国内外生物经济发展大势，以及成功经验，为在新经济时代探索未来之路提供了行动指南。

——马向涛（北京大学医学博士，《癌症传》《基因传》译者）

推荐序一

生命科学进入新一轮"大发现时代"

贺福初

生命体，是迄今已知最为复杂的物质系统。

从人体结构的大发现到生物物种的大发现，近代以来，生命科学不断出现大发现时代，从500多年前持续至今。

从基因组到蛋白质组、转录组等，组学的发展引领了20世纪末至今的生命科学大发现时代，一系列重大发现喷薄而出，生命科学呈现爆发式成长乃至革命性突变的态势。

我们团队从事蛋白质组学驱动的精准医学、生物信息学和系统生物学研究20多年，率先提出人类蛋白质组计划的科学目标与技术路线，倡导并领衔了人类第一个组织、器官的国际"肝脏蛋白质组计划"，揭示了人体首个器官（肝脏）蛋白质组，还启动了"中国人蛋白质组计划"。下一步，我们将在国际范围部署建立"蛋白质组学驱动的精准医学"技术体系和行业标准，打造临床诊疗新模式，将以蛋白质组学和系统生物学为理论指导，以人类生理和病理蛋白质组为主要研究对象，以高通量蛋白质组鉴定和海量蛋白质组数据分析技术为支撑，竭力铸就以生物标志物、治疗靶点和创新药物为突破口的新一代精准医学引擎，大幅提升对重大、疑难疾病的"精准定位"和"精确打击"能力。

自人类基因组计划完成以来，随着各种组学技术不断创新、发展以及若干生物医学大科学计划的推进，"生命组学"的数据体量早已跨越PB（指字节，9.01×10的15次方比特）级大数据的门槛，并且完全具备大数据的5V[①]

---

① 5V即Volume（数据量大）、Velocity（速度快）、Variety（类型多）、Value（价值）、Veracity（真实性）。

特征。传统大数据通常基于观测表象，"生命组学"大数据则基于生命时空过程中不断变化的生物分子，故其必定蕴含了生命系统构成的原理与运行的规律。系统解读"生命组学"大数据，不仅将带来对生命的进一步的理性认知，而且有望升阶医学诊疗、健康管理水平，进而推动医学进入全新时代：智慧医学时代。

《生物经济：一个革命性时代的到来》一书的主编李斌是我认识多年的朋友，他长达20多年跟踪、记录乃至推动基因组学等生命组学的发展，还从观察者角度颇有创意地提出了自20世纪中叶至今的"生命政治学六部曲"，旗帜鲜明指出"生命政治学六部曲"的背后是技术的进步、工具的进步，并且抓住这次"做大做强生物经济"被列入《中华人民共和国国民经济和社会发展第十四个五年规划和2035年远景目标纲要》的契机，通过和10多位知名专家、科学家、创新型企业家、投资人深度对话，向公众揭示了生物经济时代究竟是一个怎样的时代，指出生物经济将产生"10×10"或"10的10次方"的巨大效能，是一个亟待重视和落实的重大战略部署，呼吁"深刻把握生物经济发展规律，大力促进生物经济健康快速发展"。

李斌还围绕"这场产业革命，和以往有何不同"这一重大问题，和被访谈对象一起"梳理"，从几个方面分析了生物经济和以往历次科技革命、产业革命的异同，指出人类经济社会已从"改造客体"时代进入"改造主体"时代，并尝试就生物经济时代缘何是"一个革命性时代"进行阐释，告诉人们"生物经济引领的新产业革命加速到来"，世界正从"万物互联"转向"万物共生"，面对这场不同的科技革命、产业革命，中国没有任何理由、任何资本再次失之交臂。

自然科学史上，我们常常可以看到"厚积薄发"的现象。这本书也是如此，深度对话的时间不一定很长，却是诸多智者、觉悟者、先行者"厚积薄发"的产物，确实值得更多的人一读，它将帮助你开启一扇通向崭新世界的大门，这个崭新世界，是生命世界，更是未来世界。

（贺福初：中国科学院院士、中国人民解放军军事科学院科技委主任）

不仅仅是生物经济时代，应该叫"生命时代"

汪 建

人类进入的不仅仅是生物经济时代，我认为应该叫"生命时代"。

生命时代是完全从为了人类生存、发展的历史阶段脱胎而出的，变成一个以生命的健康、价值、意义作为未来主要发展方向的时代。

从原始社会、农耕文化、工业时代到信息时代，这样一个以万年计的历史发展过程，人类都是为了更好地生存，生老病死被看成是自然规律。但是当物质比较富足的时候，对生老病死的看法和掌控，就提高到一个前所未有的历史阶段了。

生命的价值首先是解决生老病死。在此之后就是让人在精神上有更多的满足，也就是所谓的幸福感。再往深层次讲，幸福感以后，我们就要再想一想：生命的传承价值是什么？我们能不能对这个社会和时代有更多的贡献？

生命时代可以分成三个层面：肉体层面、精神层面、时空层面。三个层面都能做好，生命时代就能体现出它更大的意义。

第一个层面是在物质基本满足的情况下，要解决生老病死的问题，要尽可能地做到天下无残、天下无病，尽可能地延缓衰老过程。在过去物质匮乏的时候，我们的基因都要为抵御饥饿、寒冷做准备。工业时代，人类的生存宗旨就是让大家生活得更加舒适，能不能让大家活得更健康、死得更滞后，死得更少痛苦？当然，还有很多跟死亡相关的衰老的过程，我们还不太清楚。

我们的社会、研究实践、将来办医院的实践，都要弄清楚人类疾病的病因和因果关系，最终实现以预防为主的模式。比如，传染病是外来基因对人体的入侵，通过测序可以非常清晰地知道外来物质是什么。再如，孩子还没生出来，就有各种各样的疾病，生长发育过程中基因起到根本的作用，测序能够回答绝大多数问题。又如，大家最恐惧的肿瘤。基因不变，哪来的肿瘤？所以可以以预防为主，来实现对这些疾病的防控，以避免或减少在后期做太多的努力。这是对生活方式和整个医疗方式有重大改变的历史性挑战。

第二个层面是精神上的幸福感，要做到美丽、幸福，这与更大的社会层面相关，比生命的单纯生老病死要复杂得多。幸福感、意识和智慧的不同性从哪来？这是一个脑科学的问题。所以我们聚焦在两个方向，一个是脑科学研究，一个是衰老研究。这两个方向目前的因果关系还不太清楚，也是未来最大的两个挑战。这两个如果能做好的话，就能在很大程度上解决人们精神层面上的问题。如果脑科学不解决，所谓的幸福，所谓的延缓衰老，所谓的持久美丽，都只是从心理学、统计学意义上回答，而不是从根本上来回答这个问题。

第三个层面是时空影响力。一个人在自己幸福生活、健康长寿以外，能够给社会做什么贡献？给时代做什么贡献？给未来做什么贡献？基于前面幸福生活、健康长寿两个大前提，后面这个问题就好解决了，当然挑战性也就更大。作为个体，生命价值在于充分地享受生命的美好、体验整个人生的过程。但是从整个大的社会结构来说，你对社会的贡献是什么？对历史的贡献是什么？现在不仅仅要解决好中国社会发展的问题，也要按照习近平总书记提出来的那样，共同构建人类命运共同体、人类卫生健康共同体。生命的最高层次的意义就是要回答三个问题——你能给社会做什么？你能够给时代做什么？你能够给后代做什么？

这就是我关于"生命时代"的思考。这中间有一个永远不变的字就是"共"，就是让所有人都共享这个时代带来的福祉，让每一个人、每一个家庭都能够实现出生缺陷防控、传染病防控、健康长寿。我也相信，随着脑科学和抗衰老的进展，我们在意识上、在精神层面上、在幸福层面上，会有更多可干预的内容。

"更重要的是2020年以来时空组学的发展"

人类基因组图谱绘制以来的20多年，我们的体会是什么？最大的体会，就是随着技术进步、工具突破，我们在原始数据的积累过程中，实现了G（10的9次方）T（10的12次方）P（10的15次方）的突破。这种科学装置上的突破，必然推动IT技术的革命。从算力到算法，到存储，都要更快，通量更高、成本更低、耗电更少、保存可靠度更高，这就是大人群组学和时空组学带来的必然结果。

我们如果把20世纪作为一个阶段的话，过去几百年来积累的科学技术和认知，现在基本中等以上发展的国家都能够接受，我就姑且把它叫红海了。21世纪初，这20年来的大人群的大数据基因组学研究，它还是个蓝海，只有几个最发达的国家，和像华大基因这样的机构能做，所以它还是一个蓝海。我们希望这个蓝海能够解决一些遗传病的问题，能解决肿瘤早期发展的问题，也能解决传染病的问题。

更重要的是2020年以来时空组学的发展。时空组学这个名字是华大基因提出来的，是在时间和空间上进行基因组、表达谱、多组学的研究。这是一个深蓝色的海洋，是一块完全未被探索的新领域。这是千载难逢的机会，我们要努力把这一块做好，保证在这个新时代、新格局、新阶段产生新的成果，形成全面引领性的发展。从红海到蓝海到深蓝到深海，这个过程中我们完全可以做出一种全新的发展模式。

回到我讲的生命科学和物质科学的异同点，那就是从科学家积累性导向的发展模式，到了以大科学工程、大科学装置、大数据计算为导向，以国家力量作为支撑的新发展模式。物理学是如此，生命科学也正在走向这条路。我们希望有更多人来共同支持中国生命科学，特别是组学和时空组学，把对生命科学、生老病死、万物生长、生命起源、意识和衰老等的认知推向一个全新的领域。

"它们的后面都有一个巨大的支持力量，就是国家的力量"

组学是一个很有争议的领域，也是一个很有意义、很有发展前景的领域。我们如果做一个时空上的比较，也许更容易理解一些。20世纪中期，第二次世界大战后有三个因素促进了社会快速发展，其中一个是大科学装置，为我们对无穷小、无穷大的认知，对人类的认识带来了巨大的进步。这些大科学装置的后面都有一个重大支撑力量，就是计算。从最早的普通计算到超级计算，再到现在的智能计算，使我们对人类的认知、对自然的认知有了根本性的、前所未有的进步。

这里面有一件事值得关注，就是这些大科学装置后面都还有一个巨大的支持力量，就是国家的力量。这些大科学工程项目都以国家的形式来支撑，无论是登月计划、航天计划，还是对撞机计划，都离不开国家的意志和力量。这是物理科学也是物质学在过去60年里最重大的变化。

生命科学大概比物质科学的研究和实践要晚了三五十年。从1953年DNA双螺旋结构发现，到20世纪90年代人类基因组计划启动，人类终于有可能从生命的最基本结构上去认知生老病死和万物生长，认识生命起源。

拿人的情况来说，它最早是从一个受精卵开始，30亿个碱基对，父母亲一人一半，这是一个10的9次方的数据量，然后变成一个10的13次方个细胞的人。这种巨大的数据量，如果没有组学的方式去进行系统研究，仅仅依赖过去的分子生物学和还原论的模式，是解决不了问题的。所以在认识论上，一定要按照生命的中心法则，从根上、从基因开始去认识生命。这个就是人类基因组计划启动的根本原因。

当21世纪初宣布人类基因组计划完成的时候，就发现一个人的基因组远远不能代表人类整体，每一个人都是独立的个体，没有一个唯一共性的东西，每一个生命体都有它的特征，所以就牵涉大人群、大数据研究。

就拿现在引起广泛关注的罕见病来讲，一个医院的医生这一辈子可能就看过一次两次，但是在百万人、千万人、1亿人这样的大人群中，罕见病就不罕见了。所以只有通过组学去做研究，从一个基因组变成一个表达谱，还有蛋白质组、代谢组，如果没有多组学的研究过程，仅仅从基因上研究，并不能解释所有的生命问题，所以就牵涉了多组学问题。

"一场一场的革命推动了生命科学的发展"

基因组也好，蛋白质组也好，其他组学也好，往往要产生海量的数据。当数据大量产出的时候，IT怎么支撑BT的发展？BT与IT必须是融合发展，要有全新的算法、算力、存储模式，既要有生物学的思路，也要有量子学的思路，用量子计算能够提高多少倍性能？用生物学模式能够快速解决多少问题？这些都有待研究。DNA存储也是这样的。这就是为什么我们要成立量子研究小组，为什么要用生物计算模式。

文艺复兴时期的人体解剖，让人们知道了血液循环是什么、呼吸系统是什么，那是对生命认知的第一场革命。紧接着人类又发明了显微镜，18世纪、19世纪发现了微生物对人体的感染，细胞学诞生，进化论诞生，一场一场的革命推动了生命科学的发展，人类最后认识到基因是决定生命的根本因素。

在20世纪70年代，测序问题得到解决，终于可以对一个人的基因组图谱进行分析，在纳米尺度上，对生命起源的根本问题进行全面的观察和分析。

我觉得，基因组科学的革命一定是生命科学史上最伟大的革命之一，可能是更有影响力的一场革命。从人体解剖，到显微镜，到对生老病死的真正解读，每上一个台阶，就会带来更广阔的认知和突破。

真正推动生命科学的革命性进步，如果手里没有掌握真正的工具和技术是不太可能实现的。

华大从20世纪八九十年代开始做的是K量级的数据，也就是10的3次方。从单个的碱基到单个的基因，从平板测序到毛细管测序，数量已经到了M量级，也就是10的6次方，我叫作KM变化。华大基因有幸经历了这个过程，当年我们在人类基因组计划中承担百分之一的任务，我们在M量级的时候加入人类基因组计划，一台机器一天能做10的6次方的数据，那时候觉得是一件了不起的事情。

后来有了新的技术突破。2007年，新的测序技术一台机器一天能完成10的9次方也就是G级别的数据。我们抓住了历史机遇，快速往前推进，但是同时也意识到在仪器设备、试剂耗材上我们都受制于人，要真正推动生命科学的革命性进步，如果手里没有掌握真正的工具和技术是不太可能的。所以我们通过并购的模式，通过消化吸收，实现了完全自主创新，生产了能一天产出 T（10 的 12 次方）级别数据的高通量测序仪器。在过去几年里，我们在高端测序仪器上不仅保持了与国际同步，而且在某些领域实现了跨越发展。所以，华大作为一个民营机构，连续四五年被英国《自然》杂志评为中国十大科研机构。

非常幸运的是，我们的技术可以平行转移到对单细胞进行原位的基因组、基因表达谱和表型的分析，所谓的单细胞组学和时空组学应运而生，达到 P 级别的数据量，也就是 10 的 15 次方。整个华大已经完成了从 KM 迈向 GT 的过程，现在正迈向 GTP 量级的过程。

做脑科学研究，往往会产生几十个 P 的数据量，计算量和原始数据存储量要 10 倍以上、100 倍以上，那就叫作 E，是 10 的 18 次方的计算量。随着华大时空组学的快速推进，我们很可能在未来一两年之中实现 E 到 Z（10 的 21 次方）的数据量，我们把未来的发展叫作 EZY 量级，计算量突破 10 的 18 次方、21 次方、24 次方。

做时空组学，数据轻而易举就会达到 EZY 量级。一个受精卵怎么变成一个人？从生到死，整个时间和空间的变化过程，每一个细胞是怎么变的？为什么各种各样的遗传病在后面才发生？为什么出现肿瘤？这都是生命的时空变化过程。从时空的角度、在高分辨率上去看每一个细胞的变化，又会带出一个前所未有的海量数据，每个细胞的基因组，和它的表达谱，以及蛋白质和代谢的过程，是一个巨大的数据。

现在大家都熟知的无创产前检测，就是取孕妇静脉血，通过高通量测序的方法在"百万军中"发现"唐娃娃"这样的染色体疾病的"蛛丝马迹"。无论是 10 的 9 次方、18 次方，还是 21 次方、24 次方，这些大数据要反映的都是生命过程，是必须达到的数据量。没有这个大数据，你根本就不知道生命的变化是什么。所以在 10 的二十几次方的数据量面前，如果没有一个大人群，百万、千万、亿人口的大数据的统计支撑，根本就不知道哪些是共性的东西，哪些是个性的东西。所以，我反复强调高通量，因为高通量才能得到大数据，才能得到低成本。

"如果能给我们两个'助力'，我们就可以加快'以成证知'的过程"

科学家可以做的是"以成证知"，拿成果来证明这样的认知是一条发展道路。在产业一体化上，深圳基因研究院已经走出一条全新的路子。即使还有很多不同的声音，但是历经20多年发展，人类基因组取得了辉煌成就，我们也在科学、技术、产业、人才教育上收获了很多成果。

我们觉得，如果能给我们两个"助力"，我们就可以加快"以成证知"的过程。

第一，是在基础科学上重点支持，包括技术上和科研方向上，比如说时空组学。我们现在发起时空组学这么大一个项目，全都是以我们为主做的。当然中央政府、深圳市委市政府，其他一些地方的政府给予了很大支持。但是创新源头还是在华大自身，创新土壤则是在国家的大环境下，如果能给一些重点扶持和支持，我们会突破得更快。

第二，这么大的科学突破，要真正地做到以成证知、减少争议，需要巨大无比的应用场景。只有拿出100万人、1000万人这么大人口的数据量，而且在时间上要有可持续的观察，才能够对生老病死给出一个根本的回答。我们在北京、香港、石家庄做核酸检测，那是在空间上显示了我们的能力。这次应对新冠肺炎疫情，我们能从武汉最开始一天做100个样本，最后在石家庄一天能做100万个样本。我们现在要在时间上构建能力，比如说肿瘤，它是慢性的，它需要100万人、1000万人这种数据量。我们要的是什么？是应用场景。我们一天能够做几百万人的新型冠状病毒肺炎的核酸检测，为什么不能同样做几百万人的肿瘤检测？很多有明确标志物的肿瘤，完全可以用新冠核酸检测的模式去做肿瘤核酸，也完全可以在出生缺陷防控上以同样的模式实现全覆盖。

在新冠肺炎疫情面前，我们有了充分的舞台去展示我们的能力，做到了不光影响中国，也影响了世界的事情。比如，截至2021年6月，我们的"火眼"实验室已经在全球近30个国家和地区落地80余座，那可不仅仅是气膜，更关键的是里面还有我们几乎全套的装备。又如，深圳华大基因研究院"智造"的高通量自动化病毒核酸提取设备 MGISP—960，通量达到 192 样本/80 分钟，一人可同时操作 3 台仪器，大大加快规模化样本检测速度，我们很自豪。但是在出生缺陷防控、肿瘤防控上，我们还缺乏这样的应用场景。这是一个科学研究和应用互动的过程，它不是一个全面依靠科研支持的项目，科研不可能拿出这么多的钱来做这个事情。在政策法规上，它又不是一个完全的临床项目，所以它是介于科研和临床双向承载的一个模式，最好的解决方案是以政府站台撑腰的模式，以民生作为导向，作为一个突破口，才能够实现百万人、千万人的应用场景，来回答所谓"罕见病不罕见"的问题。

所以我就说两个重点，一个是重点科技突破的支持；一个是重点临床突破的应用场景的支持。对我们来说，这两个挑战是最大的，特别是后面这一个，它既要政策法规的突破，也需要政府的魄力。

我们要创新科技、创新体制、创新机制来做这样的事情，而不是老是回到科技创新，就是要用新型举国体制，只有这样我们才能实现发展，既能解决现实的问题，又能够实现长期发展战略布局。

"抗击新冠肺炎疫情的经历，已经充分显示了检测和预防的重要性"

新冠肺炎疫情来袭，我们小区大楼门前贴了个标语："三个百分百：体温检测百分百，核酸检测百分百，疫苗注射百分百"，这是为防控新冠肺炎这样的传染病采取的措施。现在老百姓都百分百做核酸检测，大家也都自觉去打疫苗了。

那么，是不是对结核病也应该百分百检测和百分百预防？肝炎是不是也应该这样？所有传染病是不是都应该这样？如果说是，那是不是出生缺陷检测和防控也应该百分百？所有的肿瘤，如果有确定标志物的，是不是应该百分百进行早期预防、早期检测、早期治疗？这就是我对老百姓的建议。

抗击新冠肺炎疫情的经历，已经充分显示了检测和预防的重要性。如果病因明确的重大疾病筛查也能像新冠肺炎检测一样，检测通量从每天百例，提升到每天万例，到每天10万例。价格降下来，通量升上去，就能尽早实现重大高发性疾病早筛的全面覆盖。只有早筛查、早发现，将生命健康的重心从"精准治疗"前移到"精准预防"上来，才能实现精准健康，显著提升人均期待寿命并大幅降低社会卫生总负担。

在宫颈癌筛查上，过去我们做的超过570万例HPV检测中，发现了约56万例的阳性受检者，她们通过及时进行临床确诊和干预治疗，有效预防了宫颈癌的发生。另外，以唐氏综合征为例，随着无创产前筛查的检测覆盖率提高，唐氏综合征的出生率显著降低。当无创产前筛查覆盖到全人群的时候，唐氏综合征就逐渐消失了。所以，现在要实现天下无病、少病，我们提出来：该检测的一个不少，可避免的一个不多。

"科学成果推广出去，需要转换场所"

要把一个科学成果推广出去，需要转换场所。现在我们用基因测序的方法，上午完成一个科学实验，下午就可以转化成为产业项目，这是一个商业化过程，这是第一个问题。第二个问题，深圳华大基因研究院做的这些事情，商业目标只是我们的评价指标之一，并不是我们的终极目标。我们的目标叫"基因科技造福人类"。在新时代，商业本身不应该再成为目标，商业是实现更远大目标的手段。所以企业这个名词是需要重新定义的，不是为了钱活着，钱是为活着的意义提供条件的。

农业、工业、信息时代，这三个时代的叠加能够满足人类生存发展的基本物质保障，但是它解决不了生老病死和精神层面上的问题。生命时代里，在物质基本满足的情况下，再以商业为目标就没有了意义。

"基因科技造福人类，从自己做起"

一场新的革命能够影响人类社会进程、带来社会福祉，而如果我们自己都没有实践、都不相信的话，那就不对了。所以我说，基因科技造福人类，从华大做起，在华大内部要首先实现传染病的防控、出生缺陷的防控、心脑血管疾病的防控和肿瘤的早期检测，这是我反复讲的几件事情。首先，出生缺陷防控上，无创产前基因检测在华大员工中已经实现了全覆盖。其次，心脑血管疾病防控上，原来我以为自己很健康，结果一检查，发现颅底动脉血管已经有部分堵塞了，经过几年的努力，现在基本上消退了。1994年，我有一篇论文发表，提出血管堵了以后斑块是可以消退的观点。我花了27年，在自己身上证明，不要放支架，因为它是可以预防的。再次，肿瘤防控上，我们定期给员工安排肿瘤相关的基因和影像检测，实现更早地发现肿瘤，避免延误最佳诊疗时间。

《中华人民共和国国民经济和社会发展第十四个五年规划和2035年远景目标纲要》提出"做大做强生物经济"，实在太及时了，我们举双手拥护！

李斌同志跟踪基因组20多年，作为见证者、参与者、健康志愿者，他能围绕"生物经济"组织大家思考，这件事情极有意义。这本集中大家智慧的小书——《生物经济：一个革命性时代的到来》更是值得关心这个时代的人一读，值得更多的人进一步思考、探索……

〔汪建：1954年生于湖南沅陵。1968年响应"我们也有一双手，不在城里吃闲饭"的号召下乡插队。1979年毕业于湖南医学院（现中南大学湘雅医学院）医疗系，1986年获北京中医学院（现北京中医药大学）中西医结合学科病理专业硕士学位。1988至1994年，先后在美国德州大学、爱荷华大学、华盛顿大学从事博士后研究。

1991年主导成立西雅图华人生物医学协会，策划将"国际人类基因组计划"引回国内。1994年回国创建吉比爱生物技术（北京）有限公司，积极推动人类基因组计划的实施。1999年为承接人类基因组计划的中国部分，主导创建华大基因。2003至2007年任中国科学院基因组研究所副所长。2007年南下深圳，创建深圳华大基因研究院以及之后的科研、教育与产业体系。

20多年来痴心不改，坚信基因科技必将造福人类，走出了深圳华大基因研究院独特的"三发三带"联动发展模式：坚持科学发现、技术发明与产业发展联动，带动学科建设、人才培养、产业应用。

从承担"国际人类基因组计划"1%任务、"国际人类单体型图计划"10%任务，到独立完成"亚洲人基因组图谱"100%任务，再到完成"国际千人基因组计划"亚洲部分，汪建领导深圳华大基因研究院从参与接轨到独立同步、再到引领支撑的蜕变和进化过程。深圳华大基因研究院建立了世界一流的基因科技基础和应用研究体系，负责运营世界最大规模的深圳国家基因库，实现了收购美国CG公司及基因测序仪器智造体系国产化。

深圳华大基因研究院已经成长为世界基因领域的先锋队、中国的主力队和国家战略力量，旗下的上市公司已成为行业领军企业。作为这支队伍的领军者和掌舵人，汪建创立了完整的"基因读写存"科技体系，立志将中国出生缺陷、癌症、传感染病防控推向世界领先水平并造福人类〕

推荐序三

领略生物经济的呼啸而至

尹 烨

夜深人静之时，我喜欢仰望星空，每每为甲午战争扼腕叹息，也为李约瑟之问绞尽脑汁。

万载人类文明在地球史不过一瞬，然而一个新的科技时代，总是在大多数人看不到、看不懂、看不上的时候就奔涌而来并甩你而去了。《生物经济：一个革命性时代的到来》这本书犹如一个先知，汇集了当下这个领域中国一众的"最强大脑"，带我们高屋建瓴而又剥茧抽丝地领略了生物经济的呼啸而至。

当中国经济总量攀升到全球第二的时候，摆在我们面前的命题就一目了然：如何在科技上实现伟大复兴？在多个领域被卡脖子之时，我们开始明白：所谓在产业上的卡脖子，其实是在科学技术上的卡脑子，所谓"后发优势、弯道超车"，在真正的底层技术面前不堪一击。

中国若需要在21世纪实现科技引领，则必须在基础科研和大科学工程上不遗余力地投入，来不得半点虚假。如果说哪个领域最有机会，我会毫不犹豫地支持生命科学领域和生物技术产业。

新冠肺炎疫情尚在肆虐，而以"人民至上、生命至上"为核心宗旨的中国抗疫，给全球公共卫生交了一份高分且几乎无法复制的答卷，这正是将不算一流的技术通过超一流的社会动员组织完成的一次超级科技工程。

我相信，以普惠为基本出发点的精准医学，是21世纪人类卫生健康共同体的唯一选择。而正确地传播生命科学知识，则有利于人类面对自然保持谦逊和自尊，使得这个蓝色星球更可持续的发展。所谓：见天地，见众生，见自己。

（尹烨：深圳华大基因研究院CEO，生命科学科普作家，著有《生命密码》系列图书）

一个亟待重视和落实的重大战略部署
——生物经济时代的迫切呼唤

李 斌

> 改变已呈爆炸式增长。因此我们必须抓住机会，顺势而为。乘着新的一波浪潮，最好坐稳，学会如何驾驭和利用这一波又一波比以往更频繁的改变浪潮。
>
> ——［英］彼得·菲斯克：《变革：重新定义下一个社会》

又一个浪潮来了，你注意到了吗？

这就是许多走在前沿的科学家预测的、继互联网浪潮之后的又一场新技术革命浪潮——生物经济浪潮。

这样的浪潮，犹如平行世界，就在那里，但是就差捅破那一层窗户纸，或者说隔着一扇窗户，很多人视若不见或一无所感，但是它已然是客观存在。

很多"未来"已经到来，而有的人一无所知。就像《小趋势：决定未来大变革的潜藏力量》一书所说："尽管这些趋势在我们面前正在注视着我们，但实际上，我们却常常看不到它们。"

这本小书，就是想给更多的人打开一扇看到"已经到来的未来"、看到那个平行世界和"别有洞天"的窗户。

这个"平行世界"，是一个新的已经到来的时代——生物经济时代。

这个"别有洞天"，是一个一些人已经感知但是绝大部分人仍然无知无感的世界——生物经济社会。

一、持续20多年跟踪基因组学

从20世纪90年代末起，作为长期跑科技的记者，我开始将工作重点之一放在跟踪生命科学尤其是基因组学上，因缘际会，那时候，正赶上中国科学家赶上人类基因组计划的"末班车"，虽然只承担了人类基因组计划1%也就是3000万个碱基对的测序任务，中国仍然成为参与人类基因组计划的6个国家之一，也是唯一的发展中国家。

换言之，作为和曼哈顿计划、阿波罗登月计划并列的三大人类科学计划之一，人类基因组计划成为唯一有发展中国家跻身的大科学计划之一。

人类基因组、水稻、家猪、家蚕……伴随着测序技术、生物信息学等科技的迅猛发展，人类对物种的解读能力在不断加强。然而，生命天书虽然都是由"A、T、C、G"四个字母以不同方式组成，却远比0和1组成的信息世界更为复杂，基因组学、蛋白质组学、转录组学、代谢组学、生物的多态性……对生命的了解越深入，人类越发现生命科学的玄妙远远超过想象。

在现实生活中，多组学技术正在悄然给人们的生活带来变化，从科学服务到临床应用，从分子诊断到生物育种，从应对未知生物的感染到生物能源的研发，等等。比如，"唐娃娃"即唐氏综合征的筛查，无创产前基因检测技术（Noninvasive Prenatal Testing, NIPT）带来了革命性的变化：通过采集孕妇外周血，提取游离DNA，采用新一代高通量测序技术，并结合生物信息分析，评估胎儿发生染色体非整倍体的风险。换句话说，只要抽静脉血就能早期发现孕妇的胎儿是否有唐氏综合征、爱德华氏综合征、帕陶氏综合征等3种染色体疾病的"嫌疑"，而以前只能靠羊水穿刺才能确诊。无创产前基因检测具有准确、无创、安全、早期和规范的特点。瑞士、英国等国已将无创产前基因筛查作为一线筛查手段，纳入国家级健康保险系统或国家医疗服务体系。国家卫健委临床检验中心负责人李金明说，传统血清学唐筛存在较大漏检风险，假阳性率高；羊水穿刺虽准确率高，但穿刺伤口可能引起宫内感染，造成一定概率的流产风险。而无创产前基因检测是一项安全、准确、非侵入性的新型胎儿染色体疾病检测技术，具有远高于血清学唐筛的准确性，对降低新生儿出生缺陷率具有重大意义。"只需化验孕妇血液即可，避免了传统羊水穿刺方法带来的流产、致畸等风险，社会接受度高，基因检测被业内视为未来无创检测技术的方向。"中国科学院院士饶子和认为。

这意味着什么？意味着凭借当代基因科技的发展，从静脉血中就能发现唐氏综合征的"蛛丝马迹"，甚至还能通过液体活检技术发现循环肿瘤细胞，实现对肿瘤的早发现。

也正因为发明了无创产前技术，香港科技大学的卢煜明教授成为第一届未来科学大奖生命科学奖得主，这个奖项的重要性不仅在于奖金高达100万美元，更在于它不是由科学家自己申报，而是类似诺贝尔奖那样"被"提名，获奖者自己本身事先并不知道……

大量单基因疾病、各种罕见病……基因科技至少以分子诊断为切入口，开创出一片崭新天地，将基因科学的发展和人们的生产生活紧密联系在一起，并且可知可感。

"把'唐娃娃'这个病像天花、小儿麻痹症一样从中国历史上抹掉！"伴随技术的进步和成本的下降、政府的介入，人类基因组计划参与者之一、华大基因联合创始人汪建的梦想，已经不再是梦想，而是逐步走近的现实。

从20世纪90年代末一直到现在，从寻找所谓"功能基因"到人类基因组测序计划，从多态性研究到癌症基因组计划，再到肠道菌群研究，从单细胞基因测序到精准医学，从无创产前检测到心血管疾病的遗传诊断，这20多年来，我一直在这一领域跟踪报道不同的团队，不同的科学家、临床医学家……

二、生命政治学"六部曲"

在对20世纪到21世纪生命科学的发展脉络进行梳理后，我反复斟酌，并向专家请教，提出了生命政治学的"六部曲"，并赢得认可：

——第一部曲，发现DNA双螺旋结构。20世纪50年代DNA双螺旋结构的发现开启了分子生物学时代，使遗传研究深入到分子层次，"生命之谜"被进一步揭示。人们清楚地了解遗传信息的构成和传递的途径，分子遗传学、分子免疫学、细胞生物学等新学科如雨后春笋般出现，一个又一个生命的奥秘从分子角度得到了更清晰的阐明，DNA重组技术更是为利用生物工程手段进行研究和应用开辟了广阔的前景。

——第二部曲，向癌症"宣战"。20世纪70年代初，就在我出生前的1971年，在各种团体的游说下，美国尼克松政府向癌症"宣战"，签署了《国家癌症法》，扩大国家癌症研究所的规模、职责和范围，创立国家癌症研究计划等一系列操作。那时候的美国人踌躇满志，为什么？因为他们实现了载人登月，既然连月球都能上去，癌症算什么？谁也没有想到，生命远比"登月"更为复杂。虽然20世纪90年代以后美国癌症患病率和死亡率逐渐下降，但是攻克癌症似乎仍然遥不可及，于是就有了"生命政治学"第三部曲——实施人类基因组计划。

——第三部曲，实施人类基因组计划，破译"生命天书"。从1990年到2003年人类基因组图谱绘制完成，各国科学家历经10多年努力，终于第一次"看"到了人类基因组的图谱，越来越多生命的图谱也被绘制出来。正如埃里克·托普在《颠覆医疗：大数据时代的个人健康革命》一书中指出的那样："最大的飞跃发生于21世纪的头10年里。人类基因组60亿个碱基的测序工作完成，这使得大部分的癌症、心脏疾病、糖尿病、免疫功能紊乱，以及各种神经疾病等超过100种常见疾病背后的致病机制显露无遗。"英国"10万人基因组计划"、美国100万人规模的"我们所有人"研究计划、法国"基因组医疗2025"……一些国家纷纷推出大规模组学研究计划，生命科学进一步爆发。2018年11月，旨在提供所有180万个已命名植物、动物、真菌以及单细胞真核生物完整DNA序列目录的地球生物基因组计划启动。

——第四部曲，是2012年美国政府发布《国家生物经济蓝图》，宣布人类继农业经济、工业经济、信息经济之后进入第四种经济形态：生物经济。蓝图指出，"几十年来的生命科学研究以及日益强大的生物信息获取和利用工具的开发使得人们更加接近以前无法想象的未来之门：用二氧化碳直接生产的液体燃料，用可再生生物质而不是石油生产的可降解塑料……"，"技术创新是经济增长的主要推动力，而日益增长的生物经济则是美国技术驱动型经济的代表"，还指出"基因工程、DNA测序和自动化的生物分子高通量操作技术等三大基础技术的潜力还远未发挥出来……"

——第五部曲，是2015年、2016年美国先后提出实施精准医学计划、"癌症登月"计划，在全球引起强烈反响。"人类基因组测序技术的革新，分子影像、手术导航和微创技术等生物医学分析技术的进步以及大数据分析工具的出现，都推动了精准医学时代到来。"时任北京大学常务副校长、医学部主任的詹启敏院士这样说。2016年，美国政府推出"癌症登月"计划，7年之内计划投入18亿美元，后来又设立以副总统拜登为首的"白宫抗癌登月计划特别小组"，目标是让抗癌的研究进展速度翻一番，在5年内取得原本可能要10年取得的成果。2022年2月2日，拜登政府重启"癌症登月"计划，还宣布了一揽子计划，以支持癌症预防、筛查和研究，目标是在未来25年内将癌症死亡率降低50%。

——第六部曲，一个设计与合成生命的时代，即从"读"基因到"写"基因的新时代正在加速到来。基因编辑是生命医学领域的革命性技术，基因编辑技术的开发及应用使得生物体的遗传改造进入了前所未有的深度与广度，其临床转化也正在全球范围内高速推进。2010年，科学家合成约100万碱基的支原体基因组，并将其转入另一种支原体细胞中，获得可正常生长和分裂的"人造生命"，实现了"撰写"基因组的梦想。此后，科学家又合成了非天然核苷酸、非天然氨基酸；并采用"编辑"基因组的手段，创建出人造单染色体真核细胞……人类掌握了"读""写""编"基因组的技术手段，获得了设计与合成生命的能力。作为科学界的新生力量，合成生物学进展迅速，并已在化工、能源、材料、农业、医药、环境和健康等领域展现出广阔的应用前景。正如2010年利用合成DNA创造第一个"人造细胞"的美国科学狂人克雷格·文特尔在《生命的未来：从双螺旋到合成生命》中所说："不要忽视合成生物学研究所带给我们的机会。合成生物学可以帮助我们应对地球这个星球和人类这个种群所面临的一些关键挑战，比如粮食安全问题、可持续发展问题和健康问题，等等。随着时间的推移，在合成生物学方面的研究可能会导致一些划时代的新产品的出现……"

自1953年DNA双螺旋结构解析以来，生物技术发展迅猛，从"人造生命"、基因组编辑研究不断取得突破性进展，到脑—机接口、神经芯片等领域交叉融合应用成果不断涌现，多年来一直占据着年度科技突破主流。

三、生命政治学"六部曲"的背后，是技术的进步、工具的进步

生命政治学"六部曲"的背后，是人类对生命认识的加深和工具的进步。

生命科学尤其是组学技术的突飞猛进，和对人们生命健康的影响，确实超乎我的意料。

早在2000年6月26日，作为新华社记者，"歪打正着"在全球第一时间宣布"科学家公布人类基因组'工作框架图'"时，导语第一句话说："今天是人类历史上值得纪念的一天。"后面接着说："来自科技部和中国科学院的消息说，人类基因组的工作草图已经绘制完毕并于今天向全世界公布。人类基因组计划国际组织中国联系人、中国科学院遗传研究所杨焕明教授说，人类基因组遗传密码的基本破译，昭示着人类对自身的了解迈入了一个新的阶段。"

仅仅时隔10多年，一个崭新的行业——伴随测序技术"超摩尔定律"式的飞速发展，基因检测技术迅速应用，利用基因测序和生物信息分析等技术，科研人员可以快速、准确、经济地检测唐氏综合征、地中海贫血、遗传性耳聋、宫颈癌、遗传性乳腺癌等疾病，并有效控制这些疾病的发生。基因检测行业从无到有、从小到大，不断发展。正因为发展迅猛，基因检测行业也出现了鱼龙混杂的现象，被有关行政主管部门"一刀切"叫停。2014年，我围绕"基因检测何以一刀切被叫停"进行了历时数月的调研，从部委负责人到临床专家、第三方检测机构，遍访许多名家、专家，一路追问基因检测的现状，追问其背后的实质意义。这次调研，在我和同事的共同努力下，共同助推重新打开了基因检测的大门，更让我重新认识多组学技术、认识基因科技，也第一次听说了"生物经济"。

2016年，我义和同事一起围绕"精准医学"进行了历时数月的调研，

请教了不少临床专家、第三方检测机构和行政主管部门负责人，一路追问，进一步发现基因检测和精准医学热的背后，一场科技革命乃至产业革命正在全球发生，一扇通向未来的大门刚刚打开。

也正因为如此，几年前，我在给一本书写的推荐语中有感而发："当2006年6月26日新华社在全球第一时间宣布人类基因组工作框架图绘制完成的消息，作为这则新闻作者的我没有想到，短短10多年，一个瞄准生命奥秘的最大公益计划——人类基因组计划，会带来一个新的时代——生物经济时代。**伴随人类对'A、T、C、G'四个字母组成的'生命天书'的逐步认识，不久的将来，一个基因经济时代也即将到来。**"

某主要部委业务司局负责人提醒，**生命政治学"六部曲"的背后，是技术的进步、工具的进步。**如果说历史上，人类依靠显微镜、电子显微镜等工具在细胞层面"识别"生命乃至疾病，再施以不同方案治疗，那么今天，是PCR、高通量测序仪、超级计算机、云计算等新技术、新工具的迅猛发展甚至以"超摩尔定律"式的爆发式发展，推动人类在更基本的层面即"ATCG"碱基对这样的"生命字母"的层面认识生命和疾病，推动生命科学不断向前。

生命尽管极其复杂，未来之路尽管极其崎岖不平，人类无疑找到了正确的方向。

而正因为看到了那个"未来"，有学者预言：随着科学的迅速发展，希望迟早有一天每个人都能拥有一张含有个人遗传信息的全基因组图谱，从而为人类健康造福。换句话说，就是至少10年之后人人拥有一张自己的"基因身份证"。20多年前完成一个人类基因组的成本是30多亿美元，如今伴随一个基因组测序成本降到万元左右并且仍在继续下降的情况下，人人拥有"基因身份证"的"梦想"已经不再遥远。正如美国医学遗传学会会员、纽约威尔康奈尔医学院转录研究所副主任史蒂文·门罗·利普金在《基因组时代：基因医学的技术革命》中指出的那样："**遗传学领域正不断涌现各种新的进展，几乎每周都会出现振奋人心的消息。像互联网诞生之初时那样，基因检测行业也正经历指数级的增长，**与此同时，DNA测序的价格也一降再降，越来越多的人和家庭已能负担。""目前基因组学正如上世纪核物理学一样，如果使用得当，将能成为一种造福人类的有力工具，但同时也有着潜在危险。"

正因为看到了那个"未来"，无论学生命科学的、学信息技术的、学化学的，还是学管理科学的，无数有志之士投身生命科学领域。基因检测作为一种认识生命、进行临床检验的基本手段，至今仍然方兴未艾，而且进一步和临床医学、生命科学研究紧密结合，渗透到科研、医疗等各个领域，一个"人人测序"的时代终将到来！换句话说，工业时代，家家有"工业之花"汽车，人人享受交通便利；信息时代，处处有网络和智能手机，人人享受信息便利；生物经济时代，到处都应该有测序服务，人人享受健康便利。

"在基因产业、生物经济这场世界性高科技产业角逐中，我国面临难得的弯道超车或者说换道超车机遇，亟待站在更高国家战略层面加以重视，加强顶层设计，进行全面部署！"近些年来，我在多个场合这样呼吁。

四、以五年规划的方式宣布：中国进入生物经济时代

2020年至今，新冠肺炎疫情席卷全球，全世界人们的生命健康遭受极大威胁，让人们更加认识到生命健康的本原性和重要性。也正是在这次世纪疫情中，从第一时间"辨别"病毒基因序列，到利用基因检测、质谱检测、生物信息分析等多组学大数据技术手段构筑起第一道防线，多组学技术第一次如此广泛、如此近距离地走进大众。正如华大集团CEO、系列科普类图书《生命密码》作者尹烨博士所说："由于这一次新冠肺炎疫情带动了整个大家对基因组、对核酸检测知识的普及，我们明白了什么叫病毒，什么叫核酸，什么叫疫苗，这是一次生命世纪的文艺复兴的过程，这是一次对全世界数以十亿计的人民特别是对孩子最好的科普。我想21世纪注定是生命科学的世纪，希望基因科技能够造福人类。"

2020年3月底、4月初，在国内疫情得到有效控制、防控工作进入常态化后，习近平总书记在浙江考察时指出："要抓住产业数字化、数字产业化赋予的机遇，加快5G网络、数据中心等新型基础设施建设，抓紧布局数字经济、生命健康、新材料等战略性新兴产业、未来产业，大力推进科技创

新，着力壮大新增长点、形成发展新动能。"①

中国最高领导人首次提出抓紧布局"未来产业"，让人眼前一亮，于是我迅速和几位同事一起展开调研，追问一系列"为什么""怎么办"。

从2020年3月底、4月初"生命健康"成为三大战略性新兴产业、未来产业之一，到2020年9月习近平总书记在科学家座谈会上提出科技事业发展要坚持"四个面向"——面向世界科技前沿、面向经济主战场、面向国家重大需求、面向人民生命健康，不断向科学技术广度和深度进军，在以往三个"面向"的基础上增加了第四个"面向"即面向人民生命健康，标志着"生命健康"不论是作为研究还是作为产业都引起了中国最高决策层的高度重视，也引起我的思考——对于长期跟踪生命科学尤其是医学发展、多组学发展的我来说，这些重大决策让人兴奋，也更令人深思。

五年规划，对中国来说，不仅是蓝图，更是面向14亿多华夏儿女的动员令。2021年3月，《中华人民共和国国民经济和社会发展第十四个五年规划和2035年远景目标纲要》在"构筑产业体系新支柱"中提出"推动生物技术和信息技术融合创新，加快发展生物医药、生物育种、生物材料、生物能源等产业，做大做强生物经济"。究竟什么是生物经济？怎样才能"做大做强生物经济"？以往大多说"生物产业"，生物经济并不怎么提，为什么要在如此重要的"十四五"规划中强调要"做大做强生物经济"？生物经济的做大做强，会带来一个怎样的时代？

我怀着强烈的好奇心，带着反复琢磨、思考后列出的三四十个问题，向研究生物产业和生物经济多年的知名专家、在前沿领域耕耘的科学家、产业最一线的前沿企业家、投资人和地方政府负责人请教。这些知名专家有：

——在国际上首先提出"生物技术将引领新科技革命"、建议"像抓'两弹一星'一样抓生物经济"的中国生物技术发展中心原主任，现在清华、北大和四川大学华西医院等分别主持智库研究的王宏广教授；

——20多年前首次提出生物经济定义，如今建议制定"生物经济国家

---

① 《习近平在浙江考察时强调 统筹推进疫情防控和经济社会发展工作 奋力实现今年经济社会发展目标任务》，《人民日报》2020年4月2日。

战略"的中国农业大学教授、生物经济发展研究中心主任邓心安；

——多年从事生物前沿交叉技术演进与发展战略研究、生物经济与数字经济融合发展趋势研究的中国科学院成都文献情报中心战略情报部主任、生物科技战略研究中心执行主任陈方；

——专注基因和生命健康产业研究、致力于建立数字生命健康产业创新服务平台、连续多年发布基因及生命科技行业蓝皮书以及专题研究报告的基因慧创始人兼CEO汪亮。

还有投资人，包括：

——创新工场董事长兼CEO李开复，创新工场合伙人、负责创新工场医疗领域投资的武凯。李开复坦言，过去的10年中，生命科学领域迎来物种大爆发时代，技术不断更新迭代，而定位于Tech VC基因的创新工场不愿缺席这一技术迭代的盛宴。

——专注医疗健康行业投资的启明创投主管合伙人梁颖宇，其所在的启明创投投资超过150家医疗健康企业，成为医疗健康领域投资的探路者和领导者，仅2020年至2021年年末，就收获17个医疗健康IPO。

有创新型企业家：

——打造了一个集聚粮油食品创新资源的开放式国家级研发创新平台的中粮集团科技管理总监，中粮营养健康研究院党委书记、院长郝小明。他判断，**随着第四次工业革命的到来，生命科学将继续走上一条变革性的技术之旅，基因编辑技术、3D打印、合成生物学、人工智能等颠覆性技术正在为生命科学的发展创造一个变革性的机遇。**

——在细胞治疗领域耕耘10多年、在全世界率先突破细胞规模化制备的深圳科诺医学检验实验室创始人，深圳赛动生物自动化有限公司董事、总经理刘沐芸博士，在她看来，**"这是一个已经开始但远没结束的新经济时代，在行进的过程中，未来将逐渐向我们展示出它的魔力和魅力。"**

——致力于生命数据化和精准健康管理的推广与应用、主编《互联网＋基因空间》等书的北京奇云诺德信息科技有限公司董事长及创始人罗奇斌，他认为，**生命科学正酝酿着新的突破。生物技术的新进展将会给农业、医疗与保健带来根本性的变化，并对信息、材料、能源、环境与生态科学带来革**

命性的影响。

——在生物医药领域创业 20 多年、成功培育两家上市公司的谢良志。在他看来，**以生命科学和生物技术为核心的生物经济，在国民经济和人民健康中将发挥越来越重要的作用，已经成为世界各国未来科技竞争的主战场之一**。全球生物经济还处在起步阶段，"十四五"时期"做大做强生物经济"正当其时。

还有走在生命健康领域前沿的科学家：

——芝加哥大学讲席教授、美国霍华德·休斯医学研究所研究员、北京大学访问教授、RNA 表观遗传学发起人何川。他和北大的团队合作，通过表观遗传编辑技术，将一种特定动物蛋白植入植物体内，使水稻、土豆亩产增加 50%。在他看来，做大做强生物经济是战略性举措，也是造福全人类的重大部署。

——长期从事组织器官再生修复产品研发、组织器官制造研究的中科院遗传与发育生物学研究所再生医学研究中心主任、分子发育生物学国家重点实验室副主任戴建武。他领军的脊髓损伤再生修复、子宫内膜再生及卵巢再生等成果，入选国家改革开放 40 周年成果展。他认为，社会需求的提升、生物技术研究的不断突破与高效转化，都在加速生物经济时代的到来。

——中国科学院微生物研究所微生物资源与大数据中心主任、国家微生物科学数据中心主任、世界微生物数据中心主任马俊才。他倡议并主持全球微生物资源数据合作计划，指出生命科学已成为自然科学中发展最迅速的前沿领域和带头学科，生物技术的快速进步则孕育着未来生物经济发展的新动能。

——第一个成为国际生物材料科学与工程学会联合会主席的中国人、四川大学教授张兴栋院士。他坚信生物经济时代是一次难得的"超车"机会，建议我国应进一步确立生物经济的战略地位，将其列入未来重点发展规划。

——还有曾任中国科学院遗传与发育生物学研究所党委书记、现在挂职杭州市副市长的胥伟华。他认为，"十四五"期间布局生物经济，是充满远见和智慧的重大布局，发展生物经济寻找可持续的能源和环境解决方案，是为解决人类问题贡献中国智慧和中国方案。

五、"1+1"或产生"11"的巨大效能：一个亟待重视和落实的重大战略部署

习近平总书记指出，进入21世纪以来，新一轮科技革命和产业变革正在孕育兴起，全球科技创新呈现出新的发展态势和特征。学科交叉融合加速，新兴学科不断涌现，前沿领域不断延伸，物质结构、宇宙演化、生命起源、意识本质等基础科学领域正在或有望取得重大突破性进展。信息技术、生物技术、新材料技术、新能源技术广泛渗透，带动几乎所有领域发生了以绿色、智能、泛在为特征的群体性技术革命。[①]

生命健康领域的需求，是"群体性技术革命"的最佳应用方向，也是最大的发展空间。生物技术和信息技术的相互推动、齐头并进、加速融合，不仅催生了生物信息学、系统生物学等一系列新学科，更成为新一轮科技革命和产业变革的重大推动力和战略制高点，催生和加速生物经济的发展。《中国科学院院刊》2020年第1期专题文章《生物技术与信息技术融合发展》指出："人类基因组计划"的开展，引发了基因组、转录组、表观遗传组、蛋白质组、代谢组等生命科学组学数据的急剧增长，推动了信息技术在生命科学领域的大规模应用，驱动生命科学研究进入"数据密集型科学发现（Data-Intensive Scientific Discovery）"的第四范式时代。由此，生物技术实现了信息化、工程化、系统化的发展，为"设计—构建—验证（Design–Build–Test）"循环模式的建立奠定了坚实的基础，并朝着可定量、可计算、可调控和可预测的方向跃升。随着当前科技逐步逼近香农定律的理论瓶颈、内存墙的冯·诺伊曼瓶颈、摩尔定律的工程瓶颈，科技界和产业界将目光投向了DNA存储、神经形态芯片、生物启发计算等交叉技术领域。生物技术、信息技术与纳米技术等融合形成的"会聚技术"，将产生难以估量的效能，生物技术和信息技术的"1+1"融合发展，或将产生"11"的巨大效能。从美国"脑科学计划""国家微生物组计划""人类细胞图谱计划"等的资助项目可以看出，生物技术与信息技术的深度融合，还将促进3D细胞打印、人

---

① 参见《习近平谈治国理政》第1卷，外文出版社2018版，第119—120页。

机智能等颠覆性技术的发展，并由此带动系统科学和系统工程的发展，推动农业、工业、健康、环境、交通等领域的新布局。

进入21世纪以来，科技创新的重大突破和加快应用，重塑了全球经济结构，使产业和经济竞争的赛场发生转换。习近平总书记指出，抓住新一轮科技革命和产业变革的重大机遇，就是要在新赛场建设之初就加入其中，甚至主导一些赛场建设，从而使我们成为新的竞赛规则的重要制定者、新的竞赛场地的重要主导者。[①]

生物经济领域，就是这样的新赛场。

21世纪第三个10年起步之际，生物经济成为一项亟待引起各级党委、政府、专家学者高度重视和落实的重大战略部署。

说是"重大战略部署"，是因为作为世界上最大的执政党和14亿多人民意志的共同体现，2021年十三届全国人大四次会议通过的《中华人民共和国国民经济和社会发展第十四个五年规划和2035年远景目标纲要》，宣布中国进入一个崭新时代：生物经济时代。

但是，迄今为止，真正能从新一轮科技革命和产业革命高度、从深刻把握国家发展未来历史性机遇高度认识到生物经济重要性的人，尤其是决策者并不多，或者可以说是少之又少。其中原因很多，一个重要原因也许是生命太复杂、生命科学有些玄妙，不容易被人理解；另一个重要原因是生命科学的产业"能量"、经济能量还没有得到充分释放，或者说正处于能量大爆发的前夜，许多人还没有看到其巨大、光明、广阔乃至革命性的前景。

六、"生物经济"时代究竟是一个怎样的时代

跟踪和观察生命科学领域20多年，笔者认为，生物经济是建立在农业经济、工业经济、信息经济基础之上，是三者叠加的产物。农业经济的发展，催生了农业社会；工业经济的发展，催生了工业社会；信息经济的发展，催生了信息社会；生物经济的发展，是否会催生生物社会？有农业经济学、工

---

① 参见《习近平谈治国理政》第1卷，外文出版社2018版，第123页。

业经济学、信息经济学，能不能有生物经济学甚至生物社会学？

我国已经进入新型工业化、信息化、城镇化、农业现代化同步发展、并联发展、叠加发展的关键时期。从经济形态角度讲，我国也进入了农业经济、工业经济、信息经济和生物经济同步发展、并联发展、叠加发展的时期。

美国麦肯锡研究院报告分析预测，生物革命将在未来10到20年内产生2万亿到4万亿美元的直接经济影响，其中一半以上来自医疗卫生以外的领域，包括农业和纺织业等。2009年5月，经合组织发布《2030年生物经济：制定政策议程》报告，对生物技术潜在影响最大的农业、卫生和工业三个部门的未来发展进行了全面分析，指出到2030年生物技术对全球GDP的贡献率将达到2.7%以上。这份报告的发布引起了全球对生物经济的重视。

生物经济时代，和其他任何一个经济形态、经济时代都不同：伴随包括工具在内的生物技术的不断演进、生命科学的不断深化，人类对生命本质规律的把握越来越深入，认识越来越深化，生命科学和生物技术作用叠加、影响叠加，从而对经济社会产生日益广泛、深入的影响，地球进入深度"人类世"——正如《人类时代：被我们改变的世界》一书所说："人类已成为地球环境变化最重要的影响因素，因而需要重新命名我们生活的地质时代。""我们所处的地质年代"被伦敦地质学会的一个受人尊敬的工作小组"更名为人类世——人类时代，首次承认了人类对整个地球具有空前的支配力"。

一位不愿意透露姓名的合成生物学研究专家说："我多年来一直关注生物经济。我认为，生物经济不仅是生物产业，要突出产业整合，更要强调经济特征，既然是经济形态，应该有个完整体系。"他同时提醒："仅仅靠'吃药'，是不好说形成经济的。多年来，生物医药代表了生物产业，生物产业又代表了生物经济，但生物医药不是生物产业的全部，更不是生物经济的主要组成部分。伴随数字产业化、产业数字化，现在大家对数字经济越来越理解了，我相信，伴随生物产业化、产业生物化，大家会对生物经济越来越有进一步的认识。"

互联有价，生命无价。生物经济时代里，生命科技扮演的，绝不是互联网、信息技术的"第三者",而是伴侣,这是因为:无论互联网还是其他科技,关注的是生命以外的世界,而基因科技关注的是生命本体,其特殊价值是其他科学所无法衡量的。

如果说以前的经济形态——农业经济、工业经济、信息经济都是一种"外在"于生命的经济形态,可以提高生命的生存质量和效率,那么生物经济则是一种"内在"于生命的经济形态,它作用和改变的是生命本身。

七、深刻把握生物经济发展规律,大力促进生物经济健康快速发展

视界,决定高度。眼界,决定厚度。

对生物经济、生物经济学、生物社会学、生物经济时代的深刻把握、矢志落实,将决定一个更加"以人为本""以生命为本"的国家和民族能否走得更稳更远。

生物经济时代,还只是刚刚开始!深刻把握生物经济发展规律,大力促进生物经济健康快速发展,还有太多太多工作要做。

能否深刻把握,贵在能否对科学发展规律、产业变革规律有敏锐的感悟和深刻的洞察。细心人也许注意到,在《中华人民共和国国民经济和社会发展第十四个五年规划和2035年远景目标纲要》中,"基因与生物技术"被列为七大科技前沿领域之一,"基因技术"成为六大未来产业之一。

能否深刻把握,关键是要有一批真正站在学科最前沿而又能做到大公无私、引领未来的战略科学家,有一批投身应用、将技术和工具最大规模造福人类和产业的创新型企业家……

能否深刻把握,最重要的还是既要充分发挥市场的决定性作用,同样也要发挥政府的引导作用,两者缺一不可,相得益彰,各占其位,不越位不缺位。

生物经济时代,带来的将是一场全面而深刻的科技变革、产业变革乃至社会变革。

历史的机遇,往往稍纵即逝。眼下,我国正面对着生物经济在全球刚起

步的重要历史机遇，必须紧紧抓住。"十四五"规划明确提出"做大做强生物经济"，恰逢其时，应得到全党全国进一步深刻认识，以实际行动将这一重大战略部署落到实处。

只有把核心技术掌握在自己手中，才能真正掌握竞争和发展的主动权，才能从根本上保障国家经济安全、国防安全和其他安全。工欲善其事，必先利其器。我国在生物经济领域正获得一系列突破，比如深圳华大基因研究院历时多年投入巨资，通过并购、消化、再吸收，推出系列高通量测序仪，并且大规模商业化，使中国成为继美国后全球第二个大规模商业化高通量测序仪的国家。比如，由上海联影牵头，中科院和解放军总医院等单位共同完成的"高场磁共振医学影像设备自主研制和产业化"项目，不久前获得2020年国家科技进步奖一等奖，标志着中国自主完成了高端磁共振设备核心部件研发，并实现了商业化量产。而在此之前，国内患者排队使用的核磁共振设备基本都是外国设备。

深圳华大基因研究院联合创始人汪建说："我们有了自己的'枪'，也有了自己的大数据库，如果国家足够重视，我们完全可以更好地做好出生缺陷防控工作。这是经济账，更是政治账。"他这样发出时代之问、生命之问："我们能不能在全世界出生缺陷疾病控制上做出更多贡献？利用国产高通量仪器和大平台，我们完全可以低成本地减少相当一部分出生缺陷新生儿，这不仅有着巨大的卫生经济学意义，更有着巨大的政治意义！"

发展生物经济，既要注重重点论，也要注意两点论，要加强前瞻性思考、全局性谋划、战略性布局、整体性推进。

伴随经济社会的发展、老龄化社会的到来和深化、气候变化的加深，人们对生命健康的需求与日俱增，对提高农作物数量和质量的需求与日俱增，对人和自然和谐发展的需求与日俱增，对减缓全球气候变暖的需求与日俱增。我们能否提供更有效更高质量的供给，避免生物医药领域"需求外溢"和消费能力严重外流现象，如期实现碳达峰、碳中和目标，必须大力发展生物医药等生物经济，提供有效和中高端供给，大力发展生物医药、生物育种、生物材料、生物能源等产业，推动生物经济发展壮大。

自从有了围绕"生物经济"进行请教的念头，我就有了要用心设计问题、然后集中众人智慧"攒"一本书的想法，希望更多人理解和认识生物经济。

《贪婪的多巴胺：欲望分子如何影响人类的情绪、想象、冲动和创造力》一书指出："我们的大脑生来渴求意外之喜，也因此期盼未来，每个激动人心的梦想都在那里萌生。""这种快乐来自预期，来自陌生之物或更好之事的可能性。"

每次有一个好想法，总是让我激动不已，充满憧憬和动力，并且持之以恒利用周末、夜晚、节假日等时间，投入这个想法的实现中去。

一次次沟通，一次次提问，反复商量、核实、确认……我找了诸多专家进行请教，无论是生物经济研究专家，还是在生命科学科研或产业走在前沿的人们，绝大多数人都愿意共襄此举。

这也是对自己跟踪生命科学尤其是多组学20多年的一次检验。真诚期待这本和各方"神仙"探讨的小书《生物经济：一个革命性时代的到来》能够打开一扇窗，给人一点启发。

八、在生物经济时代的门槛上，你知道"自己要担负的责任"吗？

生物经济的发展，究竟能否成为支撑这个蓝色星球的希望之光？生物经济究竟应该向何处去？中国人，究竟应该怎样才能抓住这一历史机遇？一系列问题的答案，都在被请教的专家学者、企业家、投资人的回答中。

彼得·F.德鲁克在《已经发生的未来》一书中指出："在一个充满变化和挑战、新观念和新危险、新领域和持久危机、痛苦和成就的时代，在一个像我们这样重叠的时代，个体既是无能为力的也是无所不能的。如果他认为能够强加自己的意愿和掌控历史的潮流，那么他就是无能为力的，无论地位有多尊贵。**如果他知道自己要担负的责任，那么他就是无所不能的，无论地位有多低微。**"

那么，在生物经济时代的门槛上，你知道"自己要担负的责任"吗？

坚信这本书——《生物经济：一个革命时代的到来》将有助于更多人明

白在一个革命性时代到来之际"自己要担负的责任"，从而创造更为光明、更为健康、更可持续的未来。

（李斌：高级记者，全国抗震救灾模范，全国优秀科技工作者，北京市西城区"百名英才"荣誉称号获得者。

策划出版中国首套"四极"考察丛书，独著《二探北极》，与人合著《你还是你吗？——人类基因组报告》《2004科技中国》《学问的味道：与燕园"大脑"面对面》《未来产业：塑造未来世界的决定性力量》等。

主编《领跑力：企业、城市和国家的引领之道》《极度调查：告诉你一个"立体中国"》《北京秘密：你不知道的"全域文化"之城》等）

目录

知名专家篇

农业科技革命，使人类不再以打猎、采野果为生，地球养活了77亿人口。工业科技革命，机械化、电气化强化了人类的体力，信息化、智能化强化了人类的脑力，未来的"生物化"则直接延长人类寿命，人活90岁成常态，继农业经济、工业经济、数字经济之后，人类将迎来生物经济时代。

回顾历史，世界第一大经济体都曾引领过科技革命，农业经济时代的中国，工业经济时代的欧洲，数字经济时代的美国都是如此！我国要达到并长期保持世界第一大经济体，必然要引领生物技术引领的新科技革命，我国没有任何理由、任何资本再次与新科技革命失之交臂！

——王宏广、张俊祥、尹志欣等：《填平第二经济大国陷阱——中美差距及走向》

绝不能再次与新科技革命失之交臂
——王宏广访谈录

王宏广

全国政协参政议政特聘专家，清华大学生物医药交叉研究院（北京生命科学研究所）国际生物经济中心主任、教授，北京大学中国战略研究中心执行主任，四川大学华西医院中国人民生命安全研究院院长。历任中国农业大学(原北京农业大学)讲师、副教授、教授、博士生导师，曾任科技部（原国家科学技术委员会）农村司处长、农村与社会发展司副司长、中国生物技术发展中心主任、中国科学技术发展战略研究院调研员。先后赴德国霍因海姆大学、荷兰瓦根宁根大学、美国马里兰大学、明尼苏达大学等6所大学做合作研究。

"差距经济学"创始人，著有《中国的生物经济：中国生物科技及产业创新能力国际比较》《填平第二经济大国陷阱——中美差距及走向》《中国粮食安全——战略与对策》《发展医药科技建造医药强国——中国医药科技与产业竞争力国际比较》《中国现代医学科技创新能力国际比较》等学术著作22部，发表《试论科教兴国》《论生物经济》等学术论文110余篇。

在国际上首先提出"生物技术将引领新科技革命""第二经济大国陷阱""第二次绿色革命"，提出"第三产业拥有20万亿元潜力能够支撑经济中高速增长""健康产业拥有8万亿元潜力"等建议被政府采纳。

组织"首届国际农业科技大会"，我国第一部《农业科技发展纲要》起草专家组组长，《中华人民共和国生物安全法》研究起草工作小组总召集人。荣获"全国防治非典型肺炎先进个人""全国抗震救灾模范"等荣誉称号。

导语 20年前，他建议"像抓'两弹一星' 一样抓生物经济"

回顾人类近2000多年来的经济发展历史，世界第一经济大国都曾经引领科技革命：中国农业技术领先，引领了农业经济时代；英国及欧洲国家工业技术领先，引领了工业经济时代；美国依靠先进的信息技术，正在引领数字经济时代。信息科技革命之后，什么技术将引领新的科技革命，哪个民族将引领未来世界经济的发展，引起许多国家政治家、科学家、企业家乃至公众的高度关注。早在2000年王宏广教授就提出，生物技术将引领信息技术之后的新科技革命，中华民族伟大复兴就是在生物经济时代重回世界先进民族之林！

对"做大做强生物经济"列入"十四五"规划，已经为之呼吁20多年的王宏广教授，感到很欣慰的同时，也备感忧虑。

欣慰的是，从2000年调入科技部中国生物技术发展中心工作起，他就一直跟踪研究国内外生物技术、生物经济的发展重点、方向与趋势，研究生物经济、生物安全对国家发展的重要性：2000年11月，他向科技部建议加速抢占生物技术新科技革命制高点，提出生物技术将引领信息技术之后的新科技革命，生物经济是下一个经济增长点；2002年通过有关渠道建议"像抓'两弹一星'一样抓生物经济"；2003年提出"生物经济发展十大趋势"；2005年组织"首届国际生物经济大会"；2010年编写《中国的生物经济：中国生物科技及产业创新能力国际比较》一书。眼下，越来越多的科学家认同王宏广等专家的观点，国家"十二五"规划提出大力发展"生物产业"，"十四五"规划中则明确提出"做大做强生物经济"，发出了极强的"中国信号"。

忧虑的是，从目前现状来看，"若国家不将生物经济提到更高层面，我们很可能会失去这次千载难逢的机遇"，因为虽然我国很早就提出了"生物经济"的概念，近年来生物技术与产业也取得了巨大成就，但与美国、日本等国家比，与参与引领新科技革命的目标比，差距十分明显：我国90%生物技术的"根技术"、硬技术都来自国外，生物技术领域高端仪器设备95%依赖进口，生物技术顶尖人才也大量依靠引进留学人才，甚至连一些实验试剂也需要进口，这一系列问题亟待引起重视。

这是趋势把握——王宏广认为，以物理学为主导，多学科共同推动的工业技术、信息技术革命正在深入发展，而以生命科学为主导、多项技术共同推动的新科技革命正在加速形成。

这是警示之声——在新冠肺炎疫情之后各国可能会进一步加强生物技术研发的情况下，生物技术引领的新科技革命可能提前到来，而美国可能进一步加大对我国生物技术与产业发展的遏制力度。

这是由衷心声——我们在积极构建人类命运共同体的同时，必须把生物安全作为国家安全的重点，像抓"两弹一星"一样集中力量保生物安全、像修"防空洞"一样建立我们的"防疫站"。

这是肺腑之言——把生物经济作为"疫后经济"的重点，像抓"两弹一星"一样抓生物技术，尽快打造一批"国之重器"；采取新型举国体制，组建"中国生物技术联合研究院"；改革科技体制，推行"任务带科技、科技促发展"的科研模式；加强对生物技术与生物经济的领导，恢复"国家生物技术研究开发与产业化领导小组"。

赤子之心，跃然纸上。

"生物化"的作用远远大于前几次科技革命

问：您在2000年就提出发展生物经济，20多年过去，国内外生物经济发展怎样？请您就生物经济、生物安全与国家命运的关系谈谈看法？

王宏广：我想分别从历史和当前两个角度回答您的问题。

第一，从历史规律看，谁引领科技革命，谁就引领世界经济发展。

人类历史上已经经历了三个经济时代。第一个时代是农业经济时代。根据英国著名经济史学家安格斯·麦迪逊的资料，从公元元年到1820年，我国依靠先进的农业技术，经济总量排名一直是世界第一，约占世界经济总量的1/4左右。可见，农业时代是中华民族引领的时代。第二个时代是工业经济时代，英国利用先进的工业技术引领了工业经济时代。第三个时代是信息技术时代，美国依靠对信息化硬件和软件的高度垄断，成为当今世界唯一的超级大国。而第四个时代毫无疑问就是生物经济时代。

按照康德拉季耶夫周期理论：人类近300年来，大概每60—70年左右出现一个经济周期。按这个规律，计算机从1946年开始，到2010年左右红利结束，所以美国IBM把个人电脑业务出售给了联想集团。信息网络是20世纪80年代美国副总统戈尔提出建设国家信息高速公路时开始，估计到2040年左右会结束高速增长期。人工智能最早在1956年被提出，最长到2050年会结束。所以，2050年前后的经济增长点是什么？全球都在关注。

未来的科技革命是什么？**新冠肺炎疫情让世界各国更清楚地认识到生物技术将引领下一次科技革命，生物经济将是下一个经济增长点，是人类经济发展的第四次浪潮。**我们早在2006年就预测，生物经济的市场规模将是信息经济的10倍，现在看来是正确的。主要理由是，机械化、电气化增强了人的体力，信息化、智能化增强了人的脑力，而未来生物经济推动的"生物化"将直接延长人类寿命，"人活90岁成常态"，大多数人的健康生活、工作时间可能延长10年以上。**按照2019年我国GDP水平，全国劳动者多工作一年就能创造近100万亿元。**可见，延长健康工作时间，不仅能够大大提高人民生活质量、幸福指数，而且能够创造巨大的财富。可见，"生物化"不但能够**像其他几次科技革命一样改造自然世界，而且还能够改变人类自身，其作用远远大于前几次科技革命。**

总之，中国引领了农业经济时代，英国引领了工业经济时代，美国正在引领数字经济时代，**未来谁引领生物经济时代，谁将引领未来世界经济的发展。生物经济决定国家命运，不可等闲视之。**

第二，从现实看，中国需要引领新科技革命，也有可能引领新科技革命。

如果说前三次浪潮的引领者分别是中国、英国、美国，那么，即将到来的第四次产业浪潮将会由谁来引领？从目前全球生物技术创新实力看，美国仍然是下一次科技革命的引领者，论文、专利、人才、投入、产业等方面全面领先。我国已是第二经济大国，即使有新冠肺炎疫情等突发事件的冲击，我国仍然有望在2030年前后成为世界第一大经济体。历史上的世界第一大经济体都曾经引领过一次科技革命，我国要达到并长期保持世界第一大经济体的地位，必然要引领一次新的科技革命。我国已经成为有影响力的创新大国，经过未来30年的努力，我国将建成世界科技强国，有望引领或共同引领新科技革命。

从国际生物技术、生物经济竞争的趋势看，美国、欧洲等都高度重视发展生物技术，全世界14个国家的领导人亲自兼任有关生物技术机构的负责人，推动生物经济的发展。**生物经济已经成为决战未来的分水岭。从世界科技和经济发展规律来看，谁占据了科技中心的位置，谁就逐渐拥有经济实力、军事实力、政治影响力、文化影响力，生物科技将是核心。**目前，全球约有27个国家的生物和医学领域论文超过了本国全部学科论文的一半。但遗憾的是，这些国家中没有中国，我们生物和医学领域论文只占国内论文总量的30%左右。

自四大发明中最后一个指南针的发明至今已经近900年，我们缺乏重大、原始创新，错过了机械化、电气化和信息化三次科技革命，正在追赶信息化的后半程。中国GDP占世界的比重由最高时的32.8%降至最低时的

2%；2019年回升到16%，但也只有最高时的一半，所以我们必须下决心把生物技术搞上去。我们没有任何理由和资本再次失去一次新科技革命的机遇。当前中国科技与发达国家的差距仍然很大，我们仍有可能再次与下一次科技革命失之交臂，这是我们的"危"。

从"新中国70年GDP增长趋势"看，1949年我国GDP是466亿元，2019年GDP达到99万亿元，70年的时间名义GDP涨了2125倍，创造了中国经济奇迹。改革开放之后40年更是出现奇迹，1978年到2018年增涨了268倍。反观中国历史，1820年到1949年的129年，中国GDP只增长了7.2%。这就是中国共产党执政的成就，也是我们可以引领第四次产业革命浪潮的信心所在。

近10年来，我国对世界经济增长的贡献在30%左右，而对世界科技论文、专利、科技投入的贡献率超过50%，如此坚持下去，我国必然会建成世界科技强国。2006年国家实施重大科技专项以来，中国科技迎来又一个快速发展的新阶段，已成为世界有影响力的创新大国，13个科技创新指标中，我国有7个指标处于世界领先水平，创新数量不多的问题基本解决，创新质量不高成为主要矛盾。但应当看到，我国科技原始创新能力与美国等科技发达国家仍然有巨大差距，特别是在创新质量方面，有些差距短期内还难以缩小，我国还不是创新强国。如果美国对我国实施技术脱钩，中美科技差距短期内必然会拉大。但是，技术脱钩必然会激发14亿多人口的创新活力，只要我国坚持实施创新驱动发展战略、人才强国战略，更大力度地重视人才、支持创新，"像炒房地产一样炒科技，像捧明星一样捧科学家"，**我相信，曾经拥有1000多年"科举制度"、重视人才、重用人才的文明古国，必将成为新科技革命时代的科技强国、经济强国，我国完全有可能引领或共同引领科技革命，中华民族必将在生物经济时代重回世界先进民族之林。这必将是一个十分艰巨、充满激烈竞争的过程。但我始终相信，我国今天的创新条件与生态，远远好于"两弹一星"的特殊时期，这是历史赋予我们这一代人的机遇，也是我们在新冠肺炎疫情后世界百年未有之大变局中最大的"机"。机不可失，时不再来。生物科技革命之后的科技革命，还不知道是什么技术引领，但肯定要等上几十年，甚至几百年，此时不搏，更待何时？**

数字经济方兴未艾、生物经济加速来临

问：《中华人民共和国国民经济和社会发展第十四个五年规划和2035年远景目标纲要》在"构筑产业体系新支柱"中提出"推动生物技术和信息技术融合创新，加快发展生物医药、生物育种、生物材料、生物能源等产业，做大做强生物经济"。在您看来，生物经济有哪些特征、内涵？与生物产业有何不同？

王宏广：当今世界，数字经济方兴未艾，生物经济加速来临。生物经济是以现代生物技术及生物资源为基础，以生物产品与服务的研发、生产、流通、消费、贸易为基础的经济，是继农业经济、工业经济、数字经济之后的第四个经济形态，也称第四次浪潮。生物经济主要包括生物医药、生物农业、生物制造、生物能源、生物资源、生物安全、生态环境、生物服务、生物信息等领域。

从这点上看，生物经济不仅是一种产业形态，更是一种经济形态。这种经济形态下的技术、产品、产业，不仅能够改变自然世界，而且能够改造人类自身。

五年规划之变：从"生物产业"到"生物经济"，从"大力发展"到"做大做强"

问：您怎么看"做大做强生物经济"被列入国家五年规划？这一举措意味着什么？

王宏广：生物经济主要包括生物医药、生物农业、生物制造、生物能源、生物资源、生物安全、生态环境、生物服务、生物信息等领域。

新冠肺炎疫情暴发以来，生物技术已经成为国际科技竞争、经济竞争的制高点，生物经济正在成为国际经济竞争的焦点、未来经济的增长点。谁引领生物经济的发展，谁将主导未来世界经济的发展。

生物经济决定国家命运。世界上第一经济大国都曾经引领过一次科技革命，农业经济时代的中国、工业经济时代的欧洲、信息时代的美国都是如

此。我国要达到并长期保持世界第一大经济体地位，必然要引领或参与引领信息科技革命、数字经济之后的下一次科技革命、产业革命，必然要引领生物技术研发、引领生物经济的发展。

我国是世界上最早提出生物经济将引领新科技革命的国家。2000年我们就提出生物经济是继网络经济（现称为"数字经济"）之后的新的经济增长点，2002年我们曾经建议"像抓'两弹一星'一样抓生物经济"，2018年我们测算生物经济拥有近40万亿元的潜力，其中仅生物医药与健康产业的市场规模将达到20万亿元。

《中华人民共和国国民经济和社会发展第十四个五年规划和2035年远景目标纲要》明确提出"做大做强生物经济"，这是保障人民生命安全、促进经济可持续发展、改善生态环境、服务民族伟大振兴的战略举措。在"十二五"规划中我国首次将"生物产业"写入国家五年规划，"十四五"规划将"生物产业"提升为"生物经济"，从"大力发展"改为"做大做强"，**表明生物经济在国家发展中的作用得到进一步提升。抢占数字经济之后的新的经济增长点，是经济发展、民族复兴的战略举措，必将为中华民族在生物经济时代重新崛起奠定坚实基础。**

60多个国家或地区制定了生物经济蓝图

问：生物经济为什么要"做大做强"？"做大做强"的背后，是因为这一经济形态既小又弱吗？您能否介绍一下我国生物经济发展的现状？

王宏广：当今世界，生物经济具有保障人民健康、改善生态环境、促进经济发展的三大作用，**人类要应对人口增加、粮食短缺、气候变暖、生物多样性下降、生态环境恶化、生物安全危机加剧、健康需求刚性增长等多重挑战，必然要依靠生物经济。**

我国科学家早在2000年就提出"生物技术将引领新的科技革命、生物经济将是新的经济增长点"，2005年我国政府在人民大会堂召开了"首届国家生物经济大会"。2006年兰德公司提出生物技术将引领新的科技革命。目前全球已有60多个国家、地区及国际组织制定了生物经济战略政策或部门与重点领域的生物经济政策，从国家安全、经济、产业、科研、创新以及可持续发展等不同方面布局生物经济的发展。全球已经有27个国家或地区生物与医药科学论文已经占本国、本地区自然科学论文的50%以上。

初步测算，生物经济市场规模将是数字经济的10倍左右。但由于种种原因，我国生物经济的规模还不大。在过去的研究中，我们把生物经济分为狭义生物经济（生物医药、生物医学工程及大健康产业）和广义生物经济（包括生物农业、生物制造、生物能源、生物资源与环保、生物服务等）两类。**据测算，2020年，我国狭义生物经济规模约在8万亿元左右；到2030年，我国生物经济约有30万亿元的潜力，其中狭义生物经济达到20万亿元。因此，必须强调把生物经济做大做强。**

信息技术与生物技术融合将加速生物经济发展

问："推动生物技术和信息技术融合创新"为什么是"做大做强生物经济"的前提？生物技术和信息技术究竟怎样才能"融合创新"？大数据、云计算、人工智能的加速演进，会对生物经济时代带来什么影响？

王宏广：信息技术是工具。就像工业时代信息化技术一样，信息技术的引入，将会给生物经济的发展带来巨大变化，加速生物经济的壮大。

比如，在促进医药产业方面，从研发角度看，信息技术的应用可将新药研发时间缩短至3—5年，新药的成本下降75%；从生产的角度看，随着互联网、人工智能技术的普及，联动化、自动化、智能化、网络化等将给生产医药制造业的生产环节带来巨大变革，推动实现生产便捷化；从物流和监管的角度看，智能化物流不但能推动智慧供应体系发展，也会对监管起到很大帮助。

发展生物经济的十大重点：把生命安全的钥匙握在自己手中

问：您怎么看生物医药、生物育种、生物材料、生物能源四大产业成为"做大做强生物经济"的四大代表性产业？这四大产业之外，还有什么生物产业值得重视？

王宏广：生物经济是以现代生物技术与生物资源为基础，以生物产品与服务的研发、生产、流通、消费、贸易为基础的经济，是继农业经济、工业经济、数字经济之后的第四个经济形态，也称第四次产业浪潮。我们提出了发展生物经济的十大重点：

第一，发展大健康产业，打造朝阳产业，把生命安全的钥匙握在自己手中。一是发展健康建筑业，重点补上健康建筑业，特别是"防疫设施"的短板。二是发展健康制造业，打造12万亿元高端制造业。三是发展健康服务业，打造中西医结合、能够保障14亿多人口生命安全的健康服务业体系。

第二，发展生物农业，把中国人的饭碗端在自己手中。

第三，发展工业生物，细胞将成为"新工厂"。加速由发酵工业大国向强国转变，打造2万亿元发酵工业体系。

第四，发展生物能源，我们曾测算，利用荒山、荒坡、荒地种植能源植物，利用农作物秸秆，开发燃料乙醇、生物柴油、生物燃气，有望形成相当于开发7个大庆油田的"绿色能源"。

第五，在资源领域，利用生物资源开发药品、食品、能源、化妆品等产品，培育生物资源产业，使生物资源变为"金山银山"。

第六，在环境领域，要积极利用新技术，保护生物多样性，再造秀美山川。

第七，在安全领域，要开发防御生物威胁、保障生物安全和国家安全的新设备、新产品、新技术。

第八，在基础研究领域，要积极探索生命规律，催生新的科技革命。

第九，在生物产业领域，生物服务业正在形成新业态。药品与医疗器械安全性评价、临床有效性评估、生物与食品检测、食品与药品安全检测、知识产权评估与交易等，将成为新业态。CRO、CMO、CDMO等服务将为医药产业发展注入新的动力。

第十，在伦理方面，生物伦理将成为人类面临的新难题。像核技术、信息技术一样，生物技术很可能被"谬用"，要防止克隆技术、干细胞、基因编辑等技术的不正当应用。

生物经济发展，必须实施好人才强国战略

问：究竟应该怎样，才能加快发展生物医药、生物育种、生物材料、生物能源等产业？

王宏广：产业的发展，核心是产品，但产品的发展，必须靠技术拉动；更进一步分析，所有的技术都必须有人才能存在。为此，生物经济的发展，必然要实施人才强国战略，必须将人才放在第一位置，抓住人才才是抓住了发展的核心。

生物医药产业是生物经济中最成熟、作用最大的产业

问："十四五"规划将生物医药列为"做大做强生物经济"之首，您怎么看？是因为生物医药的产业潜力和前景最大吗？

王宏广：这是因为生物医药产业是生物经济中最成熟、显示度最高的产业。但事实上，未来的工业生物技术产业、农业生物技术产业等，发展潜力将会超过生物医药产业；尤其是工业生物技术产业，将会改变目前不可再生的化石资源为经济基础的传统工业，将工业带入新的发展阶段。

继植物和矿物药时代、化学药时代后，开始迈入生物药为核心的新时代

问：全球生物医药产业发展现状和问题如何？中国生物医药产业发展如何？存在哪些问题？出现了哪些新现象、新趋势？

王宏广：伴随着传统经验医学、循证医学、精准医学三个时代的变迁，医药在经历植物和矿物药时代、化学药时代后，逐渐开始迈入生物药为核心的新时代，医药产业发展态势主要表现在以下十个方面。

一是研发投入逐渐增大。据IQVIA研究所2019年5月调查数据显示，相比2015年，大型医药公司2018年的研发投入提高了30%，首次超过了1000亿美元。

二是研发成功率逐年降低。相比2015年的22.5%的成功率，2018年的成功率降低了11.1个百分点。

三是新技术不断引入。大数据、机器学习、人工智能等高科技为药物研发注入新的活力，免疫治疗、细胞治疗、基因治疗等新技术转化步伐加快。

四是创新型公司逐渐成为研发主力。2014—2018年，美国共计有113种药品获批，其中80种药品都源于规模较小的生物制药公司。

五是生物技术药物开始引领发展方向。2019年全球销售排名前十位的药品中有7种属于抗体药，全球销售前十位药物中大分子药物是小分子药物的1.39倍。

六是小分子药依然占主导地位。从全球研发来看，目前生物药研发数量约为40%，非生物药占60%。从市场销售来看，小分子药物的市场份额占到了80%。

七是孤儿药成了新的热点。美国2018年批准的57种新药中，孤儿药达到了33种。

八是资本的重要性越来越大。一是通过天使投资（PE）、风险投资（VC）等多种方式支持新药研发，在一定阶段选择退出；二是通过持续支持等，推动创新型医药企业IPO。

九是并购将会保持一段时间。2019年的并购总额为239.420亿美元，远远超过了历史上其他年份。

十是专业化就是未来。主要表现就是通过调整战略结构，加速剥离非核心业务，聚焦核心业务。

发展生物经济：北上广苏已居于领先地位

问：在您看来，中国哪些地方有望成为生物经济"高地"？

王宏广：在我看来，在发展生物经济方面，北京、上海、广东、江苏已居全国领先地位，另外成都、苏州、武汉、南京、杭州等城市的生物产业发展势头也非常强劲。

"十管齐下"，保人民生命安全、保国家生物安全

问：2020年起肆虐全球的新冠肺炎疫情，给人类以怎样的启示或者说警示？

王宏广：新冠肺炎疫情敲响了世界生物安全的警钟，**生物安全将像第二次世界大战之后核安全一样影响未来世界的和平与发展，正在加速世界政治、经济、科技、文化、安全、综合国力等七大格局发生根本性转变。**

自然病原不会消失、人为威胁陡然升级、生物霸权不可忽视，人类面临的生物安全形势将更复杂、更困难。生物安全问题将长期困扰人类生存与发展。为此，**我们在积极构建人类命运共同体的同时，必须把生物安全作为国家安全的重点，像抓"两弹一星"一样集中力量确保生物安全，像修"防空洞"一样建立我们的"防疫站"**，巩固七大成果，补上十大短板，构建十大体系。"十管齐下"，把人民生命安全、国家生物安全的钥匙牢牢握在自己手中，确保生物安全，确保国家长治久安。

一、巩固七大成果。一是保障生命安全，为人均寿命增长做出不可替代的贡献，基本消灭了天花等10多种传染病，有效控制了肝炎、小儿麻痹等疾病；二是农业生物安全，为粮食增产4.7倍做出历史性贡献，农业病虫灾害得到有效控制，确保转基因生物安全；三是生物多样性保护取得重要进展，熊猫等珍贵生物种群数量明显增加；四是国门生物安全构筑了"新长城"，有效遏制了生物入侵；五是高级生物安全实验室从无到有，安全管理达到国际一流水平；六是生物安全法规体系日趋完善，使生物安全治理达到国际一流水平；七是全民生物安全意识与自身防护能力大幅度提升，互帮互助的传统文化在防控重大疫情中形成了不可战胜的力量。

二、补上十大短板。中国保障生物安全仍然存在短板。一是对生物安全认识不足，特别是对应对"生物霸权"、开展国防"生物斗争"的紧迫性、重要性认识不足。许多人不知道什么是生物安全，许多人认为新冠肺炎疫情过后生物安全就不重要了，多数人认为未来威胁是核安全、金融安全，没有把生物安全当作安全问题的重点。二是保障人民生命安全有六难：预测难、预报难、预防难、检测难、治疗难、康复难。三是保障农业生物安全有四

难：农业灾害预报难、监测难、控制难、消灭更难。四是保障国门生物安全有三难：需要检测的对象多、检验手段少，有的只能抽检；边境长、有害生物入侵防御困难；有害生物不断变异，缺乏先进的监测、检验设备。五是保障实验室安全有三难：高等级生物安全实验室数量明显不足，不能满足保障生物安全的需要；缺乏生物安全研究的先进设备；缺乏生物安全顶尖人才。六是保护生物多样性、改善生态环境面临两难，土地沙化、草原退化、干旱盐碱还没有得到根本控制，已灭绝的生物更难恢复。七是防御物威胁面临困难，生物合成技术已经成熟，很可能被普通人掌握，防御人工合成的病原物难度更大。八是生物安全防御体系不完善，缺乏足够的防疫设施与传染病医院。九是生物安全投入不足。十是生物安全管理职能分散，各有关部门职能有重叠，又有漏管现象。

三、建好十大体系。一是生命安全保障体系。不断提高防控重大、特大疫情的技术水平与防控能力，保障人民生命安全。二是农业生物安全保障体系。保障转基因生物安全，有效控制农业生物灾害。三是生物多样性保护体系。切实保护濒危生物，探讨恢复已灭绝生物的技术与途径。四是国门生物安全体系。构建"新时代的新长城"，做到"三个零输入、三个零输出"，防御有害生物入侵。五是生物安全实验室安全体系。增加高等级生物安全实验室数量、提高质量、严格安全管理，杜绝生物技术滥用、实验室泄漏。六是人类遗传资源保护体系。依法做好人类遗传资源的收集、保存、保护、利用工作，让丰富的人类遗传资源转化成生物安全、生物经济的巨大财富。七是国防生物安全体系。打击生物恐怖、打赢生物战。八是现代生物安全技术安全体系。造就国际一流的生物安全人才队伍，打造国际一流的生物安全体系、产业体系。九是完善生物安全法规与管理体系。十是建设强有力的生物安全社会保障体系。

新冠肺炎疫情敲响了生物安全的警钟，也敲响了争夺生物经济制高点的警钟

问：新冠肺炎疫情大流行中，中国经济发展"一枝独秀"，其中一个重要因素是中国新冠疫苗的两家企业——中国生物制药和科兴中维在北京，据说北京2020年疫苗生产收入达到1000多亿元，地方经济被注入活力，这一现象给生物经济的发展以怎样的启迪？

王宏广： 新冠肺炎疫情敲响了生物安全的警钟，也敲响了争夺生物经济制高点的警钟。中共中央政治局2021年9月29日进行第三十三次集体学习，专门研究生物安全问题，建议各级党委（党组）和政府要把生物安全工作责任落到实处，因为，生物安全关乎人民生命健康，关乎国家长治久安，关乎中华民族永续发展。疫苗是防疫的国之重器，一是直接效益，保障了人民生命安全、经济持续发展，仅两个企业一年就产生了千亿元的经济效益；二是巨大的社会效益，社会稳定、人民幸福，中国的体制优势进一步显现，国际形象进一步改善，有力地促进了中华民族伟大复兴。

另外，很多地方依然没有把对生物产业的支持提到和信息产业一样的地位，主要原因是生物产业目前的直接效益还没有达到信息产业的规模。

希望通过这次抗击新冠肺炎疫情，能让更多的地方对生物产业的发展有新的认识。

以生命科学为主导、多项技术共同推动的新科技革命正在加速形成

问：2012年，美国政府发布《国家生物经济蓝图》，宣布继农业经济、工业经济、信息经济之后，人类已经进入生物经济时代。您怎么看"生物经济时代"？

王宏广： 看生物经济的到来，必须站在更高层面，从科技革命、产业革命的角度来看这个问题。

国内外学术界对科技革命、产业革命有不同认识，概括起来有两个共同点和两个不同点。两个共同点：一是信息技术引领的产业革命正在进行之中，方兴未艾；二是新科技革命正在孕育之中。两个不同点：一是什么技术将引领新科技革命、产业革命？一些学者认为是生物技术，一些学者认为是新能源技术，还有学者认为是新材料技术，相对多数的学者则认为是生物技

术主导，多项技术共同推动新科技革命；二是何时会产生新科技革命？乐观的估计是20年，多数学者认为30年左右，还有一些学者认为很难预测。

我们经过20多年跟踪研究认为，以物理学为主导，多学科共同推动的工业技术、信息技术革命正在深入发展，而以生命科学为主导、多项技术共同推动的新科技革命正在加速形成。如果说蒸汽机、电力推动的前两次工业革命增强了人类的体力，信息化、智能化推动的第三次技术革命增强了人类的脑力，那么以生物技术主导的新科技革命将大幅度延长人的生命，特别是延长健康生活的时间，对人类健康、生态改善、社会伦理的影响都将远远超过前几次科技革命。

很多国家非常重视生物经济的发展

问：国际上生物经济发展态势如何？各国重视程度如何？中国重视程度如何？

王宏广：世界很多国家非常重视生物经济的发展。日本是最早提出"生物产业立国"的国家，前首相小泉纯一郎曾兼任"生物产业战略研究会主任"；印度成立了世界上第一个"生物技术部"，新加坡、泰国、马来西亚、古巴等国家的领导人兼任本国生物技术与产业相关机构的负责人；欧盟与其成员国德国、意大利、荷兰、爱尔兰、瑞典、奥地利、挪威等，俄罗斯以及北美的美国和加拿大，亚洲的日本、韩国、印度，非洲的南非等，都纷纷出台了生物经济发展战略。

比如，早在2000年12月，美国政府就提出《促进生物经济革命（Fostering the Bioeconomic Revolution）》战略性计划；2012年4月美国政府又发布《国家生物经济蓝图（National Bioeconomy Blueprint）》，重点描绘了联邦生物经济五大战略目标。2009年经合组织发表了题为《2030年生物经济：制定政策议程（The Bioeconomy to 2030: Designing a Policy Agenda）》的报告，印度公布《国家生物技术发展战略（National Biotechnology Development Strategy）》，德国政府发布《生物经济2030（Bioeconomy 2030）》，俄罗斯通过了《俄罗斯生物技术发展路线图（Russian Government Roadmap for

Development of Biotechnology）》，韩国制定了《面向2016年的生物经济基本战略》〔The 2nd Basic Plan for Biotechnology Support（2012–2016）〕，以期通过国家引导，加大投资，加速抢占生物技术的制高点，加快推动生物经济产业革命性发展的步伐。

生物技术引领的新科技革命，不仅改变自然世界，而且还会改变人类自身

问：生物经济时代究竟有着怎样的特点？能说生物经济时代是"已经到来的未来"吗？

王宏广：生物经济将推动继农业经济、工业经济、网络经济之后的第四次浪潮。工业革命200多年来，人类研究"死的"东西多了、研究"活的"东西少了，研究身体之外的东西多了、研究身体内在规律的少了，忽视了人类的健康，损坏了人类赖以生存的环境。

回顾历次科技革命的作用，农业科技革命，使人类不再以打猎、采野果为生，地球养活了77亿人口。工业科技革命，机械化、电气化强化了人类的体力。信息技术革命，信息化、智能化强化了人类的脑力。展望未来，"生物化"则直接延长人类寿命，人活90岁成常态。

显然，工业经济下的经济社会发展已很难满足人类的新需求，生物经济提供了新的思路和方案。在生物经济时代，医药生物技术将推动第四次医学革命，疾病预防能力与治愈率大幅度提高，干细胞技术将使人类像修理汽车一样更换人体劳损的器官，人类寿命将进一步延长。推动第二次"农业绿色革命"，转基因植物、生物肥料、生物农药、生长激素等，将在大幅度增加农产品产量的同时，提高产品质量。生物能源将大大缓解能源短缺的压力，生物资源将被开发为食品、药品、保健品、观赏品等新产品。生物技术将在防御生物恐怖中发挥不可替代的作用。克隆技术、基因测序、器官移植等技术将会冲击传统的伦理观念。

这些既是生物经济的发展趋势，也是生物经济区别于其他经济的最显著特点。

是不是已经进入生物经济时代，有多种判断方式，政府重视、科技积累、产业发展、人民能享受到发展成果是最好的标志。目前，世界各国纷纷将生物经济列为国家重点，生物科技已经有了70年的积累，全球已有20多个国家或地区生物与医药论文占本国自然科学论文50%以上，荷兰、丹麦、土耳其、美国、澳大利亚等5个国家超过了60%，生物技术的发展已给全球人民的健康发展带来了巨大影响。尤其是这次新冠肺炎疫情，没有生物技术的支持，可能给人类带来巨大灾难。**生物技术将取代信息技术引领新科技革命，这已经成为不争的事实。我们在2000年就提出这一判断，兰德公司在2006年做出相同的判断。**

我国再次与新科技革命失之交臂的风险不容忽视

问：对于中国来说，在工业经济、信息经济时代苦苦追赶之后，生物经济时代是一次难得的"换道超车"机会吗？

王宏广：当前，信息技术革命方兴未艾，智能化正在把数字经济推向更高发展阶段。越来越多国家的政府与科学家认为生物技术将引领新科技革命，从创新能力、人才队伍、产业基础等方面分析，美国仍将是新科技革命的引领者。虽然我国在20多年前就提出生物经济的概念，2002年就开展"生物安全法"立法研究，2005年就组织召开"首届国际生物经济大会"，近年来生物技术与产业取得巨大的成就。但我们研究发现，中美生物技术差距大于信息技术的差距，原始创新能力的差距十分明显，还不具备引领或参与引领新科技革命的绝对实力。突出表现在四个"90%以上"：90%以上的化学药品是仿制药，90%以上的高端医疗器械靠进口，90%以上的高端研发仪器靠进口，90%的自然科学基金申请项目缺乏原始创新。

数字经济方面我国有华为公司、腾讯集团等走在世界信息产业最前列的企业，而生物经济领域我国还缺乏具有国际竞争力的企业，若不采取重大举措，我们可能会失去这次千载难逢的机遇。

第一，从技术源头看，我国90%生物技术的"根技术"、硬技术都来自国外。基因测序、基因编辑、蛋白结构、T细胞、抗体、脑科学等核心技术的"根技术"都在国外。据自然科学基金会的数据，在全国自然科学基金项目中，属真正原始创新的课题申请约占10%，生物领域的比例更低。**许多研究课题都在重复别人的研究，也就是说，用我们的钱、别人的仪器，重复别人的研究，过去是低水平重复，现在多是高水平重复。**

第二，从科技仪器看，我国生物技术领域高端仪器设备95%依赖进口。高倍显微镜、质谱仪、高效液相色谱仪几乎全部依赖进口，有时连鼠、猴等实验动物也不得不进口。"一流"的仪器设备都是人家实验室自制的，根本买不到；"二流"仪器设备根据"瓦森纳协议"限制向我国出口；我国买到的只能是"三流"仪器设备。**没有研究方法与仪器设备的重大突破，不可能从根本上改变我国生物技术受制于人的局面，一旦技术"脱钩"，许多实验室三个月后就无法正常开展工作。**

第三，从科学论文看，美国高被引科学论文是我国的8倍。我们对中美两国在基因编辑、肿瘤免疫、DNA损伤修复、细胞免疫治疗CAR-T、基因疗法、干细胞治疗等六个前沿领域的科学论文进行了比较研究，中国、美国论文数分别为21331篇和84196篇，其中高被引论文分别为241篇和1933篇，美国论文数、高被引论文数分别是我国的4倍和8倍。另外，我们对生物安全领域论文数量进行分析，中国、美国分别在生物安全领域发表论文13073篇和48675篇，美国是中国的3.7倍。我们对不同国家生物与医药论文占本国自然科学论文的比重进行了比较，全球26个国家或地区生物与医药论文占本国自然科学论文50%以上，荷兰、丹麦、土耳其、美国、澳大利亚等5个国家超过60%，我国仅为39.2%，排第37位。2016年，全球生物与医学论文占所有自然科学论文的50.8%，仍处于持续上升态势。可见，我国不仅与美国有差距，与一些发展中国家也有差距。

第四，从发明专利看，美国专利申请量、专利被引次数分别是我国的3.4倍和25.7倍。我们对中美两国在基因编辑、肿瘤免疫、DNA损伤修复、细胞免疫治疗CAR-T、基因疗法、干细胞治疗等六个前沿领域的专利申请量进行了比较，截至2018年底，中国、美国专利申请量分别为6677件和22560件，专利被引次数分别为10571次和271500次。美国专利申请量、专利被引次数分别是我国的3.4倍和25.7倍。

第五，从高端人才看，美国生物技术高端人才数量是我国的21倍。根据汤森路透公布的数据，2019年全球高被引科学家共6216名，其中美国2737名、占44%，我国（含港澳台地区）701名、占11.3%。全球生物领域高端人才1963名，其中美国974名、占40.4%，我国（含港澳台地区）47名，占2.4%。美国生物领域高被引科学家数量是中国的21倍。

我国生物领域高被引科学家不但绝对数量少于美国，而且相对比例也远远低于美国、低于全球平均数，美国生物领域高被引科学家占全部高被引科学的35.6%，全球平均为31.6%，而我国只有6.7%。从不同学科来看，临床医学、免疫学、神经病科学与心理学等人民健康急需的领域，美国高被引科学家数量分别是我国的227倍、79倍和75倍，药物毒理学方面我国高被引科学家数为0。

我国海外"生物兵团"实力远远超过国内，引进人才成为我国能否引领新科技革命的分水岭。基因编辑、蛋白结构、器官再生、表观遗传、脑科学等领域领军人物几乎都是华人，当前世界上最热门的癌症药物PD-1、PD-L1的发明者也是华人。2003年，美国科学院院士王晓东回国之后带动一批高水平人才回国，但一些回国人才纷纷转向行政或企业，学术水平明显下滑，亟待引起高度重视。

第六，从企业投入看，美国医药企业研发经费约为我国医药企业的10倍。根据美国医药研究协会（PhRMA）的数据，美国2017年在医药领域研发投入是970亿美元，折合人民币6547.5亿元。同年，我国规模以上医药工业企业研发内外部支出606.03亿人民币，仅为美国的9.26%。此外，2018年，我国A股、港股、新三板、中概股中的1004家医药上市公司总研发投入为661亿元，同年强生公司研发投入为712.2亿人民币。我国1000多家医药企业的研发经费少于美国一家公司。

第七，从研发基地看，美国高等级生物安全实验室是我国的15倍以上。美国拥有P4（生物安全4级）实验室15个、P3实验室1495个，分别是我国的15倍和30倍左右。由于国际《禁止生物武器公约》还没有形成缔约国相互检查机制，美国许多高等级实验室还没有公开，这方面的差距可能比当前掌握的数据还要大。

第八，从法规体系看，我国生物技术与生物安全法规建设与美国也有一定差距，存在法规数量少、速度慢的问题。美国十分重视生物领域法规体系建设，出台有关生物经济、生物安全的法规、战略多达20多部，其中2015年以后多达9部。我国围绕生物技术、生物安全制定了一系列法规，但相对数量少、速度慢。2002年开始研究《中华人民共和国生物安全法》立法，耗时18年才终于在2020年10月通过，自2021年4月15日起施行。

总之，世界经济大国都曾经引领过一次科技革命，农业经济时代的中国，工业经济时代的英国，数字经济时代的美国都是如此。新冠肺炎疫情之后，各国可能进一步加强生物技术研发，生物技术引领的新科技革命可能提前到来，而美国可能进一步加大对我国生物技术与产业发展的遏制力度，我国可能继错失机械化、电气化、信息化机遇之后，再次与新科技革命失之交臂，必须引起高度重视。

必须像抓"两弹一星"一样，取得生物经济发展的巨大成功

问：要想抓住生物经济时代的历史性机遇，您对决策层有什么建议？

王宏广：人类历史上已经经历了三个经济时代。第一个时代是农业经济时代。根据英国著名经济史学家安格斯·麦迪逊的资料，从公元元年到1820年，我国依靠先进的农业技术，经济总量排名一直是世界第一，约占世界经济总量的1/4左右。可见，农业时代是中华民族引领的时代。第二个时代是工业经济时代。英国利用先进的工业技术引领了工业经济时代。第三个时代是信息技术时代，美国依靠对信息化硬件和软件的高度垄断，成为当今世界唯一的超级大国。

新冠肺炎疫情让世界各国更清楚地认识到生物技术将引领下一次科技革命。从目前全球生物技术创新实力看，美国仍然是下一次科技革命的引领者，论文、专利、人才、投入、产业等方面全面领先。我国已是第二经济大国，即使有新冠肺炎疫情等突发事件的冲击，我国仍然有望在2030年前后成为世界第一大经济体，但我国要达到并长期保持世界第一大经济体的地位，必然要引领一次新的科技革命。为此，我建议将生物经济作为引领世界

未来发展核心，像抓"两弹一星"一样抓生物经济，以人才为核心，广聚各个民族、国家的优秀人才，引领世界未来的发展。

发展生物经济的十条建议：把生物经济作为"疫后经济"的重点

问：我国生物经济发展存在哪些问题？您有何建议？

王宏广：相比欧美等发达国家，我国生物经济无论在技术、产品，还是人才储备等方面，都还有很大差距。为此，我国应在国家层面积极促进生物经济的发展。

经过研究，我们提出了十条建议：

第一，把生物经济作为"疫后经济"的重点。当前，关于新冠肺炎疫情"疫后经济"发展的政策建议不少，"新基建、新信息、新金融（注册制）、新农村（乡村振兴）、新就业（补贴就业）"等众说纷纭。我们研究认为，至少要加上"新生物"，"生命比网速重要"，**要吃一堑，长一智，补上生命安全的短板，把生物经济作为"疫后经济"的重点，调动全社会力量，共同推动生物经济的发展。**

要有底线思维，加强高线防备。针对人民生命安全、生物安全、经济安全、国家安全，以及粮食安全、食品安全、能源安全、生态安全的急迫需要与短板，**在经济发展、科技创新、民生改善等有关政策、规划、基础工程、投资、金融、证券等方面，全面向生物技术与产业倾斜，同时充分调动社会力量，共同推动生物技术与生物经济的发展，尽快补上生命安全、生物安全、经济安全乃至国家安全的短板。**

第二，像抓"两弹一星"一样抓生物技术，尽快打造一批"国之重器"。生物技术将引领新科技革命已经基本成为国际共识，我国生物技术水平与发达国家差距巨大，不采取新型举国体制的特殊措施，短期内不可能缩小差距，一旦美国"技术脱钩"，我国很有可能错失生物技术引领的新科技革命。为此建议，把生物技术作为新科技革命的重中之重，把生物技术强国作为科技强国的主要内容，尽快制定国家生物技术与经济中长期发展规划，采取新型举国体制，在传染病防控、重大疾病防治、新药创制、医疗器械、生物安全、转基因生物等方面，尽快打造一批生物经济时代的"国之重器"。

第三，采取新型举国体制，组建"中国生物技术联合研究院"。**根据生命安全、生物安全、粮食安全、食品安全、能源安全、生态安全，以及防御生物恐怖与生物武器等重大需求，集成全国最优秀的科技力量，组建"中国生物技术联合研究院"，下设10个左右"国家实验室"，统一规划、明确目标、集成重点、分别实施，每个实验室解决一个重大的安全问题，** 例如：

——国家生命安全实验室，保障人民健康、延长健康工作时间。重点开展重大传染病防控、药品安全、人类遗传资源保护、微生物耐药性等研发与应用，建立健全重大疫情预警体系、救治体系，力争延长人民健康工作时间与预期寿命3年到5年。

——国家生物安全实验室，保障生物安全。重点开展公共卫生安全、农业生物安全、生物多样性与环境安全、生物技术研发与实验室安全、进出口生物安全、防御生物恐怖与生物武器等方面的研发与应用，保障我国应对重大、特大疫情与生物恐怖的能力。

——国家粮食安全实验室，推进第二次绿色革命，保障粮食安全、食品安全。力争使我国10亿亩旱地、5亿亩盐碱地成为农用地，形成新增9亿亩农田的生产力，从根本上解决大豆等农产品大量进口的问题。

——国家工业生物实验室，推进第三次化学工业革命，力争形成3万亿元的发酵工业与生物材料产业，加速我国由发酵工业大国向发酵工业强国的转变。

——国家生物能源实验室，加强能源生物技术研发，力争形成5个大庆的能源当量，保障能源安全。

——国家生物资源开发实验室，促进生物资源优势转变为生物经济优势，形成2万亿元的生物资源产业，修复生态环境，保护生物多样性。

——国家生命科学实验室，使我国成为世界生命科学的创新中心、顶尖人才聚集地、生物新技术新产品的发祥地，不断提高认识生物、改造生物、创造生物的能力，迎接新的科技革命。

第四，实施"人才强国战略"，造就300人左右"国际顶尖人才"。把顶尖人才培养与使用作为生物技术与产业发展的突破口，不拘一格降人才。

2019年，我国生物领域顶尖人才仅47人，是美国的1/21，力争用10年左右的时间，通过引进、培养、合作等方式，使我国生物领域国际顶尖人才达到300人，每个国家重点实验室约10人左右，按需求定机构、给机构找人才，切实造就一批国家急需、技术精湛、贡献突出的顶尖科技人才。专业的事让专业的人干，不让外行耽误事；专业的人干专业的事，不浪费人才。

第五，改革科技体制，推行"任务带科技、科技促发展"的科研模式。大力支持基础研究攀高峰、写论文。**改革应用研究的科研模式，逐步取消"科学家出题、科学家解题、科学家评奖"的传统模式，创造"产品为导向、企业家出题、科学家解题、论贡献评奖"的新模式，"任务带科技、科技促发展"**。应用研究坚决革除"唯论文"的老标准，树立"讲效益"的新标杆，把经济效益、社会效益、生态效益作为应用研究的主要评价指标。

第六，弘扬"两弹一星"精神，优化创新生态。"热爱祖国、无私奉献，自力更生、艰苦奋斗，大力协同、勇于登攀"，听从祖国召唤，讲奉献精神、讲协作能力、讲创新贡献，反对名利思想，反对只讲条件、不讲效益，反对只讲待遇、不讲贡献。营造"求真务实、激励创新、保护产权、宽容失败"的创新文化，杜绝造假、打击剽窃，净化创新环境。

第七，建立健全生物经济法规体系。在《中华人民共和国生物安全法》基础上，不断完善生物安全相关法规体系。**建议出台《生物技术与产业促进法》，从管理体制机制、政府采购、监管政策、科技创新、资金投入、人才培养、基地建设等方面，促进生物技术与生物产业发展。**

第八，加强对生物技术与生物经济的领导。参照我国推进信息科技与产业发展的做法与经验，针对新科技革命发展的需要，恢复"国家生物技术研究开发与产业化领导小组"，加强部门协调，形成协同创新与产业化的新机制，成立"国家生物经济局"，统筹管理与服务生物经济的发展。

第九，组建"中国生物经济行业协会"。充分发挥市场机制的作用，加强行业自律，成立"中国生物经济行业协会"，为生物技术园区、企业、研发机构提供全方位的服务与支持，为政府管理生物经济提供支撑与协助。

第十，发起"国际生物经济联盟"。我国在2005年举办"首届国际生物经济大会"，在国际上已有一定影响力，建议邀请美国、英国、德国、法国等与生物医药相关的官、产、学、研、医、金融等方面的著名机构、人员，组建由我国牵头的"国际生物经济联盟"，促进技术合作与人员交流，开展相关标准与政策研究，组办国际论坛与技术交易大会等。

强化九大体系，修筑保障国家生物安全的"新长城"

问：我国已颁布施行《生物安全法》。而您2002年起就担任国家14个部门组成的"生物安全法"立法研究领导小组专家组总召集人，请您谈谈建立生物安全保障体系怎样着手？

王宏广：生命安全高于一切。没有生命安全保障，人们不会冒险去上班，一切社会经济活动都会停摆，新冠肺炎疫情已经充分证明了这一点。因此，近20个国家都制定了《生物安全法》或相关法规。2018年，英美分别发布了《英国生物安全战略》和《国家生物防御战略》，澳大利亚《生物安全法》多达645条97407字。新冠肺炎疫情，将使更多的国家重视生物安全。

小小新型冠状病毒让全球瘫痪，在严峻的生物安全威胁面前，亟须把国家生物安全纳入国家安全体系，并当作当前国家生物安全的短板，采取特别政策与措施，尽快补短板、保安全，迅速提升国家生物安全保障能力。我国从2002年开始由14个部门进行《生物安全法》的立法研究与起草工作，2005年完成《中华人民共和国生物安全法（送审稿）》，2019年10月《中华人民共和国生物安全法》提请全国人大常委会一审，2020年4月26日再次提请十三届全国人大常委会第十七次会议审议，并由十三届全国人大常委会第二十二次会议于2020年10月17日通过，自2021年4月15日起施行。从起草到提交全国人大常委会审议通过，整整历时18年，足以说明生物安全法涉及面广、立法难度大。《中华人民共和国生物安全法》立法的主要目的是"维护国家安全，防范和应对生物安全风险，保障人民生命健康，保护生物资源和生态环境，促进生物技术健康发展，推动构建人类命运共同体，实现人与自然和谐共生"。**新冠肺炎疫情必将引发新一轮国际生物技术与防御生物威胁的国际竞争，正像第二次世界大战之后各国核技术竞赛一样，生物技术将成为新的国际竞争热点，加快构建国家生物安全法律法规体系、技术体系、**

产业体系等九大体系，确保国家生物安全已经刻不容缓，迫切需要强化九大体系，修筑保障生物安全的"新长城"。

一是保障生命安全，也叫公共卫生安全，目标是确保人民身体健康，主要包括重大传染性疾病防控、药品安全、耐药性、医疗用品安全等；二是保障农业生物安全，目的是保障农业生物不受疫病灾害侵袭，主要包括转基因动植物、动植物疫情防控、病虫灾难防控等；三是保障生物资源与环境安全，目的是生物（动物、植物、微生物、海洋生物、特种细胞系与基因）遗传资源保护、生物资源多样性、保障并改善生态环境，主要包括生物多样性保护、野生动植物保护、水资源保护、森林与草原保护等；四是保障生物技术与实验室安全，主要目的是坚决杜绝生物技术误用造成的危害，主要包括生物安全实验室管理、防止生物技术误用、生物技术伦理、生物安全标准等；五是保障生物技术产品进出口安全，主要目的是构筑"新长城"，把好国门，把病毒、病虫、病人挡在国门之外，主要包括防御外来生物入侵、边境与口岸检疫检验、重点检疫对象的动态预警与预报等，主要由海关、检疫检验、商务部等部门负责；六是防御生物恐怖与生物威胁，主要目的是防御恐怖分子释放有害生物，主要包括危险生物、重大生物安全事件的监测与预警、预报，防御生物武器威胁的药品、疫苗与防护装备的研制与储备，生物安全隔离区，生物安全指挥体系等；七是建立生物安全保障体系，主要目的是构建全社会参与的生物安全保障体系，主要包括防御重大、特大生物安全事件的基础设施、物资储备、应急处理队伍、后备人员培训、预案制订等；八是完善生物安全法规体系，根据《中华人民共和国生物安全法》对相关法规进行补充、修订、完善；九是完善生物安全治理体系，构建职责明确、高效协调的生物安全治理体系。

当前，世界上几十个国家都把生物安全放在国家安全的重要位置。值得注意的是美国《国家生物安全战略》明确提出，美国当前面临的最大威胁不是核威胁、不是网络威胁，而是生物威胁。众所周知，美国拥有全世界最强的科技力量，全世界40%的生命科学顶尖人才在美国，59%的高等级实验室在美国，美国 P3 实验室（一般做二类传染病）有1500多个，我们只有81个，P4 实验室（研究如埃博拉等烈性传染病）美国有4个，我们只有2个在试运行。在经费投入上，2000年到现在，网上可查的信息，美国在生物安全及相关领域已经投入1855亿美元，即使这样，美国还是没有很好控制新冠肺炎疫情，说明生物安全问题目前还是人类生物安全、国家安全的短板，亟待加强。

在这场疫情中，中国取得的阶段性胜利得益于我们国家的制度优势，得益于党中央的英明决策，得益于中华民族团结一心的民族精神，但必须清醒地看到我国与发达国家在生物技术、生物安全方面仍然有很大差距，面对日趋复杂的国际形势，我国必须尽快补上生物安全这个国家安全的短板。我们的研究认为，保障生物安全迫切需要强化"九大体系"。

第一，法律体系。面对生物安全相关法规的重叠、交叉、空白、冲突等问题，要对现有生物安全相关条例、规章、办法进行全面梳理。第二，组织体系。有了法规就需要有人执行，需要有高效、协调、有力的组织体系。第三，医疗体系。健康的最基本保障就是防病治病，不仅要有现代化的防疫体系与装备，还需要满足老百姓日益增长的医疗需求，也要有高端化、市场化的医疗服务，政府保基本、保险保高端。第四，物资保障体系。这次疫情，最明显的就是口罩、防护服等物资的极大短缺，当危机发生的时候，医疗物资保障储备由谁来统筹、谁来采购，谁来制订物资不足的预案等。第五，技术体系。生产物资需要技术支撑，需要有强大的技术体系、人才体系、标准体系等。第六，宣传体系。宣传、普及防疫知识，及时消除虚假信息的危害。第七，社会稳定体系。重大疫情必然会引发一些社会问题，会给社会带来很多安全隐患，需要防患于未然。第八，国际协调体系。病毒是人类共同的敌人，需要共同对敌，需要构建更加紧密的国际合作机制，共享保障生命安全急需的信息、技术、人才、物资等，坚决防止一国优先、推卸责任、栽赃陷害等人为制造的次生灾害。第九，评估监督体系。需要对各国、各地防疫工作进行总结、比较研究，总结经验、防止遗漏，明确有什么、缺什么、补什么，吃一堑，长一智，不断提高保障生物安全的能力与水平，使人类的未来更加美好。

几十年来的生命科学研究，以及日益强大的生物信息获取和利用工具的开发，使得人们更加接近以前无法想象的未来之门：用CO_2直接生产的液体燃料，用可再生生物质而不是石油生产的可降解塑料，可满足特定饮食要求的特制食物，依据患者基因组信息的个性化医疗，以及可实时监测环境的新型生物传感器等。

——摘自美国《国家生物经济蓝图》

生物经济正成为经济社会发展"第四次浪潮"
——邓心安访谈录

邓心安

中国农业大学教授,生物经济发展研究中心主任。

曾任中科院自然资源综合考察委员会助理研究员,中科院综合计划局规划处处长,中国自然辩证法研究会农业哲学专业委员会秘书长,中科院交叉科学中心特聘研究员。

曾负责中科院"九五"重大项目、特别支持项目和知识创新工程试点重大项目的综合管理;参与组织"中国科学院知识创新工程试点领域方向战略研究";参与国家科技部"奥运科技行动计划"的研究制定,负责中科院申请国家奥运科技攻关项目前期组织管理工作;起草一系列研究报告和科技管理政策文件。

曾主持农业部软科学研究、上海市科委科技攻关培育计划、中国科学院和中国农业科学院委托研究等课题。

在《中国科技论坛》《Agricultural Systems》等刊物和国内外学术会议上发表有关科技战略与政策、农业经济、生物经济等学术论文150余篇,部分被《新华文摘》、SCI、SSCI等转载、收录或引用。

开拓生物经济与农业发展相结合研究新方向,首次提出生物经济的定义及新型农业体系、"五轮模型"、农业易相发展理论等概念、假说或理论。

导语　从"万物互联"转向"万物共生"

　　只要查找"生物经济"这个关键词，网上就会找到邓心安教授有关生物经济的文章或新闻报道。

　　讨论生物经济，他是绕不过去的专家——从中科院到中国农业大学，他在近20年前，就从经济角度提出了"生物经济"的理念，并且持续进行了10多年的研究、呼吁。

　　20多年前笔者跑中科院时，恰逢中科院抓住"知识经济初现端倪"的历史性契机，在国家最高领导人批准后实施知识创新工程，而邓心安那时就在从事知识创新的研究和管理工作。那个年代，源自联合国教科文组织的"知识经济"的理念在中国盛行一时，乃至影响了最高决策者，影响了后来的中国科技创新步伐，进而影响了中国的教育改革，某种程度上，通过理念革新这根杠杆撬动、加速了中国迈向创新型国家的进程。

　　在20世纪，一些人常说，21世纪是生物世纪。人们等啊，等啊，一直在期盼，21世纪之初，似乎"生物世纪"还是有些远。伴随生物技术尤其是一系列工具的突破，生命科学尤其是多组学才进一步获得了突破，人类对生命的认识进一步加深，而工具带来的突破逐渐在不同领域得到应用，逐步形成一个个应用市场。

　　敏锐观察到这一点，邓心安对"生物经济"的内涵和特征进行了描述：生物经济是以生命科学与生物技术的研发和应用为基础的、建立在生物技术产品和产业之上的经济，是一个与农业经济、工业经济、信息经济相对应的新的经济形态，往往以生物质为基础，生产绿色、健康、可持续；研发强度大，科技含量高；产品种类多样，多元化与分布式并存；生物经济的消费更具"人本化"。

　　邓心安教授对生物经济概念逐步形成和"落地"的三个阶段异常清

楚——概念形成的初期阶段即萌芽阶段（1998—2001 年），概念正式形成与战略酝酿阶段（2002—2009 年），战略制定及实施、领域共识形成阶段（2010 年至今），时间段描述得清清楚楚，概念演进过程也清清楚楚。

在他看来，不同时代，有引发科技产业重大革命的不同基本因子，在生物经济时代，引发科技产业重大革命的基本因子就是基因，生命科学研究正向定量、精确、数字化、可视化方向发展。相较于信息经济即数字经济具有"高度集中或垄断"的特点，生物经济量大面广，且大多呈分布式发展。做强做大生物经济，不仅具有巨大的经济效益，而且具有长远的综合效益和社会效益，以及"溢出效应"，而要做大做强生物经济，亟须率先"做大做强"重点企业乃至部分行业。

他异常冷静——我国生物经济发展存在研发技术水平相对落后、市场化能力不足、生物产业与农业经营的规模化程度不足、资本市场和投融资平台不完善等四大问题。随着生命科学的不断进步和生物技术的发展，生物医药产业，包括基因工程药物、生物制品、生物医学工程等，潜力巨大，未来前景非常可期。包含生物制药在内的健康医疗处在生物经济价值链的高端，有望发展成为引领生物经济的先导领域。

他说话直截了当——现有的基因工程农业、基因治疗、生物塑料、生物能源等分领域政策，大多缺乏配套或相对滞后，跟不上生物科技发展的步伐。

他发出警示——一些国际组织和生物经济强国已率先开展生物经济测度与标准及认证体系工作，对此我国应当及时跟进并做超前部署，以争取未来生物经济发展的主动权及相应话语权。

他看到了"未来"——随着生命科学和生物技术及其与信息技术的会聚发展，生物经济正在发展成为经济社会发展的"第四次浪潮"。在正在到来的生物经济时代，生命科学与生物技术及其与信息技术、物质技术等的跨界大融合，将使人类生产生活方式发生根本变革，人类开始从"改造客体"时代进入"改造主体"时代，以提高人类生活质量为中心。

他坦诚呼吁——抢占部分领域技术制高点，突破国外核心专利的限制；分类建立生物经济试验区，选取一批生物产业集群及其重点企业为突破口进行试点示范；加强生物基产品标准认证体系建设，强化政府采购等市场准入优惠政策扶持；完善"创新与规制"平衡的政策监管制度；制定超越"五年计划"的更为专业、指导性更强、面向未来更为长远的"生物经济国家战略"，构建与生物经济时代相适应的绿色产业体系。

人类社会究竟何时进入生物经济时代？邓心安预测：大约到21世纪30年代初，生物基及生物科技产品将得以廉价且普遍使用，标志着生物经济发展进入其成熟阶段，到那个时候，才可称经济社会进入真正的生物经济时代。在生物经济时代，基因重塑世界，以革命性的手段改变人类的生产和生活方式，生物、信息、物质跨界大融合，世界经济社会发展的主流从"万物互联"转向"万物共生"……

这样的认知和建议，堪称字字珠玑，期待真正引起决策层和监管层的关注。

发展生物经济，越来越形成共识

问：《中华人民共和国国民经济和社会发展第十四个五年规划和2035年远景目标纲要》在"构筑产业体系新支柱"中提出"推动生物技术和信息技术融合创新，加快发展生物医药、生物育种、生物材料、生物能源等产业，做大做强生物经济"。您怎么看"做大做强生物经济"被列入国家五年规划？这一举措意味着什么？

邓心安：从国内看，2016年，国务院发布《"十三五"国家战略性新兴产业发展规划》，将战略性新兴产业划分为网络经济、生物经济、高端制造、绿色低碳、数字创意五大领域，有三项即"生物经济、高端制造、绿色低碳"与生物经济密切相关。根据《中华人民共和国国民经济和社会发展第十三个五年规划纲要》和《"十三五"国家战略性新兴产业发展规划》，国家发展改革委出台《"十三五"生物产业发展规划》，进一步强调了生物经济的可持续性与战略重要性。国家"十四五"生物经济专项规划正在制定中，部分省市如浙江、云南等生物科技发达或生物资源丰富的省区已经先行制定了"十四五"生物经济发展规划。

从国际看，国际组织及发达国家包括欧盟（2005年、2007年、2010年、2011年、2012年、2018年）、OECD（2006年、2018年）、FAO（2019年）以及德国（2010年、2013年、2015年、2018年）、芬兰（2014年）、法国（2017年）、英国（2018年、2019年）、意大利（2019年）、美国（2012年、2016年、2019年）、加拿大（2019年）、日本（2019年）等均已纷纷制定或更新了国家生物经济战略或政策议程。

国内外科技经济发展动态表明：发展生物经济，在科技界与产业界，特别是面向未来的新兴产业部门，越来越形成广泛的共识。"做大做强生物经济"被列入国家五年规划，意味着中国发展生物经济，不仅是顺应时代发展和经济社会高质量发展的必然，而且将从更高层面进行部署，并进一步深入细化到"国家生物经济专项规划"之中。

世界最早的生物经济正式定义就出自中国

问：生物经济有哪些特征、内涵？

邓心安：世界最早的生物经济正式定义就出自中国：生物经济是以生命科学与生物技术的研发和应用为基础的、建立在生物技术产品和产业之上的经济，是一个与农业经济、工业经济、信息经济相对应的新的经济形态。[①]

与概念特有的内涵相呼应，生物经济具有以下主要特点：以生物质为基础，生产绿色、健康、可持续；研发强度大，科技含量高；产品种类多样，多元化与分布式并存；生物经济的消费更具"人本化"。

生物经济的概念及其领域，在不断进化发展

问：作为世界首批从事生物经济发展研究者之一、中国最早开展生物经济发展研究并且自2000年以来连续20年每年都有研究成果发表的学者，您对生物经济发展的来龙去脉应该比较清楚，能否请您梳理一下生物经济概念的缘起与发展脉络？

邓心安：生物经济是一个世纪之交孕育诞生的仍然比较新的概念。首先需要明确，是生命科学和生物技术的发展，推动了"生物经济"概念的形成与发展。

1998年，美国未来学家、Biotechonomy LLC公司董事长胡安·恩里克斯发文指出：**基因组学等新的发现与应用，将导致分子—基因革命，使医药、健康、农业、食品、营养、能源、环境等产业发生重组和融合，进而导致世界经济发生深刻变化。**以克林顿签发第13134号总统令——《开发和推进生物基产品和生物能源》为标志，1999年美国政府提出"以生物为基础的经

---

① 参见邓心安：《生物经济时代与新型农业体系》，《中国科技论坛》2002年第2期。

济"概念和计划。

2000年，上海《经济展望》杂志4月号发表《生物经济：倾盆金币落谁家》专栏文章，提到"生物经济"这个新名词。与此同时，美国《时代》发表《什么将取代技术经济》文章，提出了生物经济（Bioeconomy）的正式概念，但均未给出定义。2000年美国联邦政府提出《促进生物经济革命：基于生物的产品和生物能源》报告。2001年11月在日内瓦联合国贸易与发展会议上，哈佛大学肯尼迪政府学院科学与国际事务中心研究人员C·朱马（C.Juma）和V·康德（V.Konde）提交的《新生物经济》报告指出，新生物经济是指现代生物技术的影响以及其所占据的市场。

这是生物经济概念形成的初期阶段即萌芽阶段，1998年至2001年。

第二阶段，概念正式形成与战略酝酿阶段，2002年至2009年。

生物经济概念及其定义是进化发展的。规范定义自2002年开始出现，并在2005年欧盟提出定义之后便形成雨后春笋之势。其中，具有代表性的定义包括：

2002年有中国学者研究发文提出：生物经济是以生命科学和生物技术的研发与应用为基础的、建立在生物技术产品和产业之上的经济，是一个与农业经济、工业经济、信息经济相对应的新的经济形态。该定义包含主体内涵和拓展解释两部分，是迄今发现的最早发表的生物经济规范定义。2003年，我国科技部专家发文提出：生物经济是建立在生物资源、生物技术基础之上，以生物技术产品的生产、分配、使用为基础的经济。

2004年，经济合作与发展组织发布《可持续增长与发展的生物技术》报告，将生物经济定义为：利用可再生生物资源、高效生物过程以及生态产业集群来生产可持续生物基产品、创造就业和收入的一种经济形态。2006年在《迈向2030年的生物经济：设计政策议程》的战略报告中将生物经济解释为：生物经济是经济运行的聚合体，用以描述在这样一个社会，通过生物产品和生物制造的潜在价值使命来为公民和国家赢得新的增长和福利效益。

2005年，欧盟将生物经济概括为"以知识为基础的生物经济"（the Knowledge-Based Bio-Economy, KBBE），具体定义为：生物经济是一个浓缩性的术语，它将生命科学知识转化为新的、可持续、生态高效并具竞争力的产品，能够描述在能源和工业原料方面不再完全依赖于化石能源的未来社会。"在欧洲，一群来自学术界和产业界的专家于2005年在政治层面引入了知识型生物经济这一概念"便意指于此。

第三阶段，战略制定及实施、领域共识形成阶段，2010年至今。

从2010年开始，生物经济战略与政策进入密集制定及实施阶段。例如，在欧洲，2010年欧盟发布《基于知识的欧洲生物经济：成就与挑战》战略报告；欧洲生物工业协会提出《构建欧洲生物经济2020》政策报告；德国联邦政府通过《国家生物经济研究战略2030——通向生物经济之路》；2011年欧盟发表政策白皮书《2030年的欧洲生物经济：应对巨大社会挑战实现可持续增长》；2012年发布《为可持续增长创新：欧洲生物经济》战略。2012年，美国政府发布了《国家生物经济蓝图》。

其间经济合作与发展组织、欧盟以及美国对生物经济的概念及其定义进行了调整。倒如，经济合作与发展组织在其后的官方文件中将生物经济的定义调整为：生物经济是建立在利用生物技术和可再生能源资源生产生态产品和服务基础上的经济。欧盟《2030年的欧洲生物经济：应对巨大社会挑战实现可持续增长》将生物经济调整为：生物经济是通过生物质的可持续生产和转换来获得食品、健康、纤维和工业产品及能源等一系列产品的经济形态。美国2012年《国家生物经济蓝图》中将生物经济定义为：生物经济是以生物科学研究与创新的应用为基础，用以创造经济活动与公共利益的经济形态。2020年美国国家科学院、工程院与医学院发布《护航生物经济》重要报告，将美国生物经济定义为：生物经济是由生命科学和生物技术方面的研究和创新所驱动的经济活动。

2014年，芬兰《生物经济战略》对生物经济定义为：生物经济是指利用可再生自然资源，生产食品、能源、生物技术产品和服务的经济活动。南非《生物经济战略》对生物经济的定义为：生物经济是建立在生物资源、材料和工艺过程基础上的，促进经济、社会及环境可持续发展的一系列利用生物创新的活动。

2016年，德国生物经济理事会提出带官方特色的定义具有代表性：生物经济是可再生资源的可持续与创新利用，以提供食品、原料和具有增强性能的工业产品。2018年将其调整为：生物经济是生物资源的创新开发利用，以提供可持续经济框架内涉及贸易与工业所有领域中的产品、工艺及服务。

总之，生物经济概念及其领域是进化发展的，逐渐形成研发创新、生物质基础、绿色转型与绿色增长、健康及可持续等共性特征。**生物经济发展已形成农业及食品、生物制药与健康、生物制造、生物能源、生物材料、生物酶、生物化学品、环境与生态及生物服务等八大领域。**这些特征与领域，与绿色可再生、节能减排、健康福利、产品绿色转换、产业绿色转型等密切相关。

生物经济部分领域的产品，如同空气和水一样"司空见惯"

问：生物经济为什么要"做大做强"？"做大做强"的背后，是因为这一经济形态既小又弱吗？

邓心安：相较于信息经济即数字经济具有"高度集中或垄断"的特点，生物经济量大面广，且大多呈分布式发展。生物经济部分领域的产品如同空气和水一样"司空见惯"，即便如科兴——疫苗之于新冠肺炎疫情期间需求猛增这样的企业，公众对其的认知度也远远小于互联网数字企业。即使今天疫苗如此急需，部分公众依然认为疫苗就像前面所说的食品和水一样"司空见惯"，更何况许多需求量"小众"且为国计民生所必需的产品，如罕见病特效药企业，认知度当然也就更小了。**要做大做强生物经济，亟须率先"做大做强"重点企业乃至部分行业。**

但是，生物经济的总量并不小，而且产品类型多样，上下游产业链长，价值链相对完整、产业关联性强，绿色、健康、可再生等可持续性特征突出，并且与农业基础、健康中国、绿色转型、国计民生、"人本化"发展密切相关。因此，做强做大生物经济，不仅具有巨大的经济效益，而且具有长远的综合效益和社会效益，以及"溢出效应"。

是生物经济大国，但不是生物经济强国

问：您能否介绍一下我国生物经济发展的现状？

邓心安：我国生物经济发展的现状，可以用一句话概括：是生物经济大国，但不是生物经济强国。

"十二五"以来，我国生物产业复合增长率达15%以上，2020年生物产业（狭义）规模达10万亿元，生物产业增加值占GDP的比重超过4%，在部分领域与发达国家水平相当。

正如国家自然科学基金委员会原主任陈宜瑜所判断的："**生命科学与生物技术领域是我国与国际先进水平差距较小、最有希望实现跨越式发展的领域之一。**"我国疫苗研发、基因检测服务能力在全球处于领先地位，出口药品已从原料药向技术含量更高的制剂拓展；超级稻亩产突破1000公斤，达到国际先进水平；生物发酵产业产品总量居世界第一；生物能源替代化石能源量超过3300万吨标准煤，处于世界前列。

但是，我国生物经济还不能满足人们对健康医疗、生物能源、生物新材料、生态、环境等高质量发展的需求，生物产业生态系统依然存在制约行业创新发展的政策短板，开拓性、引领性、颠覆性的技术创新较少。**要想从生物经济大国转型成为生物经济强国，在研发创新、技术集成、体制机制等方面还存在较大差距。**

我国生物经济发展存在四大问题

问：我国生物经济发展存在哪些问题？您有何建议？

邓心安：我国生物经济发展存在的问题主要有：

——研发技术水平相对落后，市场化能力不足。

研发能力是衡量绿色产业或科技型企业未来发展的重要指标。以生物医药和农业为例，中国生物医药企业研发投入占销售收入的比重普遍低于5%，有的药企不到1%，与发达国家的10%以上相比差距很大；种子企业数量众多，但小而分散，研发手段大多停留在传统育种水平；基因工程农产

品研发接近国际先进水平，但市场化应用严重滞后。

——生物产业与农业经营的规模化程度不足。

农业用地细碎化、耕地与淡水资源严重不足，如我国人口占到世界22%，但耕地占比只有8%，成为降低生物质收储及生物基产品成本的先天性制约因素。

——资本市场和投融资平台不完善。

——绿色消费习惯与消费者态度的适应性。

以可再生可持续方式，与以传统方式生产的产品之间在外形上的区别往往不大；同时前者研发与生产成本往往高于后者，如采用生物原料生产的餐具对比于传统塑料餐具，从而导致消费者难以选择、消费习惯不易适应。近年来，许多城市实施垃圾分类管理及回收利用方案，特别是实施有机垃圾回收循环利用方案，是一个着眼于长远、迈向可持续未来的"接地气"的举措。

对此，我国生物经济"十四五"以至中长期发展，应当主抓以下战略性政策举措。

第一，抢占部分领域技术制高点，突破国外核心专利的限制。"科学技术是第一生产力"，将这一句通俗话语诠释到生物经济发展上就是：生物科技创新是生物经济增长的主要驱动力。**遗传工程、DNA测序、生物分子自动化高通量操作等相对成熟的基础技术，促进了生物经济的成长。这些基础技术正在与合成生物学、蛋白质组学、生物信息学、计算生物学、基因编辑以及系统生物学等前沿技术结合，将整合推动生物经济迈向成熟阶段，即向纵深、绿色化、规模化及市场化发展。**这些新兴的前沿技术将成为生物经济未来发展的核心动力，塑造未来产业的制高点及相关的重大发明专利将大多产生于此。我国生命科学与生物技术研发与美国、英国等生物科技领先国家的差距相对较小，应抓住全球生物经济起步不久，或者说正处在快速成长阶段窗口期的机遇，充分发挥生物资源相对丰富的优势，扬长避短，抢占部分领域核心技术制高点，攻克一批前沿技术或技术方向，突破国外核心专利的限制；同时加强前沿技术与其他常规技术包括信息技术的综合配套与系统集成。以新型农业为例，通过基因编辑技术与其他育种技术的配套，培育高质、营养型、环境友好型且适于机械化作业的农作物新品种及工业原料作物高产品种，从而巩固强化我国的食品安全与农业基础。

第二，分类建立生物经济试验区，选取一批生物产业集群及其重点企业为突破口进行试点示范。选取生物科研机构或科技型企业及创新人才相对集中、企业创新生态良好以及生物资源相对丰富的地区，分医药、农业及林业、化工、能源、塑料等不同领域或领域组合，优化重组或整合建立一批生物经济试验区、研究中心与孵化中心、试点工厂、示范工厂以及原料生产基地，在投融资、优惠政策及管理服务的特别支持下，尝试并验证一系列"少使用或完全不使用化石能源"并实现绿色化高质量发展的生物基解决方案。在分类试点前的规划及其实施过程中，与联合国可持续发展目标（SDGs），国内碳达峰、碳中和（"双碳"）目标相结合。17个可持续发展目标中的大多数、国内"双碳"目标与生物经济直接相关，如果将生物经济发展战略与两者的目标进行战略对接与相互协调，不仅有利于促进可持续发展目标、"双碳"目标的实现，而且有利于将发展生物经济的倡议纳入多边政策制定过程，以形成基于生物经济的可持续发展新共识，从而推进生物经济国家战略的全面实施及其政策有效落地。

第三，加强生物基产品标准认证体系建设，强化政府采购等市场准入优惠政策扶持。一些国际组织和生物经济强国已率先开展生物经济测度与标准及认证体系工作，对此我国应当及时跟进并作超前部署，以争取未来生物经济发展的主动及相应话语权。通过生物基产品及产业的标准、认证及生态标签制度，以及绿色公共采购政策，可以保证生物基产品的绿色、健康、可持续特质，从而保障绿色产品研发、规模化推广应用及产业化健康有序发展。由于以生物学为基础的技术更为复杂，相较于化石基原料，生物基原料的加工难度增大，导致多数生物基产品成本偏高；加之缺少传统化石基技术及产品消费政策与习俗的累积效应，导致大部分生物基产品的竞争力先天受限。

绿色生产与消费、循环经济是时代发展趋势，因而新兴的生物经济，需要政府在采购、税收减免等市场准入方面给予优惠政策扶持，从而助力农业及食品、健康医疗、生物制造及生物能源、环保及生态服务等众多领域的绿色转型，促进经济社会向绿色化、生物化方向高质量发展。

第四，完善"创新与规制"平衡的政策监管制度。现有的基因工程农业、基因治疗、生物塑料、生物能源等分领域政策，大多缺乏配套或相对滞后，跟不上生物科技发展的步伐。例如，其中的转基因食品监管政策，基本上还是沿用20多年前的管理办法，缺乏明确性、前瞻性与指导性。为此，迫切需要对生物经济政策进行系统化配套完善，既要对创新产品的研发及市场化进行规制，又可保障生物产品的安全性及公众的伦理诉求，而不致为创新技术应用设置多环节"繁文缛节"式的障碍且过度增加监管成本，从而规范引导并加快生物科技产品市场化应用进程。当前需要进行系统配套或研究更新的绿色政策包括：基因编辑医疗研发政策、生物质智慧循环利用政策、生物基产品公共采购政策、绿色市场准入政策、生物基产业税收减免政策、二氧化碳排放税或交易系统、基因工程新食品市场化政策，以及与绿色消费习俗相关的"准政策"。

基因检测、人工智能都是生物、信息和物质"大融合"的典型

问："推动生物技术和信息技术融合创新"为什么是"做大做强生物经济"的前提？生物技术和信息技术究竟怎样才能"融合创新"？

邓心安：**创新的重要趋势就是融合创新或者交叉融合。生命科学和生物技术及其与信息科学或物质科学的内外领域之间的相互融合，以及由分子生物学及基因工程发展而导致的物种界线被彻底打破、产业边界淡化等，都在促进生物科技产品与产业走向融合，乃至发展到生物、信息和物质的大融合。**例如，基因检测、人工智能都是这种"大融合"的典型。再如，能源植物的开发利用，导致农业与能源工业的融合；化工原料作物开发与基于农业的化学品生产，导致农业与化工的融合；转基因疫苗西红柿或香蕉和转基因动植物"细胞工厂"的研发应用，导致农业与医药工业的融合。

生物是由基本物质构成的，物质含有丰富的信息。基因是生物存在的本质基础，储存于其中的遗传指令帮助生物协调其整个生命系统。生物体只有不断地保持着与环境的信息交换，才使其能够通过变化的外部信息进行自我调节。遗传物质就是一系列信息，生物体就是一套复杂的信息系统。这是生

物、信息、物质跨界大融合的生物学基础，或称融合创新的内生动力。

会聚技术将成为21世纪科技发展的推手或杠杆

问：大数据、云计算、人工智能的加速演进，会对生物经济时代带来什么？

邓心安：生命科学与信息技术、物质科学和工程学等学科正在发生跨界融合。生物信息学就是由生物技术和信息技术融合而形成的一门交叉学科。NBIC（Nano-Bio-Info-Cogno英文首字母缩写为"NBIC"）会聚技术及"会聚观"将成为21世纪科技发展的推手或杠杆，从而推动新生物学变革。

"NBIC会聚技术"是指迅速发展的四大科技领域的协同与融合，这四大领域即纳米科学与技术、生物技术、信息技术、认知科学。学科会聚，被认为是生命科学继DNA双螺旋结构发现、人类基因组计划破译等两次革命后的正在经历的第三次革命，将使生命科学研究向定量、精确、数字化、可视化发展。"会聚观"进一步阐释了正在发生的生命科学与信息学、物理学、化学、材料科学、数学和计算科学、医学、工程学领域会聚的重要趋势。

还有两大值得重视的生物经济产业

问：除了生物医药、生物育种、生物材料、生物能源四大产业外，"做大做强生物经济"还有什么生物产业值得重视？

邓心安：值得重视的生物经济绿色产业还包括：生物制造及生物化学品，生物环保。前者促进传统工业制造的绿色转型，后者促进循环经济与环境可持续发展。

"三个层次"的战略手段，缺一不可

问：怎样才能加快发展生物医药、生物育种、生物材料、生物能源等产业？

邓心安：倡导并采用"生物基（BIO）"绿色生产与消费的发展理念；制定并实施"化石资源替代与减碳"发展战略；充分发挥生物经济的"绿色、健康、可持续"特点，智慧开发利用宏观及微观的"全生物质"。

这些是加快发展生物医药、生物育种、生物材料、生物能源等生物基产业从观念到战略再到行动的"三个层次"的战略手段，缺一不可。

生物经济主要出自生物产业，但又高于生物产业

问：生物经济和生物产业有何不同？

邓心安：生物经济（BE）不同于生物产业（BI）。或者说，生物经济主要出自生物产业，但又高于生物产业。

首先，**生物产业是生物经济的主体部分。生物经济除包括生物产业外，还包括生命科学与生物技术的研究与开发活动，以及生物资源、生物多样性、生物环保及生态服务等**。生物经济是国民经济新兴的且最为绿色的部分，与经济增长方式、跨领域产业链转变以及社会发展直接相关，例如生物经济与节能减排、健康医疗以及绿色消费行为、习惯、模式等密切相关。也就是说，"生物经济"这一术语包括转化为经济输出的生物技术（BT）活动和过程。这些活动和过程包括利用技术和非技术开采的自然资源，如动物、植物、微生物和矿物质，来改善人类健康、解决粮食安全，从而促进经济增长和提高生活质量。

其次，二者范畴不同。相对而言，生物经济是一个整体的综合概念，生物产业是一个行业的领域概念。**生物经济涉及农业经济、生态经济、循环经济、基因经济、健康经济、低碳经济、绿色经济等多种新旧经济形态**，或分别是其主体部分，具有对新兴产业及传统产业转型升级乃至经济社会绿色转型的统领作用。比如说，可以称"生物经济包括健康医疗、生物农业、生物制造、生物能源等产业"，但称"生物产业包括农业等经济"则不可。

生物医药是生物经济的先导

问："十四五"规划将生物医药列为"做大做强生物经济"之首，您怎么看？是因为生物医药的产业潜力和前景最大吗？

邓心安：之所以将生物医药列为"做大做强生物经济"之首，是因为作为人类经济社会发展的永恒主题，健康医疗的科技含量最高、经济潜力巨大，且与民生、国家安全及高质量发展的关系最为密切，因而被称为生物经济的先导。

说是"先导"，一是借鉴了生物经济"三色生物技术"的类型划分，即农业生物技术又称绿色生物技术，医药生物技术又称红色生物技术，工业生物技术又称白色生物技术。由"三色生物技术"为主形成的产业，分别构成生物经济的基础、先导和主导。二是从技术研发及应用的优先度、显示度与重要性来衡量，生命科学与生物技术在健康医疗领域的应用最早、最广、最为迫切、最值得投入资金、最关乎人的生存质量乃至尊严，即最关乎人的主体本身。随着我国温饱问题的解决并全面进入小康，人们对生活品质追求和高质量发展需求的提高，以及国际公共卫生及生物安全问题的凸现，在生物经济的众多领域中，包含生物制药在内的健康医疗越来越重要并具有明显的"人本"和"示范"效应，同时处在生物经济价值链的高端，因而可望发展成为引领生物经济的先导领域。

相对于化药是人工合成的小分子，生物药是大分子，是从活的细胞里长出来的，因而具有化药不具备的优点，其中主要涉及的就是安全性、有效性及新药创制成本。目前超过一半的药物是天然产品或直接由天然产品提取的化合物，其中很多是植物代谢产物，植物是可持续的天然化合物来源。

随着生命科学的不断进步和生物技术的发展，生物医药产业，包括基因工程药物、生物制品、生物医学工程等，潜力巨大，未来前景可期。

建议制定"生物经济国家战略"

问：国家有关部门是否应该制定"十四五"生物经济发展规划？如果

正在制定，您有何建议？

邓心安：据悉，国家发展和改革委员会正在制定"十四五"生物经济发展（专项）规划，如果是这样，就相当于是以往五年"生物产业发展规划"的升级版，在发展理念与层次上应该有所提升。

为此建议：一是尽快出台，"十四五"都过去一年了，规划的超前性没有体现出来，其时效性与指导性必然会大打折扣；二是以此为基础，制定超越五年规划的更为专业、指导性更强、面向未来更为长远的"生物经济国家战略"，即将目前的"生物产业发展规划"或"生物经济发展（专项）规划"升格为"生物经济国家战略"。

有许多国家抓住生物经济发展机遇获得成功

问：放眼人类历史，有哪些抓住生物经济而成就一个国家、一个企业的代表性案例？

邓心安：21世纪以来，有许多国家和企业抓住生物经济的发展机遇而获得成功，其中较具典型性和代表性的国家有德国和芬兰。

德国是欧洲以至全球生物经济发展的主力军和领头雁，也是欧盟生物经济的倡导引领者。德国联邦政府分别于2010年、2013年、2020年发布《国家生物经济研究战略2030——通向生物经济之路》《国家生物经济政策战略》《国家生物经济战略》。2009年，带有官方色彩的战略与政策咨询机构"德国生物经济理事会"成立，此后由其组织召开了多届全球生物经济高峰会议（GBS）。2015年在萨克森—安哈尔特州建立了欧洲生物经济示范区，创建了"以科研和创新推动绿色经济"的生物经济集群模式。

为帮助读者感受德国生物经济国家战略及其实施的力度，有必要对来自德国萨克森—安哈尔特州的案例作简要介绍。

萨克森—安哈尔特联邦州拥有悠久的化工传统，化工产业是其经济支柱产业之一，拥有根基深厚的化工及塑料一体化基地及五个产能突出的化工园，拥有众多研究中心和创新型企业，相关行业如林业及木材、化工、塑料工业和装备制造业等都相互联系。哈勒植物基生物经济科学校园（WCH）

与联邦教研部尖端生物经济集群（BioEconomy集群），均位于萨克森—安哈尔特州，这是两所领先的生物经济机构，在生物质价值创造领域的基础研究和成果转化相结合方面发挥着核心作用。这些条件使萨克森—安哈尔特州在德国乃至欧洲都处在"生物经济领域先驱者"的位置，具备生物经济发展的创新和区位优势。

在气候变化和化石能源渐临枯竭的背景下，化工产业在未来数十年内将面临原料的全面变革，转而使用可持续的生物基原料。石油等化石能源不可再生，化石基工业成本日益上升，且造成严重污染，以此为基础的经济不可持续，因而，萨克森—安哈尔特州发展以可再生资源为基础的经济，对于工业制造与环境可持续发展具有重要意义。

2014年，萨克森—安哈尔特州提出"生物经济集群"概念，旨在通过培育覆盖整个价值链的创新型企业、专业人才和原材料供应，推动生物经济产业的发展。通过科学界和经济界的强强联合，形成创新协同效应。萨克森—安哈尔特州通过与生物经济集群等创新型网络结合，为企业提供进一步发展的巨大潜力。继弗劳恩霍夫化学生物技术工艺CBP中心、林德绿色氢能试点工厂和蒂森克虏伯多用途发酵厂建成之后，在德国面积最大的化工基地——洛伊纳基地出现了一个"灯塔"项目，即技术领先企业"全球生物能源"（Global Bioenergies）的尖端集群项目，推动这一化工地区的原料变革及与现有结构的整合。

发展可持续发展的生物经济，需要政治界、科学界和经济界之间协调行动，在这方面萨克森—安哈尔特州也是先驱。在洛伊纳化工园等地，萨克森—安哈尔特州联合了生物基原料加工处理方面的众多研究中心、试点工厂、示范工厂，为生物经济发展创造了有利条件。萨克森—安哈尔特州生物经济集群已拥有来自工业界和科研界的100多个伙伴。

跨界合作方式包括拓展海外市场。例如，2015年萨克森—安哈尔特州投资与市场有限公司在北京举行投资商大会，就是因为看好中国绿色经济市场，认为中国发展绿色经济正当其时，在新能源汽车、建筑节能、生物科技等领域有很大的市场空间——后来的事实证明，确实如此。

芬兰：将生物经济定位为"国家的未来"

问：为什么说芬兰也是典型代表？

邓心安： 再来看看芬兰。芬兰是中小型国家发展特色生物经济的典型代表。

为应对食物、能源与全球环境等可持续发展面临的挑战，促进芬兰经济绿色增长，芬兰分别于2010年、2011年出台了《迈向生物经济：作为概念和机遇的生物经济》《可持续生物经济：芬兰的潜力、挑战和机遇》等政策报告，并于2014年制定了《芬兰生物经济战略》。该战略将生物经济定位为"国家的未来"，旨在推动芬兰经济在生物与清洁技术重要领域的进步，引领芬兰走向可持续、低碳和资源高效的社会。

针对自身国土面积及位置、化石能源缺乏、气候寒冷等资源条件与问题，以及应对数字化对纸张需求减少、气候变化的挑战，芬兰倡导的新可持续发展理念认为，解决这些问题在于大力发展生物经济，生物经济能够促进芬兰经济绿色增长与就业，并增进芬兰人民的社会福利。

芬兰生物经济发展采取智慧"全生物质"产业链模式，已形成以林业生物质为依托的鲜明特色。具体表现在四个方面：第一，可持续的生物经济发展理念，是芬兰生物经济具全球视野并领先全球的指导思想；第二，森林资源是芬兰生物经济发展的基础和特色；第三，生物质优化利用技术及强大的工业基础设施，是芬兰生物经济竞争力的核心；第四，产业生态融合是芬兰生物经济的最大特色，即将传统的林业、能源产业与化工产业融入新的生态系统。在该生物经济系统中，树木等生物质原料被精炼成传统和新型林产品、生物燃料及化学品；建筑、食品与纺织产品正在被规划整合纳入该生态系统。

如此鲜明特色，可以以芬宝公司规划项目为例进一步阐明。该公司于2017年在艾内科斯基（Aanekoski）建成新一代生物制品厂，投资12亿欧元，是芬兰林业史上最大的投资项目，也是北半球最大的木材加工厂。该厂计划完全不使用化石燃料，所需能源全部由树木等生物质原料提供，产品包括130万吨纸浆/年、生物能源及各种新型生物材料。同样属于该公司的约采诺（Joutseno）制浆厂的生物精炼系统，已经验证完全不使用化石燃料的可行性。该系统将纸浆生产过程中使用可再生木材原料产生的副产品木片和树皮，用制浆过程中剩余的热量进行干燥，然后传输到气化装置，使木片和树皮气化，提炼成浓度不低于95%的甲烷，最终产品的成分完全符合天然气标准。约采诺制浆厂能源自给率达到175%，多余的能源提供给约采诺市及周边农村用于供电和供暖。可见，该"生物质一体化工厂"项目堪称全球制浆造纸企业绿色转型升级的典范。

为切实感受芬兰生物经济国家战略及其实施效果与杰出魅力，有必要以UPM（中文译名是"芬欧汇川"）作为案例加以说明。

芬欧汇川是以森林为基础的全球性企业，总部位于芬兰赫尔辛基，生产厂分布于六大洲的12个国家，2018年销售额达105亿欧元，在我国江苏常熟建有生产基地。为顺应生物经济时代的绿色发展需求，充分利用生物资源来替代化石资源，芬欧汇川将生产经营理念用其LOGO及企业愿景来体现，调整为"UPM Biofore-Beyond Fossils"，翻译成中文叫"芬欧汇川 森领未来"，这不是直译却很有创意，直译应该叫作"超越化石原料的生物经济"。为了"创造出可再生且负责任的解决方案"，实现企业绿色转型，UPM将其传统的纸和纸制品业务范围，拓展到除包括纸和纸制品外还包括其他一系列生物基产品及生物服务。这些产品领域相互之间及其与外部相关企业的上下游产业关联，共同构成众多生物质循环产业链。这些生物基产品及服务的范围如下。

第一，以森林种植业为核心，包括树木种子、再生营养素、有机矿物质肥料、土壤稳定剂、碱的替代品及相应服务在内的常规农业系统。

第二，生物材料及其纸品系列。包括特种纸及包装材料、传媒用纸、胶合板——高质量的WISA胶合板及单板产品，芬欧蓝泰标签——干胶标签材料、木基生物化学材料、生物复合材料。

第三，由生物柴油、低排放电力组成的生物能源。其中，可再生BioVerno木基柴油和石脑油，由纸浆生产过程中的残留物粗制妥尔油制成。2015年落成的芬欧汇川拉彭兰塔生物精炼厂，是全球首家以木材原料生产可再生柴油的工厂，投资额达1.75亿欧元，以纸浆厂制浆工艺残留物妥尔油为原料，通过自己研发的加氢处理工艺，每年可生产近10万吨可再生生物柴油。

第四，木基生物医药产品。包括基于纤维素的GrowDex水凝胶——从桦树中提取的生物友好型水凝胶，既可作为培养基，用于培养医用器官，也可用于药物测试、理想的药物输送载体以及细胞疗法；还有利用纳米纤维开发出的伤口护理产品。

第五，通过种植树木与木栖真菌以及综合利用有机废弃物而产出的有利于环境的生态产品及服务，包括将珍稀的木栖真菌移植到森林中而增加的森林物种多样性、森林休闲服务、森林固碳释氧、碳储存。

传统的森林产品演绎出如此丰富多彩、绿色可循环利用的生物基产品和绿色化服务，真是创意、畅想无限。凭借生物经济的东风，御风而行，芬欧汇川不仅创造出巨大的商业价值，同时也产生了巨大的生态效益和社会效益。

经济时代的演进，像大海的浪潮一样

问：2012年，美国政府发布《国家生物经济蓝图》，宣布将加大对生物科学研究的支持力度，将生物科学作为推动美国创新和经济增长的主要驱动力，提出了美国政府在生物经济领域的战略使命。《时代》周刊预言：继农业经济、工业经济、信息经济之后，人类将进入生物经济时代。您怎么看"生物经济时代"？

邓心安：经济时代是一种综合经济形态发展到成熟阶段后，以这种经济形态为主导形成的经济社会发展的特定历史时期。由此可以将经济社会已经或正在经历的五种综合经济形态划分为：狩采经济、农业经济、工业经济、信息经济、生物经济；与之对应的时代包括：狩采经济时代、农业经济时代、工业经济时代、信息经济时代、生物经济时代。

阿尔温·托夫勒在20世纪80年代出版的《第三次浪潮》中提出，人类社会经历了"三次浪潮"：第一次浪潮是农业革命，人类从原始的采集渔猎时代进入以农业为基础的社会；第二次浪潮是工业革命，人类从工业文明的崛起到进入工业化社会；第三次浪潮将是信息革命，预言信息革命将促进人类进入信息社会。如今，随着生命科学和生物技术及其与信息技术的会聚发展，国内有一批学者包括我本人研究认为，生物经济正在发展成为经济社会发展"第四次浪潮"。

所谓经济浪潮，是指后一综合经济形态取代前一综合经济形态的过程。浪潮是比喻，就是基于经济时代的演进像大海的浪潮一样——后一波覆盖前一波，两次或多次浪潮之间存在更迭或叠加现象。这也就形象地解释了为什么世界上一些国家尚未进入工业经济时代，而另一些科技发达国家已经进入信息经济时代，有的正在迈向生物经济时代。

主流社会率先进入"人本社会"亦即"生物社会"

问：在生物经济时代，人和自然有着怎样的关系？

邓心安：不同经济时代，人类改造和利用自然的能力及发展观，以及由此导致的人与自然关系是不同的。

——在狩猎与采集经济时代，生产力低下，人类活动极大地受自然制约，活动范围小，对自然的作用与影响甚微，具有自然依附性。人与自然的关系处于原始依附状态。那时并没有明确的发展观，如果说有，那就是"敬畏自然"。

——在农业经济时代，生产力有所提高，人类对自然的适应和控制能力有所增强，农业由"攫取"过渡到"生产"，主要依靠人力和畜力，人类对环境的影响未超过其容量。人与自然的关系是融洽的依附和共生的关系。发展观逐步形成，就是"以自然为本"。

——在工业经济时代，科技进步加快，生产力大幅度提高，人类改造自然的能力显著增强，并出现"人定胜天"开发观、"人类中心论"价值观，认为人是自然的主人，自然价值局限于对人的工具价值，人的利益和需要绝对合理。掠夺式开发利用自然，造成一系列灾难性后果。人与自然的关系主要是对立和异化关系。发展观明显形成"以技术为本"。

——在信息经济时代，以信息技术为代表的现代科技使人类生产生活方式发生了重大变革，信息社会的到来使组织社会化程度提高。出现"非人类中心论"与可持续发展观，前者主张以自然为中心，淡化人类价值的主体地位，后者强调人与自然协调发展。"以人为本"的可持续发展观开始确立。

——在正在到来的生物经济时代，生命科学与生物技术及其与信息技术、物质技术等的跨界大融合，将使人类生产生活方式发生根本变革，人类开始从"改造客体"时代进入"改造主体"时代，以提高人类生活质量为中心。人与自然的关系是和谐共生关系。"生物范式"取代"机械范式"，"人本化"生态发展观逐步形成，主流社会率先进入"人本社会"亦即"生物社会"，现称"生态社会"。

20多个国家制定生物经济专项战略

问：国际上生物经济发展战略态势如何？各国重视程度如何？

邓心安：面对当前面临的食品及营养、健康医疗、能源与水资源、环境与气候变化、生态等全球性重大问题，以及各个国家的经济社会与能源的绿色转型机遇，一些国际组织、发达国家或生物资源较为丰富的国家，包括欧盟、OECD等国际组织，德国、英国、法国、意大利、美国、加拿大、南非、日本等国家，以及中国的浙江、吉林、云南、台湾等地区，都在实施生物经济战略与政策，积极倡导发展生物经济。

有的经济体还更新了早期发布的战略政策，如2012年欧盟发布生物经济发展战略《为可持续增长创新：欧洲生物经济》，2018年更新发布可持续、可循环的生物经济发展新战略。在全球生物经济战略与政策研究及其实施行动上，德国与美国、芬兰等一起共同领先于全球。

根据本人追踪并参考德国生物经济研究理事会的统计，截至目前，全世界已经制定生物经济专项战略的国家有：德国、芬兰、瑞典、挪威、冰岛、格陵兰（丹）、意大利、西班牙、比利时、法国、拉脱维亚、英国、爱尔兰、奥地利、美国、加拿大、哥斯达黎加、南非、日本、马来西亚、泰国等。

已制定生物经济相关战略——相当于生物经济、生物产业部门或领域战略的国家有：荷兰、葡萄牙、丹麦、立陶宛、巴西、阿根廷、墨西哥、哥伦比亚、巴拉圭、乌拉圭、中国、韩国、俄罗斯、印度、斯里兰卡、澳大利亚、新西兰、印度尼西亚、马里、塞内加尔、尼日利亚、肯尼亚、乌干达、坦桑尼亚、莫桑比克、纳米比亚等。

还有一些国家正在制定生物经济专项战略或其相关战略，如爱沙尼亚等。

总之，不计国际组织，世界主要发达国家和主要发展中国家都已制定生物经济专门战略，或生物经济相关战略与政策。这在大的经济形态，包括当前我国风头正劲的数字经济和20世纪末盛行的知识经济战略制定史上，尚属首次。

可见，新兴的生物经济发展带有全球性，但以发达国家特别是美国、西欧和北欧的战略政策最为给力；中东、东欧、北非相对落后，显然与其生物资源相对贫乏、科技与创新能力相对薄弱有关。

生物经济预示着一个新时代的来临

问：生物经济时代究竟有着怎样的特征？能说生物经济时代是"已经到来的未来"吗？

邓心安：生物经济预示着一个新时代的来临。经济时代是指一种综合经济形态发展到成熟阶段后，以这种经济形态为主导形成的经济社会发展的特定历史时期。

每一个综合经济形态，如农业经济、工业经济、信息经济等，都可以划分为孕育、成长、成熟、衰退等四个阶段。生物经济时代与已经出现的狩采经济时代、农业经济时代、工业经济时代、信息经济时代一脉相承并前后叠加，是生物经济（形态）发展到成熟阶段后以其为主导形成的经济社会发展的特定历史时期。

每个经济形态各阶段的划分，以体现科技革命性影响的工具或重大事件为标志。当某一经济形态发展到其成熟阶段，标志着经济社会（主流）进入相应的经济时代。例如，18世纪60年代率先发生在英国的工业革命，标志着工业经济进入成熟阶段，经济社会（主流）从此进入工业经济时代；20世纪40年代发生在美国的计算机诞生及其初始应用，成为信息经济进入孕育阶段的标志，20世纪90年代互联网的普及应用，标志着信息经济进入成熟阶段，从此经济社会进入信息经济时代。

目前，经济社会正处于信息经济的成熟阶段，即信息经济时代。以"互联网+"、云计算、物联网、大数据技术、人工智能等为标志，信息经济已进入其发展的鼎盛时期。每年在乌镇世界互联网大会上所讲的"数字经济"，其实就是信息经济，而信息经济时代，就是所谓的"数字经济时代"。

经济社会正在进入生物经济的成熟阶段即生物经济时代。以1953年DNA双螺旋结构的发现为标志，生物经济（形态）进入孕育阶段；2000年人类基因组草图的破译完成，标志着生物经济进入成长阶段。

我们根据科技发展趋势、化石资源与生物资源此消彼长的开发态势等综合预测认为，**大约到21世纪30年代初，生物基及生物科技产品将变得廉价并得以普遍使用，标志着生物经济发展进入成熟阶段，到那个时候才可称经济社会进入真正的生物经济时代。**然而，实际发展是不平衡的，从细分角度来看，少数发达国家可能会在此之前，即大约在21世纪20年代中期进入生物经济时代。2020年以来由"一个病毒"所导致的新冠肺炎疫情肆虐及后续应对所展现出来的生物科技促进经济发展的强劲动力，即是生物经济时代到来的曙光与前奏，也是"过于生动的写照"。

一个崭新经济时代的来临，人类经济社会的生产与生活方式正在发生重大变革，我们中的每一员都将或多或少地被裹入其中。

就像当今的我们或多或少地被信息产品包围、信息经济已深刻影响着人类生产生活一样，生物经济时代的特征将围绕以下方面展现：第一，基因重塑世界，指基因正在以革命性的手段，改变人类的生产和生活方式；第二，生物、信息、物质跨界大融合，由此可以讲，生物经济时代是建立在生命科学与生物技术以及信息科学、物质科学融合发展的基础上的。生物基及生物科技产品将变得廉价且普遍使用，无所不在，世界经济社会发展的主流从"万物互联"转向"万物共生"，或者说二者比肩并存。

每个经济时代发展划分为孕育、成长、成熟、衰退等四个阶段

问：从历史的角度看，是什么促成、导致了生物经济时代的加速到来？

邓心安：经济时代的演进或新经济时代的到来，是经济社会需求外生拉动与科技内生推动双重作用的结果。

根据社会发展史特别是近现代科学技术史，以革命性生产工具、革命性技术或科技相关重大事件为标志，可以将每个经济时代发展划分为孕育、成长、成熟（或其鼎盛）、衰退等四个阶段。当某一经济形态发展到成熟阶段，标志着经济社会（主流）进入相应的经济时代。例如，18世纪60年代率先发生在英国的工业革命，标志着工业经济进入成熟阶段，经济社会（主流）从此进入工业经济时代；20世纪40年代发生在美国的计算机诞生及初始应用，成为信息经济进入孕育阶段的标志，20世纪90年代互联网的普及应用，标志着信息经济进入成熟阶段，从此经济社会（主流）进入信息经济时代。此"衰退"，基于"S"增长曲线有两种理解：其一，滑落式下降，迅速被后来者超越或取代；其二，达到"零增长"或动态平衡，从主流上讲前者逐渐被后来者取代，但并未消退。

1953年，DNA双螺旋结构的发现，开启了分子生物学的序幕，标志着生物经济发展进入孕育阶段。20世纪60年代晚期和70年代初期连接酶、限制酶、质粒等的发现，在1973年整合导致DNA重组技术的重大突破，从而导致分子生物学革命。2000年人类基因组草图的破译完成，标志着生物经济发展进入成长阶段。

正如只有当信息经济发展到成熟阶段才能称为"进入信息经济时代"一样，只有当生物经济发展进入成熟阶段，才可以称为"进入生物经济时代"。美国《时代》周刊曾据此预言：经济社会将于21世纪20年代进入生物经济时代。我们进行了较之深入的研究，是预测而非预言，即从**生物科技产品及生物基产品的廉价与普遍应用的推测时期、化石能源濒临枯竭以及开采和环境成本日益上升、与生物质相关的新型植物育种大规模产业化预测时间**等因素来看，人类经济社会将于21世纪20年代末期进入生物经济的成熟阶段，即

真正的生物经济时代。

随着新兴能源如页岩油、页岩气、天然气水合物（可燃冰）以及北极等地石油新储量的探明，以生物能源为代表的清洁能源的研发及产业化进程会受到冲击，相对于化石基产品固有的成本优势及生产消费的惯性而使得生物基产品的竞争力受限，特别是信息技术的创新不断及信息经济增长势头依然强劲，导致生物经济从主流上取代信息经济即生物经济时代到来的时间稍有延迟。

全球性经济社会的重大需求，可望促成生物经济时代提前到来。2020年以来的新冠肺炎疫情全球大流行，疫苗及医疗器械研发、公共卫生体系的改革与建设等需求，更加凸显了生物经济在国家安全与经济社会高质量发展中的核心战略地位。**21世纪20年代到30年代，可能是生物经济与信息经济"双强"并行的时期，经济社会从信息经济时代的"万物互联"到生物经济时代的"万物共生"并不矛盾，只是各有侧重。相对而言，"万物共生"更难、更远，境界更高。**

加快构建与生物经济时代相适应的绿色产业体系

问：对于中国来说，在工业经济、信息经济时代苦苦追赶之后，生物经济时代是一次难得的"换道超车"机会吗？

邓心安："换道超车"与所谓的"弯道超车"，从本质上讲差不多吧？在特殊时期，"弯道超车"或者说"换道超车"在部分领域可以，但从整体上难以持续，不宜作为经济社会发展到发达程度之后的常规选项，还是说"直道超车"比较稳妥，有基础支撑。

在农业经济时代，中国曾长期领先于世界；在工业经济时代，中国远远落伍了；在信息经济时代，我们正奋力追赶并实现局部或所谓"弯道超车"。

面对将要来临的生物经济时代，中国与世界发达国家差距较小，或者说基本处在同一起跑线上。为了实现生物质及其可替代相关传统产业的绿色转型与升级，充分运用医药生物技术和环境生物技术，高质量建设"健康中国"与"美丽中国"，从而促进经济社会整体性可持续发展与绿色化发展，我国应当积极谋划，不失时机地制定并实施生物经济相关战略与行动计划，构建与生物经济时代相适应的绿色产业体系。这就是生物经济的时代意义与对我国经济社会绿色发展总的启示。

推动生物经济发展的"动力源"是基因

问：2021年2月5日，是人类基因组工作框架图（草图）绘制完成20周年纪念日。20年前，各国科学家联合起来，投入30多亿美元，耗时10多年，才获得了第一个人类基因组的草图。20年眨眼过去，您怎么看这20年的变化？变化主要体现在哪些方面？基因科技的发展，能说是一场革命吗？和生物经济有着怎样的关系？

邓心安：基因科技的发展，是推动生物经济众多领域快速发展的重大革命原动力，是生物经济发展的内生动力。从"基因"（gene）一词的来源与初始意义可窥见一斑：基因有"创造、开始、起源、根源、基本、普遍性"之意。

未来学家约翰·奈斯比特曾说："互联网只是允许我们更方便地做我们已经做过的事，而基因工程则会改变人类及其进化过程。"事实证明，生物经济不仅能够改变人类生产生活方式，而且能够改变人类及其他生物自身，标志着人类经济社会从千万年来的"改造客体"时代进入"改造主体"时代。推动主客体改造时代进程的动力源，便是基因。

对此，从引发科技产业重大革命的基本因子的对比分析同样可以发现，推动生物经济发展及其时代进程的动力源便是基因。

在狩猎与采集经济时代，引发科技产业重大革命的基本因子是人力、动植物自然性状，代表性重大革命是石器革命、弓箭发明。

在农业经济时代，引发科技产业重大革命的基本因子是人力与畜力、物种遗传，代表性重大革命是由"攫取"过渡到"生产"、传统生物学革命。

在工业经济时代，引发科技产业重大革命的基本因子是原子与元素，代表性重大革命是化学革命、机械革命、工业革命。

在信息经济时代，引发科技产业重大革命的基本因子是比特、量子比特，代表性重大革命是信息革命即数字革命、"互联网+"革命、量子革命。

在生物经济时代，引发科技产业重大革命的基本因子就是基因，其代表性重大革命是分子生物学革命、医学革命、农业革命、第二次绿色革命、生物制造革命。

这个世界即将离开信息时代，进入生物物质的新时代。生物物质时代的惊奇所带来的全球性影响，将超越互联网，其产品会比火、轮子或汽车更重要，其速度和生产力将凌驾于今天最强的超级电脑之上。生物物质时代会在更短期内产生超越历史集体智囊的新知识，其科技力量会让全球军备总和黯然失色。

　　生物科技新时代将改变全球经济。在新千禧年初期，生物物质科技将取代信息科技，成为全球经济增长的新引擎。

——［美］理查德·W．奥利弗：《即将到来的生物科技时代——全面揭示生物物质时代的新经济法则》

加强技术预见，尽快出台生物经济国家战略
——陈方访谈录

陈方

女，博士，中国科学院成都文献情报中心战略情报部主任、生物科技战略研究中心执行主任，研究员，情报学硕士生导师。

中国科学院"西部之光"人才计划入选者，中国科学院青年创新促进会会员；中国生物工程学会理事，四川省干细胞技术与细胞治疗协会理事，南方科技促进可持续发展委员会（COMSATS）工业生物技术联合中心技术专家委员会委员；《天然产物研究与开发》执行主编，《科学观察》《世界科技研究与发展》编委。中国科学院研究生院（现中国科学院大学）博士研究生毕业，美国德雷塞尔大学信息科学学院、联合国大学荷兰创新与技术经济研究所访问学者。

研究领域涉及科技创新战略与政策研究，生物科技及相关领域战略研究，情报学理论、方法与技术研究。目前主要从事科技战略与创新政策、生物科技及相关领域战略情报研究工作，承担和参与了中国科学院及相关部委、科研院所、企事业单位委托的多项战略研究与情报分析任务，组织和参与的战略情报研究工作多次得到相关领导、院内外科学家和科技管理者的好评，策划和组织完成的多份科技领域情报分析报告受到科技界和产业界的关注。

科学研究及成果主要集中在生物科技及相关领域的国际发展态势与趋势研究，科学计量与科技评价方法、技术和工具研究与应用等领域。发表学术论文40余篇，出版译著1部，参与编写、编译著作10余部。近年的研究兴趣主要集中在生物前沿交叉技术演进与发展战略研究、生物经济与数字经济融合发展趋势研究、大数据与新一代信息技术在情报分析中的应用研究等。

导语　乘势而上发展壮大生物经济

没想到，在地处西南的"天府之国"，有这样一支长期开展生物科技战略情报和生物经济战略研究的团队——中国科学院成都文献情报中心的生物科技战略研究中心，生物科技战略研究中心执行主任陈方博士就是其中的领军者之一。

她和同事一起，完成了《生物科技领域国际发展趋势研究》《我国生物经济发展现状、机遇挑战及政策建议研究》等多份研究报告，组织撰写并发布了《中国工业生物技术》白皮书、《"一带一路"沿线国家生物技术发展报告》等系列研究报告，不仅在业界反响强烈，更推动了实际工作。

说起生物经济发展的现状，陈方胸有成竹，如数家珍，头头是道：我国生物产业发展势头强劲，已经成为培育壮大新动能的重要力量，突出表现为"四个持续"。一是产业规模持续高增长；二是高成长企业持续涌现；三是创新能力持续提升；四是产业创新生态环境持续改善。从产业发展现状来看，我国医药创新生态系统初步形成，医药创新产业蓬勃发展并与全球创新产业链不断融合……

不过，她也格外冷静：生物产业还存在行业管理机制不健全、市场准入法规体系不完善、缺乏具有核心竞争力的龙头企业等突出问题，生物技术原创研发、生物资源保护和综合利用、生物安全风险防控与治理等方面还存在不少短板，生物经济尚处于成长初期。

她呼吁：随着国内国际市场空间加速重塑，我们应坚持面向人民生命健康，牢牢把握后疫情时代生物产业发展机遇，充分依托我国丰富的生物资源、庞大的消费市场和完备的产业体系，积极推动生物技术大规模应用和迭代升级，乘势而上发展壮大生物经济。

"我国需持续开展生物经济发展战略研究，尽快出台生物经济国家战略，加强技术预见，明确重点优先领域，强化关键环节的任务部署，夯实科学研究基础，发挥优势集中攻关，着力突破关键新兴生物技术研发。"她坦诚建议。

她研判：随着现代生命科学快速发展，以及生物技术与信息、材料、能源等技术加速融合，高通量测序、基因组编辑和生物信息分析等现代生物技术突破与产业化快速演进，生物经济正加速成为继信息经济后新的经济形态，对人类生产生活产生深远影响。

"我国极有希望在信息经济与生物经济同步交互发展的过渡期内，充分把握时代契机，积极发挥后发优势，着力培育原始创新，加快技术转化应用，培育市场健康发展，进一步缩小与发达国家的差距。"对未来，她充满信心，也充满期望。

"说明我国十分重视生物经济"

问：《中华人民共和国国民经济和社会发展第十四个五年规划和2035年远景目标纲要》在"构筑产业体系新支柱"中提出"推动生物技术和信息技术融合创新，加快发展生物医药、生物育种、生物材料、生物能源等产业，做大做强生物经济"。您怎么看"做大做强生物经济"被列入国家五年规划？这一举措意味着什么？

陈方：说明我国十分重视生物经济，已经将生物医药、生物育种、生物材料、生物能源等产业作为经济增长的新动能来考虑，通过一定时间的发展将成为国民经济的重要支柱产业，有效服务"双循环"新格局。

生物经济已经具有一定的发展基础和规模，肯定不是既小又弱

问：生物经济为什么要"做大做强"？"做大做强"的背后，是因为这一经济形态既小又弱吗？您能否介绍一下我国生物经济发展的现状？

陈方：生物经济的形成需具备一定的先决条件并经历一段充分发展过程，也就是说作为新的经济形态提出时生物经济已经具有一定的发展基础和规模，目前肯定不是既小又弱。

我国生物产业发展势头强劲，已经成为培育壮大新动能的重要力量，突出表现为"四个持续"。一是产业规模持续高增长；二是高成长企业持续涌现；三是创新能力持续提升；四是产业创新生态环境持续改善。

从产业发展现状来看，我国医药创新生态系统初步形成，医药创新产业蓬勃发展并与全球创新产业链不断融合。创新管线数量稳居全球第二梯队之首，基因测序行业、细胞疗法与干细胞技术、抗体药物研发技术等多项技术居世界前列。医疗器械集聚优势明显，生物农业新产品和新技术不断涌现。

我国棉花、水稻、玉米、大豆、小麦、奶牛、猪等高效规模化遗传转化技术研发取得显著突破，抗虫棉、高效植酸酶玉米、抗虫水稻等生物育种成果处于国际领先地位，抗虫棉累计推广种植面积超过3700万公顷、减少使用化学农药9万吨。农作物和畜禽水产种业市值均居世界第二位。生物饲料总产值超过500亿元、年均增速20%，植酸酶、木聚糖酶等产品质量处于国际领先水平。生物制造具有低成本、大规模等市场优势。谷氨酸、柠檬酸等大宗发酵产品产量稳居世界首位。聚乳酸、聚羟基脂肪酸酯、聚碳酸亚丙酯等生物基材料已形成产业链，聚乳酸年产能1万吨，位居世界第二位，聚羟基脂肪酸酯年产能超过2万吨，产品类型和产量均国际领先。我国是世界第三大燃料乙醇生产国和应用国，仅次于美国和巴西。

生物经济尚处于成长初期

问：生物经济存在哪些问题？

陈方：我国面临日趋严峻的人口老龄化、食品安全保障、能源资源短缺等挑战，生物产业还存在行业管理机制不健全、市场准入法规体系不完善、缺乏具有核心竞争力的龙头企业等突出问题，生物技术原创研发、生物资源保护和综合利用、生物安全风险防控与治理等方面还存在不少短板，生物经济尚处于成长初期。

随着国内国际市场空间加速重塑，我们应坚持面向人民生命健康，牢牢把握后疫情时代生物产业发展机遇，充分依托我国丰富的生物资源、庞大的消费市场和完备的产业体系，积极推动生物技术大规模应用和迭代升级，乘势而上发展壮大生物经济。

我国需持续开展生物经济发展战略研究

问：针对生物经济存在的问题，您有什么建议？

陈方：我国需持续开展生物经济发展战略研究，尽快出台生物经济国家战略，加强技术预见，明确重点优先领域，强化关键环节的任务部署，夯实科学研究基础，发挥优势集中攻关，着力突破关键新兴生物技术研发。

在全球学科之间、科学与技术之间、不同技术之间的交叉融合日益凸显的大趋势下，我国应该面向世界科技发展前沿，重新调整学科布局，打造综合交叉学科群，**尤其要重视生物科学与计算机科学、人工智能、数据分析和工程学等学科的交叉融合，带动学科结构优化与调整**，掌握生物创新中各学科交汇点以及人才合作的正确组合，以契合国家重大战略需求和经济社会发展需求。立足生物科技与交叉研究领域的重大科学研究，加快培育具有多学科背景的创新人才和前沿颠覆性创新能力，带动我国科技水平的整体提升。

两者的融合合乎科技发展规律，将对人类社会产生重大影响

问："推动生物技术和信息技术融合创新"为什么是"做大做强生物经济"的前提？

陈方：作为世界科技发展的前沿领域，目前生物技术与信息技术都处于高速发展时期，生物技术和信息技术领域的多项新技术入选"全球十大突破性技术"。两者不仅具有更泛在、更人本的共性特征，同时也呈现出群体性、颠覆性的创新态势，两者的融合合乎科技发展规律，将对人类社会产生重大影响。

以机械化为主的信息技术设施向生命化方向发展

问：生物技术和信息技术究竟怎样才能"融合创新"？

陈方：生物技术和信息技术两者的融合，主要有几个方面的特征：**利用信息技术，生物技术不断获得新的驱动，生物学研究更加事半功倍。例如，利用信息技术，现代生物学研究正在向"计算设计"时代推进。生物科学研究正逐步由实验驱动拓展向数据和智能驱动转型。**

另外，信息技术依靠生命科学的知识和原理，来获取自身的创新。例如，以机械化为主的信息技术设施向生命化方向发展，从软件和应用层面极大延伸其功能和表现。类脑智能、仿生驱动等研究及生物传感器、神经芯片

等技术创新层出不穷，各类脑—机接口、可穿戴智能装备正在加速走向应用。以碳基为核心的计算与存储技术开发或将突破信息技术产业增长极限面临的瓶颈问题。DNA存储、DNA计算、DNA传感和DNA集成芯片等技术凭借体积小、存储量大、运算快、能耗低和并行性高等特点，未来将进一步发展与应用，有望颠覆传统信息技术的物理基础。

借助信息技术，生物技术获得了强有力的计算工具和各类应用软件

问：大数据、云计算、人工智能的加速演进，会对生物经济时代带来什么？

陈方：当前，人类社会正面临能源短缺、环境污染等全球性问题，同时，我国还面临人口老龄化、疾病谱改变等社会发展挑战，亟待满足人民对更绿色的健康环境、更完善的健康保障、更优化的健康服务等方面的新需求。

借助信息技术，生物技术获得了强有力的计算工具和各类应用软件，加快了设计和创造生物制造体系的过程，推动了生物医学领域与生物学相关疗法的不断改进，支撑了现代医药产业信息化体系的建设，推动了整个医疗健康体系的变革。

同时，生物技术的发展为信息技术提供了多维数据样本和丰富的应用场景，两者之间的知识融合和技术集成是基础科技驱动与社会变革需求之间相互耦合的结果，为人类医疗保健、生态保障以及农业和工业可持续发展方面提供了新的解决之道。

生物化工、生物环保和生物服务业也都是生物产业的重要领域

问：您怎么看生物医药、生物育种、生物材料、生物能源四大产业成为"做大做强生物经济"的四大代表性产业？这四大产业之外，还有什么生物产业值得重视？

陈方：生物经济的出现和占据国民经济主导地位不是一蹴而就的，需要

经过一段时间的漫长发展。从目前来看，生物医药、生物育种、生物材料、生物能源四个产业在我国已有很好的发展基础，因此，以这四个产业作为代表性产业来助推生物经济具有较大的推动力，也为辐射带动其他产业协同发展起到很好的示范效应。

此外，生物化工、生物环保和生物服务业也都是生物产业的重要领域。这些业态在我国都已存在，目前还处于发展初期，产业规模不及上述四大产业，但也是生物经济的重要组成部分。 例如，生物服务业中的基因测序和基因组学研究机构发展迅猛，未来两年的市场规模有望达到280亿元。华大基因、迪安诊断、达安基因和贝瑞基因作为国内基因测序行业上市的主要代表企业，近几年的发展态势较好，对于上游仪器、中游服务提供和下游终端应用都有所布局。华大集团旗下子公司华大智造推出的新款超高通量测序平台可实现耗材成本100美元测序人类基因组；泛生子与华大智造合作开发出国内首款可应用于临床的半导体高通量测序平台；四代测序技术自研企业代表齐碳科技，已成功发布国内首台具有全自主知识产权的第四代基因测序仪，填补了国内纳米孔基因测序技术的空白。

生物经济和信息经济都是新兴的经济形态，都处于蓬勃发展期

问：生物经济有哪些特征、内涵？和生物产业有何不同？作为一种经济形态，和信息经济等有何异同？

陈方：生物经济是以合理配置利用生物资源为依托，在生命科学、生物技术的快速发展和普及应用到一定程度，通过高效生物过程等可持续发展方式，提供涵盖医药健康、农业生产、环境保护等方面需求的产品和服务的一切经济活动的总和，已成为继数字经济后的重要新经济形态。

和信息经济的相同点：两者都是新兴的经济形态，都处于蓬勃发展期。

不同点：首先，依赖的技术不一样，数字经济依赖数字技术对生产生活的日益渗透，形成新的业态和新的生活方式，同时使传统产业向数字化转型升级；而生物经济则依赖生物技术。第二，数字经济无法替代实体经济，只能融合渗透，改变实体经济的模式，但其从根本上无法动摇实体经济的物质

基础。

生物医药未来发展潜力和前景巨大

问："十四五"规划将生物医药列为"做大做强生物经济"之首，您怎么看？是因为生物医药的产业潜力和前景最大吗？

陈方： 从目前来看，我国生物医药产业的发展规模和发展势头是生物经济的几个支柱产业中较好的。

我国医药创新全生态系统初步形成，拥有从中药资源、医药中间体、原料药、辅料、包材到制剂的完整产业链，从新药筛选、发现、化合物设计、筛选、临床前评价、临床研究、产业化的新药完整研发链。此外，我国中医药的发展历史悠久，辽阔的土地上蕴藏着丰富的中医药资源。

生物医药产业与人民生命健康息息相关，日益成为国际科技竞争乃至经济竞争的重要领域。**随着我国人口老龄化和城镇化加速，癌症等重大疾病发病率不断提升，生物医药产业迎来快速增长机遇期。我国的人口优势、资源优势、传统中医药和已有的生物医药基础优势，以及人民群众对健康日益增长的需求决定了生物医药未来发展潜力和前景巨大。**

中国发展生物能源以生物乙醇、生物柴油及生物质发电为主

问：我国乃至全球生物能源产业发展现状如何？

陈方： 中国发展生物能源以生物乙醇、生物柴油及生物质发电为主，目前已成为世界第三大生物燃料乙醇生产国和应用国，仅次于美国和巴西。虽然生物燃料乙醇产业起步较晚，但近年来已逐渐向非粮经济作物和纤维素原料综合利用方向转变，目前，我国燃料乙醇建成产能在500万吨左右，在建产能合计超过300万吨。

我国是柴油消费大国，现阶段我国发展生物柴油产业受到原料收集困难、原料成本较高和国家政策不完善等因素制约。生物柴油的主要企业多为民营企业，生产装置开工率严重不足，产量远远达不到预期，无法满足巨大

的市场需求。此外，我国也在积极研发生物航空煤油。2019年6月，国内首套生物航煤装置在中国石化镇海炼化公司完成主体设备安装。该设备采用中国石化自主研发技术，以椰子油、棕榈油等植物性油脂及餐饮业废油为主要原料，预计年产量为10万吨左右。

我国在生物质发电方面保持稳步增长势头。2020年，生物质发电量累计达1326亿千瓦时，同比增长19.4%。我国生物质年发电量排名前五位的省份是广东、山东、江苏、浙江和安徽。

发展生物能源，需要依靠科学技术突破

问：在发展生物能源上，您有何对策建议？

陈方：作为可再生能源的重要组成部分，生物能源的开发利用不仅能改善生态环境，同时可解决我国农村的能源短缺，促进绿色农业发展，创造新的经济增长点。

发展生物能源需要依靠科学技术突破，尤其是基础科学发现，走生物质资源综合化、高值化利用的路径。结合乡村振兴战略，充分利用农林废弃物等生物质，发展新一代生物质液体、气体燃料和生物质能发电，重点推进分布式生物质热电联产等关键技术研发，开发高性能生物质能源转化系统解决方案，有效提高能源利用率。

全国范围内首个省级的生物经济五年规划出台

问：您所在的区域或地方生物经济发展状况如何？将如何布局生物经济？

陈方：中国科学院成都文献情报中心地处成都，我在这里工作多年，对这里的情况也相对了解。目前，成渝地区双城经济圈建设已初见成效。"十三五"期间，作为四川省战略性新兴产业之一的生物产业发展势头良好，产业规模实现了较快增长。

在医药健康领域，四川省具有良好的产业基础和市场需求，拥有国家重

大新药成果转移转化试点示范基地、四川大学新药创制综合大平台、新药临床前研发平台和华西医院等研究型临床医院。目前已形成天府国际生物城、成都（温江）医学城、中国牙谷（简阳）科创园区等一批特色产业园区，血液制品、疫苗产品、化学原料药等在全国具有品质和规模优势。全省中药资源蕴藏量、常用药材品种数、道地药材品种数量和审定的中药材品种数量均居全国第一。

在生物农业方面，四川省已建成一批生物育种高新技术平台，突破了一批生物育种新技术，获得多个畜禽水产作物优良新品种。截至2020年，全省共有各类生物饲料生产企业37家，产量约8.5万吨，产值约14亿元。目前，发酵饲料、微生物制剂在饲料加工中使用面已达15%以上且呈成倍增长态势，植酸酶的使用已经基本覆盖全省饲料加工企业。此外，全省拥有5家生物农药相关生产企业和6家兽用生物制品相关生产企业。2020年全省兽用生物制品产值约4.7亿元，已建成六条细胞毒悬浮培养生产线和全国首条也是唯一一条动物核酸疫苗生产线。

在生物制造方面，四川省生物质原料资源丰富，为发展生物制造奠定了较好的基础。全省目前共有6家生物质发电企业，其中运用热电联产技术大幅提高能效的企业有2家，企业最大年发电量已突破2亿千瓦时。已部分建成投产生物基纤维非织造复合新材料生产线，预计2023年生产能力可达2.5万吨/年，年产值达5亿元。同时四川生物经济发展仍存在一些短板和问题，需要进一步加强规划引导和政策扶持。

2021年9月，四川省人民政府正式印发《四川省"十四五"生物经济发展规划》。这是全国范围内首个省级的生物经济五年规划。规划重点提出提升生物领域自主创新能力；构建现代生物产业体系；培育生物经济新模式新业态；优化生物经济区域布局；提升生物安全治理能力等5个方面的任务，从原始创新到产业体系构建，从生物技术融合发展到推广惠民应用，从生物资源保护开发到加强生物安全管理，多方面多举措健康有序推进全省生物经济发展。

珠江三角洲地区、长江三角洲地区等有可能成为我国生物经济"高地"

问：在您看来，中国哪些地方有望成为生物经济"高地"？

陈方：我认为，珠江三角洲地区、长江三角洲地区、京津环渤海湾和成渝双城经济圈等都有可能成为我国生物经济"高地"。

这些地区都具有发展生物经济的良好基础。首先这些地区经济都较发达，珠江三角洲地区、长江三角洲地区、京津环渤海湾地区三大城市群占全国经济总量40%以上；科教资源丰富，科技创新平台众多；产业集群优势明显，已形成生物医药、医疗器械等产业聚集区。成渝地区双城经济圈还具备西南特色，具有丰富且独特的生物资源，是我国重要的物种库和基因库，尤其是中药材种质资源丰富，且拥有一些市场前景优、转化价值高的藏药、羌药等民族药大品种。

生物经济是一种新的经济形态，在人类历史中存在的时间还很短

问：放眼人类历史，有哪些抓住生物经济而成就一个国家、一个企业的代表性案例？

陈方：生物经济是一种新的经济形态，在人类历史中存在的时间还很短，各个国家的差距并不大，目前哪个国家或者哪个企业会在这一领域胜出还没有显著表现。

生物经济需要经历几个阶段的发展

问：2012年，美国政府发布《国家生物经济蓝图》，宣布继农业经济、工业经济、信息经济之后，人类已经进入生物经济时代。您怎么看"生物经济时代"？

陈方：生物经济作为一种新的经济形态的形成或更替，需要经历几个阶段的发展。

——在物质层面，生物资源是生物经济发展的重要物质基础，包括保护地球上生物物种及遗传资源的多样性及丰富度，以及生物质资源和能源的可持续发掘与利用。

——在认知层面，生物科学是对生命过程开展研究探索形成的理论发现和研究进展。当生物资源达到一定程度的合理配置及利用，生物科学和生命过程认知的研究推动了大量原创性技术发展时，生物技术就形成一个不可忽视的创新技术集群。

当生物技术形成具备一定的生产能力和生产规模，广泛涉及和影响到从第一产业到第三产业的多个产业部门的经济活动时，就发展成为特色生物产业集群，并且重点表现在其对工业部门的结构、分工和技术进步产生了比较积极和深远的影响。当生物产业集群在国民经济中逐渐占据主导带动作用，与其相关的经济活动越发广泛和繁荣，有望推动产业革命和社会经济结构调整时，就有理由推测其可能引领经济形态的新一轮更替。

主要经济体生物经济的发展进入新一轮战略调整

问：国际上生物经济发展态势如何？

陈方：进入21世纪以来，全球生物经济的规模不断扩大，生物经济对可持续发展、气候变化、环境改善等的作用日益加深。**随着现代生命科学快速发展，以及生物技术与信息、材料、能源等技术加速融合，高通量测序、基因组编辑和生物信息分析等现代生物技术突破与产业化快速演进，生物经济正加速成为继信息经济后新的经济形态，将对人类生产生活产生深远影响。**

目前，美国、欧盟、英国等世界主要经济体生物经济的发展进入新一轮战略调整，其他多个国家也积极出台生物经济发展国家战略。同时，各国在发展生物经济方面已形成了自己的特色。例如，美国注重提高生物经济的战略地位，英国重视发展合成生物学技术，德国确定以基础研究为重点，法国注重发展生物技术和生物产业，巴西注重以生物产业带动经济发展，日本提出以生物技术和生物产业立国，韩国倡导由政府主导生物产业发展。

主要经济体都从国家战略高度布局生物经济

问：对于生物经济，各国重视程度如何？中国重视程度如何？

陈方：全球主要经济体都将发展生物经济作为把握未来竞争主动权、实现经济社会高质量发展、保障国家安全的重要手段。对于生物经济的规划都是从国家战略高度着手布局，特别是美国已经从国家经济安全高度重视生物经济发展。

我国也十分重视生物经济，从国家部委在"十二五""十三五"期间的生物技术发展规划、创新专项规划，到生物产业发展规划，再到马上出台的"十四五"生物经济发展规划，层层递进，积极布局。

当前阶段，生物经济呈现五大时代特征

问：生物经济时代究竟有着怎样的特点？能说生物经济时代是"已经到来的未来"吗？如果能说，能否具体展开说一说？

陈方：生物经济具有科技创新性强、产品多样性强、产业渗透性强以及市场容量大、商业价值高、行业垄断性差等特点。在当前阶段，生物经济还表现出多元深度融合、超越自然进程、制造业生物工业化、产业组织方式变革、全球发展格局调整等时代特征。

一、多元深度融合。在知识经济时代，随着资源利用和技术应用方式的变化，传统的产业结构与政策也相应发生变革。信息经济的高速发展已经极大推进人—机—物三元融合，日益消除生物世界、数字世界、物理世界之间的界限。进入生物经济阶段，首先，由于生物技术产业涉及面广、产业链长，通常横向的第一产业（农业）、第二产业（工业）、第三产业（服务业）的经济部门划分边界逐渐淡化；其次，由于生物技术和产品的通用性强，传统的农业生物技术、医药生物技术、工业生物技术的界限也被打破；最后，**由于生物技术广泛嵌入和渗透到各个经济部门，基础型生物技术产业、融合型生物技术产业和新兴生物技术产业等的界限也变得非常模糊，生物经济的体量将极大地快速增加。**

二、超越自然进程。在可以看得见的未来，自然界生物的天然进化效率已经无法充分满足人类社会发展的生存和质量需求。**以分子生物学及基因工程为核心的现代生物技术，为动植物育种和微生物代谢带来了根本性变革，大大加快了育种技术与代谢工程的进程，也加快了生物技术知识与产品的创新速度。** 例如，传统农业需要长期利用自然变异选优或杂交才能培育的新品种，现在通过分子育种或基因工程育种在一年甚至几个月之内就有可能完成。**生物技术产品的种类不断扩大、性能不断提升、成本不断降低，已经表现出一种新的近似于摩尔定律的进化趋势。**

三、制造业生物工业化。制造业对石油、煤炭等一次性资源的过分依赖，使经济社会面临资源短缺和环境污染的双重威胁。与跨国化学品和药物生产企业从化学制造逐步转型到生物炼制相对应，生物过程将逐步替代化学过程，塑造未来制造业的主流方向。所谓生物过程法则，是指在经济社会及环境可持续发展的要求和发展理念指导下，化工、材料、能源等逐步向以生物质为工业原料、通过生物科技开发和生物炼制过程而取得产品的绿色生产方式转化。

四、产业组织方式变革。不同于典型的工业经济时代和信息经济时代，生物经济时代下的生物技术企业在结构上表现出一些新的现象或特征。一是创新创业活动踊跃，即规模相对较小的专注于研发的生物科技公司大量出现，研发强度极高，形成研发热潮，并受到各类资本的追逐；二是转型与结盟，即相关产业如化学、制药、农业领域的大型跨国企业积极转型，将业务增长的目光投放到生物科技领域，展开策略联盟或兼并收购等行动；三是大学和科研机构科研成果逐步走向市场导向创新，积极与企业互动，由领军实验室和研究人员创建的生物科技公司大量涌现并取得快速发展；四是产业联动效应显著，即小规模、成长迅速且潜力巨大的市场在健康、化学、农业以及环保等产业形成联动效应，在更广的范围影响制造业。

五、全球发展格局调整。**尽管从研究尺度来看，生物科技研发越来越深入到细胞、分子、原子与次原子、粒子等微观世界，但就其在经济社会发展中的作用而言，其影响范围正越来越全球化，全球格局将伴随生物经济进程进入新一轮动态调整。** 生物经济发展的重要物质基础是生物质资源和遗传资源，其所处的产业创新源头的关键地位常常比生物技术创新本身更加凸显，这为生物资源丰富的发展中国家参与国际生物经济竞争赢得了机遇；同时，**尽管生物技术研发风险性高，但其隐含巨大的商业利益和产业溢出效益，使得拥有生物技术优势的发达国家积极向发展中国家寻求合作机会，探索共赢模式。**

生物科技变革与产业革命加速推动生物经济发展

问：从历史的角度看，是什么促成、导致了生物经济时代的加速到来？

陈方：生物科技变革与产业革命加速推动生物经济发展。**新技术的发展正在改变科学发现的方式，促进生命科学领域多项重要的突破。**自1953年DNA双螺旋结构解析以来，生物技术发展迅猛，从"人造生命"、基因组编辑研究不断取得突破性进展，再到脑—机接口、神经芯片等领域交叉融合应用成果不断涌现，多年来一直占据着年度科技突破主流。同样，信息技术领域近年来涌现出的颠覆性创新层出不穷，云计算、大数据、人工智能、物联网、区块链等一经面世，都对经济社会发展产生了重大影响。

积极发挥后发优势，进一步缩小与发达国家的差距

问：对于中国来说，在工业经济时代、信息经济时代苦苦追赶之后，生物经济时代是一次难得的"换道超车"机会吗？

陈方：客观地分析，我国在共和国建设初期，人均资源不足、人口素质不高、工业发展基础薄弱，使我国在农业经济和工业经济发展阶段进程缓慢，导致后期在发展信息经济的进程上与发达国家阵营落后约20—30年。

进入21世纪以来，我国积极加强顶层规划设计和重大专项资助，全面实施科教兴国战略和创新驱动发展战略，在创造了工业经济高速增长的同时，在基础研发和高新技术领域实现了从跟跑到并跑的跨越，逐步缩小了与领先发达国家的差距。**特别是在生物技术领域，我国研发人员近几年在基因**

检测、干细胞与再生医学、合成生物学与生物制造等多个领域取得了举世瞩目的研究突破，生物技术产业规模快速扩大。

由于生物技术产业具有资源依赖性强、技术依赖性强、市场垄断性差、生物技术产品多样性等特点，这为发展中国家特别是资源丰富、技术基础相对较差的国家，利用后发优势实现跨越式发展创造了难得的机遇。因此，**我国极有希望在信息经济与生物经济同步交互发展的过渡期内，充分把握时代契机，积极发挥后发优势，着力培育原始创新，加快技术转化应用，培育市场健康发展，进一步缩小与发达国家的差距。**

从经验型科学转变为工程学科，体现的是研究范式的转变

问：有美国顶级投资基金创始人说，我们正处在一个新时代的开端，生物学已经从一门经验性的科学转变为一门工程学科，在使用人工方法来控制或操纵生物学数千年之后，我们终于开始通过生物工程利用大自然本身的机制来设计、实现和改造生物学。您怎么看这个判断？从经验型科学转变为工程学科，意味着什么？

陈方：从经验型科学转变为工程学科，体现的是研究范式的转变，从原来将系统拆分成各个组分，着眼于各组分性质的还原论向现在更多地从整体入手，着眼于组分之间的关系的系统论转变。这意味着研究人员在设计、实现和改造生物时更具有预测性和精准性。

基因科技的发展应该说是一场革命

问：2021年2月5日，恰逢人类基因组工作框架图（草图）绘制完成20周年纪念日。20年前，各国科学家联合起来，投入30多亿美元，耗时10多年，才获得了第一个人类基因组的草图。20年眨眼过去，您怎么看这20年的变化？变化主要体现在哪些方面？基因科技的发展，能说是一场革命吗？为什么？和生物经济有着怎样的关系？

陈方：20年基因科技的发展依赖于基因组测序技术的快速进步，测序

技术已经从最初的Sanger法测序到高通量测序，再到以单分子测序为代表的第三代测序技术。其中，纳米孔单分子测序技术以其长读长/超长读长、小巧便携和成本远低于二代测序的优势，具有非常广阔的应用前景。随着新冠肺炎疫情暴发，纳米孔单分子测序技术凭借其自身优势在病原微生物快检领域发挥着巨大作用。

也正是因为测序成本的迅速下降，速度不断加快，基因组测序已成为基础生物学、生命科学研究极其重要的专业技术工具，也彻底变革了生物医学研究领域，尤其是全基因组关联研究（Genome-Wide Association Studies，GWAS）、诊断测试、个性化医疗和药物发现等领域。

基因科技的发展应该说是一场革命，不仅为人类认识生命、改造生命和创造生命奠定了基础，也推动了其他新技术的出现和发展，例如合成生物学技术、基因编辑技术等。以生物方式直接或间接生产的物质占全球经济60%的物质输入，因此基因科技作为生物领域中的重大变革对我们的经济、社会和生活都产生巨大影响，包括医药、食品、农业、能源、环境等领域。

对于新兴技术，应该加强法规体系和监管机制建设

问：从核技术到信息技术，再到生物技术，任何技术都是双刃剑。生物技术在造福人类、带来经济发展新动能的同时，也带来了生物技术滥用、生物数据和资源遗失、生物恐怖主义等一系列传统生物安全、新型生物安全问题。我国已颁布施行了《中华人民共和国生物安全法》，您怎么看我国生物安全所面临的形势？究竟应该怎样规范生物技术的研究应用？怎样处理好促进生物技术发展和确保生物安全之间的关系？

陈方：我国作为发展中的大国，面临严峻的生物安全威胁，包括动物源性病毒等造成新发突发传染病疫情风险；因人为滥用、误用等未知颠覆性威胁而造成日益复杂的生物安全风险；现代农业生物技术被少数西方寡头农业生物技术企业垄断、部分农产品长期依赖进口的局面可能引发粮食安全风险和人口健康风险；生态环境遭受破坏、外来物种频繁入侵，以及遗传材料和生物信息数据的跨境非法交易和传递，可能导致中国特有种质资源受损或流

失，从而对国家生物安全构成潜在威胁；乱砍滥伐、湿地挤占、环境污染等导致生物栖息地遭到严重破坏，生物生存空间被进一步压缩和碎片化，给我国生物多样性和安全造成一定威胁。

对于新兴技术的这种两面性，应该加强法规体系和监管机制建设，成立国家伦理委员会或生物安全监督机构，重点考虑对新技术威胁的防御措施与计划，以防范为主，前移监管关口，防止对前沿生物技术滥用、谬用而造成的重大生物安全风险。

从行动举措方面提七条建议

问：要想抓住生物经济时代的历史性机遇，您对决策层有什么建议？

陈方： 从战略层面来说，应积极构建生物经济的统计标准和测度方法，开展产业全生命周期发展策略研究，探索生物资源共享与惠益分享办法，制定知识产权与核心技术保护战略，研究建立生物安全与风险防控机制等。

从行动举措方面来说，我提七条建议：应加大生物经济基础研发投入，革新制度和加强监管；加强制度建设，关注生物安全与法律问题；聚焦产业发展迫切需求，支持研究创新平台建设；明确重点发展方向，建立生物产业集群；实施人才战略，打造国际一流人才队伍；完善资本市场、拓宽融资渠道，制定税收优惠政策；加强产学研创新体系建设，建立公共沟通机制。

遗传工程代表了创造者的权利，尽管是受限的创造者。能够对未来一代人的身体和行为特征进行哪怕极小的改变，也会代表人类历史的新纪元。

——［美］杰里米·里夫金：《生物技术世纪——用基因重塑世界》

"生物世纪"的梦想照进了现实
——汪亮访谈录

汪亮

基因慧创始人兼CEO，专注基因和生命健康产业研究。毕业于哈尔滨医科大学生物信息专业。2009年起先后服务于国家人类基因组南方中心、华大基因和药明康德。受邀参与国家发改委战略性新兴产业白皮书执笔。受聘担任中国遗传学会生物产业促进委员会委员、广东省精准医学应用学会政策研究应用分会常委、哈尔滨工业大学（深圳）生物产业分析课程特聘教师等。

2016年创立基因慧，致力于建立数字生命健康产业创新服务平台，践行"使连接产生价值，用数据看见未来"的使命，带领基因慧团队连续多年发布基因及生命科技行业蓝皮书以及专题研究报告，采访了近100位政产学研用的知名人士，建立了首个公开的基因产业信息数据库YourMap®，组织数十家产业机构及临床专家发布多项行业共识及团体标准。

导语　基因产业的眺望者

没想到，汪亮从一个公众号做成了一个有影响的基因行业研究平台和智库。

有必然性——最近一二十年，伴随生命科学尤其是多组学技术的迅猛发展和临床应用，基因检测等基因产业迅速落地、快速发展，形成了一个产业也是一个行业，成为经济社会发展的新动能：高通量基因检测服务已经成为中国临床"精准医学"的热点应用，体现在遗传病的基因检测诊断、肿瘤分子病理检测、病原体宏基因组测序等多方面，与肿瘤和非肿瘤疾病的防控都息息相关，第三方医学检验实验室也犹如雨后春笋般地"冒"了出来。

无论是行业，还是产业，无论是生命健康领域的人，还是公众，都迫切需要基因领域信息的集纳、分发，进而需要全行业的梳理、表达……

基因慧产业智库应运而生。

汪亮还带领团队，连续多年发布基因及生命科技行业蓝皮书以及专题研究报告，组织多个专家和产业机构发布多项行业共识及团体标准。研究的力量、行业的力量，得以展现。

2021年初，我收到了《2021基因行业蓝皮书》，200多页，沉甸甸的。这本蓝皮书就是基因慧和领域内企业、专家的共同作品。

这本蓝皮书指出："总的来说，基因行业基于生物分子序列的读取、编辑和合成等，立足于科研，面向临床、健康、工业和农业，在经历数个快速发展的小周期后，从更宏观的经济周期视角看，目前仍处于早期发展阶段。""得益于政策窗口期、稳定的市场需求增长、技术迭代及资本'回暖'，基因产业的格局已经初具生态，整体处于初始化后的高速成长期。"

在汪亮看来，做大做强生物经济被列入国家五年规划，是一项富有远见卓识的中长期战略决策。

他认为，"做大做强"的背后，是目前这一经济形态的发展前景广阔，我国相关产业尚处于成长期。

他呼吁，在生物经济发展的大好时机，做好规划引导，避免重复出现互联网、免疫治疗等产业出现过的问题、走过的弯路。

一项富有远见卓识的中长期战略决策

问：《中华人民共和国国民经济和社会发展第十四个五年规划和2035年远景目标纲要》在"构筑产业体系新支柱"中提出"推动生物技术和信息技术融合创新，加快发展生物医药、生物育种、生物材料、生物能源等产业，做大做强生物经济"。您怎么看"做大做强生物经济"被列入国家五年规划？

汪亮：一方面，我国在生物经济的基础研究已有多年的研发投入和优秀的人才梯队，如果进一步引导、加强协同，有望领跑国际并带动医药、农业、能源、生物多样性等相关学科的研究和转化；另一方面，我国在生物经济的基础设施建设方面有强劲的潜力和广阔的市场需求，生物经济的规模有望超过目前的互联网等产业，达到万亿元级别。因此，"做大做强生物经济"被列入国家五年规划，是一项富有远见卓识的中长期战略决策。

这一经济形态的发展前景广阔

问：生物经济为什么要"做大做强"？"做大做强"的背后，是因为这一经济形态既小又弱吗？

汪亮："做大做强"的背后，是目前这一经济形态的发展前景广阔，我国相关产业尚处于成长期：一方面，这一经济形态的产业规模还比较小，尚未形成规模性的产业集群和一批具有国际影响力的品牌；另一方面，生物经济的核心技术、自主生产工具与设备以及供应链体系还相对薄弱。

激发这一经济领域的市场活力

问：我国生物经济发展存在哪些问题？您有何建议？

汪亮：要做大做强生物经济，除了加大核心技术、自主生产工具设备、供应链体系的研发及投入，建议进一步发挥企业在创新转化平台中的转化作用，既支持发展独角兽企业，同时鼓励加速中小企业梯队建设，特别是细分领域具备研发能力的中小企业"潜力股"，嫁接转化平台及市场资源，建构可持续发展的产业集群生态。

此外，在宏观调控的背景下，建议深化产业咨询，做好中观的产业规划，避免国家和行业的资源浪费。即以地方政府、产业园或产业集群为载体，强化一线科技智库在知识产权、产业咨询、企业孵化、信息服务等方面的作用，将一线的、专业的科技工作者及产业智库纳入咨询体系，通过全面、具体、切实有效的产业规划，激发生物经济领域的市场活力，进一步推动高校及研究机构的基础研究转化，加快普惠终端产品及应用的上市步伐，从而推动建设规范化、体系化、有强劲活力的产业及产业集群。

推动生命健康数字化

问：要"做大做强生物经济"，生物技术和信息技术究竟怎样才能进一步"融合创新"？

汪亮："做大做强生物经济"的核心是加速和深化生物技术研发和转化，以及依赖于生物技术和信息技术的"融合创新"，为什么？因为现代生物技术的核心是生命健康数字化，而信息技术是解决数字化生命健康的信息整合、解读、整合及转化应用的必备工具和平台。

基于此，在全球技术迭代加快及市场竞争环境日趋激烈的背景下，二者的"融合创新"需要基于目标受众及需求导向，构建先进性产品及"小步快走"式创新转化，即从解决实际问题出发，**站在目标受众的角度，将生物技术和信息技术融合成具有先进性、创新性的产品，在可行性规划的指导下加速上市并快步迭代**，避免空口号、名词叠加式平台以及数年长周期的规划。

我国在生物医药服务方面有一定竞争优势

问：全球生物医药产业发展现状和问题如何？中国生物医药产业发展如何？出现了哪些新现象、新趋势？

汪亮：全球生物医药界正加大基因组、蛋白组等生命组学的研发投入，结合 AI、大数据等，加速肿瘤、罕见病等领域的新药研发，同时头部企业正联合国内外中小企业建构加速器，协同研发及建设供应链。主要的问题在于各方在产业协同上仍存在很大的间隙，政策规范也相对滞后。

我国在生物医药服务方面有一定竞争优势，特别是测序服务、实验外包服务等，但在上游生产设备、原材料以及研发管线上仍有很大差距。未来趋势将以地方产业集群为依托，以生物技术和信息技术融合为切入点，加大政策引导和资本投入，培育独角兽企业同时建设产业集群，立足本土需求，稳健扩大全球市场。

在生物经济发展的大好时机做好规划引导

问：国家有关部门是否应该制定《"十四五"生物经济发展规划》？如果正在制定，您有何建议？

汪亮：建议国家有关部门加快制定《"十四五"生物经济发展规划》。因为目前生物经济在快速发展，包括基础研究的大规模投入和资本的强势进入，亟须规范化，加强宏观引导。包括：建议深入产业一线实地调研，纳入产业一线的咨询机构和信息平台，结合宏观研究机构和产业研究机构，形成高远、切实、可行、可用的规划文件，**在生物经济发展的大好时机，做好规划引导，避免重复出现互联网、免疫治疗等产业曾出现的问题、走过的弯路。**

前景足以支撑万亿元甚至更大规模的未来产业

问：生物经济时代究竟有着怎样的特点？能说生物经济时代是"已经

到来的未来"吗？

汪亮：生物经济时代的特点是数字化、长期主义、融合发展。生物经济时代正在来临，基础研究的投入、产业的融合、资本的进入，都在加速发展，而它的前景足以支撑万亿元甚至更大规模的未来产业。

生物经济时代的加速到来，来自经济水平（脱贫攻坚取得全面胜利）提升后对健康的需求、地方经济寻找新的经济增长引擎、优秀人才梯队及长期主义资本进入、核心技术的研发和融合等。

生物经济的内涵广阔，至少包括以下元素：一、以现代生物技术特别是生命组学为依托，融合人工智能、云计算、区块链、5G等信息技术；二、以基础技术及应用为核心，例如医疗、农业、海洋、能源等领域，开拓民生健康工程、农业育种、生物多样性、生物能源等中长期发展必需的应用场景；三、以新兴科技带动未来产业，构建有国际影响力的产业集群。

基因行业目前处于2.0发展阶段

问：能否介绍一下基因行业的宏观发展情况？基因产业和生物经济有着怎样的关系？

汪亮：基因行业目前处于2.0发展阶段。1.0阶段是基础技术的研发（测序技术等）和初步的转化应用（如无创产前诊断）。2.0阶段是进一步降低基础技术的成本直至可以普惠于民，同时扩展广阔的应用场景，例如医疗、医药、农业、生态等领域。

基因产业是生物经济的重要组成部分，是基础设施建设不可或缺的部分。基因产业正从基因组扩展至单细胞、时空组学、蛋白质组等，应用场景从基础研究正逐步深入到医疗诊断、医药研发、公共卫生安全、农业分子育种、生物多样性等领域。生命组学科研成果的转化应用前景广阔，创新活力强劲。同时，生命组学与大数据技术，包括人工智能、云计算、区块链、5G等，都是生物经济最重要的基础设施，是链接现代生物技术、传统技术以及应用场景的核心桥梁，是实现数字化生命健康、超越互联网等传统产业的核心技术、工具及平台。

从产品维度看，在我国，从 2014 年无创产前基因检测（NIPT）产品获批上市以来，已上市基因产品主要集中在医疗器械以及新药范畴。目前新兴的基因合成、DNA 存储在研发阶段，市场前景广阔。

具体来说，基因行业的医疗器械包括测序仪、基因芯片扫描仪、光定量 PCR 及数字 PCR、质谱仪为主的设备及配套生产原料和试剂耗材（例如分子生物学和诊断专用酶等），以及无创产前诊断（NIPT）、植入前非整倍体筛查和基因诊断（PGT）、肿瘤伴随诊断（用药指导）和肿瘤早筛为主的检测试剂盒产品。基因行业的创新药物聚焦基因治疗，即基于新一代成人基因编辑技术的基因治疗，大部分处于临床试验早期阶段，有望近年在地中海贫血、罕见病、眼科疾病等方面的治疗提供突破性新药产品。

实现人与万物的互联

问：伴随信息科技和生物科技的交织，出现了生物信息学、计算医学、算法生物学，这些新的学科以更高的精度描绘并预测我们的身体。您怎样看生物科技和信息科技的这种融合？

汪亮：生物经济时代是建立在生命科学、信息科学融合发展的基础上的，准确地说，是建立在现代生命科学、现代信息科学融合发展的基础上。因为生物经济时代的特点之一是生命健康数字化，其中包括基于高通量测序、数字 PCR 等技术将生命健康数字化，以及将数字化生命健康信息与大数据技术结合，实现人与万物的互联。

基因组学领域已经出现垄断巨头

问：伴随数据集中度的提升，基因组学领域会不会像互联网时代一样出现垄断的巨头？如何谨防这种现象的出现？

汪亮：从全球看，目前基因组学领域已经出现垄断巨头，尤其是上游生产设备厂商，成为过去 10 多年来市场的主要获利者；国外生产设备的垄断在近两年才被我国本土企业打破。本土龙头企业是否成为新的垄断还有待市场检验，需要宏观引导、产业集群建设以及舆论监督。

基于基因检测的早筛不是万能的

问：《基因组革命：基因技术如何改变人类的未来》一书提出："追踪'环境DNA'正如同使用烟火报警器一样，警报响起后，我们还需要确认火源、查明危险级别，然后才决定要采取何种措施。'基因监测'也属于这种早期预警系统。"怎么理解这个早期预警系统？

汪亮： 由于绝大部分疾病是与遗传有关的，当前的体检及诊断往往只能查出有一定症状的疾病；而基因检测特别是针对肿瘤等疾病的早筛早诊，理论上可以在症状发生之前，发现可能发生的疾病风险，目前已有相关的肿瘤基因早筛产品上市，相关方为此投入了较大的研发资源。

基于基因检测的早筛技术将预防端口前移，是非常经济的健康策略。但同时需要警惕的是，基于基因检测的早筛不是万能的，目前只是针对个别癌种的特定人群早筛，更不能说可以替代传统的疾病早筛早诊方法，产业已出现一定泡沫，应加强行业规范化及宏观引导。

"生命之树"还有不少果实亟待采摘

问："'组学'研究的大一统正在进行中，而'生命密码'作为基因合成领域的核心研究，代表了未来10年、甚至是21世纪生物学的研究方向。DNA不仅是生物学刚刚兴起的一门'通用语'，还注定是21世纪生物学编年史上浓墨重彩的主要篇章。"您预测，组学时代还会有哪些亟待去研究的领域？从测序角度看，"生命之树"还有哪些亟待采摘的果实？

汪亮： 组学时代，可以研究的领域除了基因诊断、基因治疗、基因合成外，还包括DNA存储、DNA计算机等技术领域，以及分子育种、生物多样性、能源等应用领域。

从测序角度看，"生命之树"亟待采摘的果实，包括隐性遗传病的携带者筛查、基于基因治疗的生物药研发、基于生物合成的生物能源、基于基因技术的农业分子育种、海洋生物多样性保护及有效利用等。

助力更多行业及机构参与基因科技及生命健康行业

问：您在生命健康领域奋斗多年，能否说说您的实践和梦想？

汪亮：在基因行业工作12年来，我历经海内外的技术、产品和市场岗位，在2016年建立基因慧，一个基于基因及生命健康产业研究的内容平台和智库，通过一线的产业信息和咨询研究，挖掘先进的技术、先进的产品和先进的机构，协助合作伙伴更好、更快地参与基因科技及生命健康行业，实现生命健康数字化，服务老百姓。我们秉持"使连接产生价值，用数据看见未来"的使命，用微薄之力参与产业创新服务，推动生命科技普惠于民。

建立更开放的基础研究协作平台

问：生物经济时代对国家、组织和个人，分别意味着什么？我们应该怎样改变自己的行为，以适应、追赶这个时代？

汪亮：生物经济对于国家而言，是科技兴业、普惠于民的实践路径之一；对于各种组织来说，是产业发展的重大机遇；对于个人来说，会创造下一个超越互联网的新兴的繁荣时代，对每个人都带来深刻影响。我们应该遵循国家在生命伦理、数据安全等方面的合规合法要求，建立更开放的基础研究协作平台，将资源投入艰难而正确的焦点领域，共建共享。

有序引导新兴技术，避免"一刀切"

问：要想抓住生物经济时代的历史性机遇，您有何建议？

汪亮：我有三点建议：第一，亟须建立系列行业规范，例如肿瘤早筛、免疫治疗药物等的行业规范，避免产业过度泡沫化和同质化；第二，有序引导新兴技术，避免"一刀切"，例如以成人基因编辑为技术基础的基因治疗等要避免"一刀切"禁止；第三，支持地方政府与产业平台合作，建立产业咨询、供应链体系及创新服务平台，在生命组学大数据解读、生物药研发与大数据融合、精准健康与个人基因组、信息技术与生命技术整合等领域加强研发。

抢占生物经济发展高地成为可能

问：我们正处在21世纪第三个10年的起点，从这个时间节点来看，21世纪真的能说是"生物世纪"吗？就像20世纪末期人们常常预言的那样？

汪亮："21世纪是生物世纪"的梦想，引导着我们这帮学生物的人经过十多年，有的人甚至经过几十年的沉淀和蛰伏，终于等到了春天。而这个春天——生物经济时代的到来，有赖于全球生物技术和信息技术的融合、党和国家对于生命健康产业的高度重视和战略部署，还有赖于人民群众对于美好生活的向往和巨大需求。

通往目标的道路上，有无数为之披荆斩棘、砥砺前行的创新青年，有更加友好的创新环境、更加雄厚的物质基础，使得"21世纪是生物世纪"的梦想照进了现实，使得我国抢占生物经济发展高地成为可能。

投资人篇

人类的完美性与脆弱性均隐藏在DNA分子的编码中：只要我们学会操纵这种化学物质，那么我们将能够改写自然、治愈疾病、改变命运并且重塑未来。

——［美］悉达多·穆克吉：《基因传：众生之源》

中国将是生物经济的引领者
——李开复、武凯访谈录

李开复

创新工场董事长兼CEO。

2009年创立创新工场，担任董事长兼首席执行官，专注于科技创新型的投资理念与最前沿的技术趋势。十多年来创新工场已经投资逾400个创业项目，管理总额约175亿人民币的双币基金。2016年秋季创办创新工场人工智能工程院，致力于利用最前沿的AI技术为企业提供人工智能产品与解决方案。

曾担任谷歌全球副总裁兼大中华区总裁。担任微软全球副总裁期间，开创了微软亚洲研究院，并曾服务于苹果、SGI等知名科技企业。

在美国哥伦比亚大学取得计算机科学学士学位，以最高荣誉毕业于卡耐基梅隆大学获得博士学位，还获得香港城市大学、卡耐基梅隆大学荣誉博士学位。

美国电机电子工程师学会（IEEE）院士，被《时代》杂志评选为2013影响全球100位年度人物之一，被《Wired连线》评为21世纪推动科技全球25位标杆人物，还获得2018亚洲商界领袖奖等殊荣，并出任世界经济论坛第四次工业革命中心的AI委员会联席主席。

发明10项美国专利，发表逾百篇专业期刊或会议论文，并撰写出版了10本中文畅销书。

武凯

创新工场合伙人，负责创新工场医疗领域投资。

拥有10年以上医疗健康行业投资、并购和市场拓展的工作经历。2013年到2020年，供职于软银中国资本，专注于医疗大健康领域的投资，曾主导了诺辉健康、安翰医疗、安诺优达、普门科技等项目的投资；之前供职于美国通用电气公司的医疗集团和消费工业品集团，分别担任过市场战略经理、业务拓展经理和全球采购等职位。

同济大学材料科学与工程学士，美国范德堡大学工商管理硕士学位。曾入选创业邦2019年"40位40岁以下的投资人"、2017年动脉网"健康医疗十大杰出投资人"。

导语 在最恰当的时间节点布局

作为投资机构，"最难不是提早布局，而是在最恰当的时间节点布局"。

而作为一个在12年时间里参投了23个独角兽企业的创投机构，李开复创办的创新工场近两年开始大规模部署医疗科技领域、重仓医疗赛道，无不引人关注。

其强烈信号的意义所在，恰如李开复先生自己所说——是因为"生命科学领域迎来物种大爆发时代，技术不断更新迭代，而定位于 Tech VC（科技风投）基因的创新工场不愿缺席这一技术迭代的盛宴"。

"好戏刚开场，创新工场选择在现在这个时间上船，就是不想做跟风者，要去投资真正的创新技术和产品，和中国的企业家和科学家们一起驶向生物医药的星辰大海。"在这位信息经济时代的领军者看来，"21世纪将是生物的世纪"这一预言并"没有说错，只是说早了"，**"21世纪很长，现在也才过去了20年，生物医药行业的蓬勃发展已经开始验证这句预言，未来还有80年使这句预言最终成为现实"**。

他坚信，随着第一阶段的产业积累完成，越来越多的资金和人才涌入，本土化创新才刚刚开始。中国作为世界上两大经济体之一，一定会孕育与之匹配的生物医药行业和企业。中国有望引领这场 AI+ 医疗的产业变革，一定能"孕育"出大量的创新药和器械。世界上有可能会形成以中国为核心的生物医药产业另一极。

尽管现在不乏千亿市值的生物医药公司，但他鲜明指出"中国还缺乏万亿市值的公司"。

他对中国企业的未来非常有信心，"相信这一天不会太久，很有可能10年之内就会出现两到三家万亿市值的中国生物医药企业"。

他的乐观自信，溢于言表："今日的中国已不是300年前、200前，抑或是50年前的中国，我们现在有足够的资本、人才去发展生物经济，我非常相信，这一次中国将是生物经济的引领者。"

作为曾经的癌症患者，经过生死考验的他，也许更懂——人类"对于生物医药的需求是不断上升的，因此这个行业的收益和回报必然是高的"。而生物医药企业的生存环境也越来越友好——产品在研发阶段就可以通过港股18A等渠道IPO，创新产品上市后又很容易产生用户黏性，带来稳定现金流……

大风起兮云飞扬。

当生物经济的"大风"起时，创新工场会是一朵怎样飞扬的"云"？ 神州大地的上空，将会是一幅怎样的灿烂图景？

人们拭目以待。

生命科学领域迎来物种大爆发时代：创新工场不愿缺席

问：创新工场作为著名投资机构，近年来开始大规模部署医疗领域、重仓医疗赛道，基本情况怎样？为什么在这两年开始大规模部署？背后有怎样的考虑？

李开复：选择重仓医疗赛道的逻辑很朴素。在过去的10年中，生命科学领域迎来物种大爆发时代，技术不断更新迭代，而定位于Tech VC（科技风投）基因的创新工场不愿缺席这一技术迭代的盛宴。在医疗领域，创新工场虽然是一支新军，但医疗团队都有着丰富的医疗投资经验。创新工场的医疗赛道由合伙人武凯领导，他于2020年8月加入创新工场。加入创新工场之前，武凯曾任软银中国资本的合伙人，主导或参与了对诺辉健康、安翰科技、普门医疗、华大健康等公司的投资，也曾任职于GE医疗的生命科学业务部门和美国Charles River Lab的公司战略部，在医疗大健康行业有超过15年的风险投资、市场营销和业务拓展等经历。

"21世纪将是生物的世纪"这句话没有说错

问：投资关键要有前瞻性，把握好趋势和时间节点。创新工场对当今生命科学、生物医药产业的发展有着怎样的判断和预测？

李开复：20世纪后期不少人讲，"21世纪将是生物的世纪"。这一预言在过去引起过很多争议，很多最优秀的学生因为这句话选择了生物学方向，毕业之后却无法取得很高的收入。**在我们看来，这句话没有说错，只是说早了，就像我们投资，最难不是提早布局，而是在最恰当的时间节点布局。**

过去5年是中国生物医药行业的序幕，第一批本土企业家和海归科学家凭借"me-too"或"me-better"的fast-following策略，快速创办了一批有本土竞争力的生物医药和医疗科技企业。这些企业就像20年前的新浪、搜狐，"师夷长技以制夷"，在中国市场和跨国企业平分秋色。但是，如阿里和腾讯一样有望彻底在中国市场击败跨国企业的生物医药企业才刚刚涌现。

接下来5年，我们特别看好医疗+AI/高科技两相交叉引爆的机会。AI可说是一个赋能各行各业的全新引擎，为传统医疗行业点燃巨大的产业升级契机。我们已经看到所投的企业用AI发明新药，用机器人自动化赋能高端人力密集、但重复性特别高的实验室研发流程，用AI模型来做罕见病早筛等各种崭新的医疗科技解决方案，这些都是通过技术能达到规模化、精准化、降本提效的细分领域。我有信心说，**中国的医疗产业投资正迎来最好的黄金时代，行业集体踩下技术赋能的油门全力加速，我们在其中捕捉投资机会的同时，更是用我们的知识和工具推动整个行业的进步和社会的福祉。**

21世纪很长，现在也才过去了20年，生物医药行业的蓬勃发展已经开始验证这句预言，未来还有80年使这句预言最终成为现实。随着第一阶段的产业积累完成，越来越多的资金和人才不断涌入，本土化创新才刚刚开始。中国作为世界上两大经济体之一，一定会孕育与之匹配的生物医药行业和企业。

合成生物学将会像互联网和AI一样，对各行各业产生巨大影响

问：在您看来，有哪些新趋势、新技术，已经或还将给生命科学、生物医药产业带来巨大可能？

李开复：我们认为合成生物学会有很大的发展潜力。我是最早一批学习人工智能的博士，但在20世纪80年代，计算机硬件无法满足人工智能庞大的计算需求，我的所学也很难转化为实际的产品和解决方案。

近10年来AI产业的大发展，很大程度上是因为处理器等计算机技术的进步。合成生物学的突然兴起，也源自基因编辑、生物工艺等技术的进步，使工程菌的改造、筛选、培养都更加容易实现且成本可负担。

合成生物学本质上是用生物合成的方法来代替化学合成，这样能够带来的好处有两方面。第一，使原本复杂的化合物可以用更少的步骤来合成，带

来生产成本巨大的下降，比如中国最早用两段发酵法合成维生素C，使维生素C广泛普及。第二，可以合成传统化学合成很难合成的产物，如最近很火的人工合成淀粉和脂肪，甚至未来合成各种各样的蛋白质，这不仅可以帮助人类走入太空，也会对全球的产业链和地缘政治产生巨大影响。

试想，如果人工合成蛋白质的成本低于种植大豆，中国是否还需要向美国和巴西进口大豆？如果不进口，与这些国家的关系会发生什么变化？虽然现在生物合成的成本非常高，但是技术的进步往往超出我们的预期，20年前，培养1克单克隆抗体的成本大约1000美元，而今天已经下降到100人民币，而且还在继续下降。因此，**我们有充足的理由相信，合成生物学将会像互联网和AI一样，对各行各业产生巨大的影响。**

好戏刚开场：和中国的企业家和科学家们一起驶向生物医药的星辰大海

问：创新工场的大规模部署，是不是一种跟风？放眼全球，结合中国国情，生物医药领域蕴藏着怎样的结构性机会？下一步将怎样"挖掘中国医疗产业下一个黄金10年的宝贵机会"？

李开复：前面已经提过，我们认为**好戏刚开场，创新工场选择在现在这个时间上船，就是不想做跟风者，要去投资真正的创新技术和产品，和中国的企业家和科学家们一起驶向生物医药的星辰大海。**因此，我们组建了专业的医疗投资团队，贴近学界和产业界，发掘并投资最优秀的人才和技术。

投资"落子"：现阶段最重视的是医疗技术

问：创新工场的"落子"，有着怎样的逻辑？为何如此重视体外诊断产品、高值耗材？对创新药等怎样考虑？

李开复：准确来说，创新工场现阶段最重视的是医疗技术，其中既包含了体外诊断产品和创新医疗器械，也包含了医疗设备和生物工艺等。这样的选择跟我们基金的优势和团队的经验有关。在2019年正式进入医疗赛道后，我们最早关注的主要是互联网医疗类的创业公司，并成功投资了健康险科技领导者镁信健康和医疗器械互联网平台龙头贝登医疗；另外基于我们对AI的认知，也在早期成功捕获了英矽智能这样的AI药物研发头部企业。

随着武凯加入，我们在团队上又进一步完善了医疗技术产业背景的人才，因此选择更进一步，开始拓展医疗技术领域，而且我们AI工程院在AI和机器人技术上的积累，很多医疗技术企业都非常认可，比如我们刚刚投资的骨科机器人企业鑫君特，AI就会给他们提供技术支持，引入AI算法和优化器械臂控制。

创新药是未来我们一定会布局的方向，目前还处于探索阶段，但也已经投资了和其瑞医药、福贝生物、瑞风生物等非常优秀的企业。

中国一定能孕育出大量的创新药和器械

问：您曾说，对比发达国家，中国人均医疗支出仍低于美国、日本。随着政府进一步加大医疗投入，会带动很多行业的机会和改变，能否再具体分析一下？

李开复：美国的医疗支出约占美国GDP总量的18%，而中国的医疗支出长期只占GDP总量的6%~7%，2020年因为疫情才上升到了7.1%，而国际的平均水平是9.9%，发达国家普遍在12%以上。

另外，中国的人口是美国的4倍多，GDP约是美国的2/3，计算下来，中国的人均医疗支出只有美国的1/18。一方面，这说明为什么全世界最优秀的生物医药和医疗技术大多出现在美国，因为美国有足够的消费力支撑企业研发最先进的药物和医疗器械；另一方面，也说明了中国还有非常大的提高空间。**随着老龄人口的增加，中国的医疗支出占GDP总量的比重必然会继续增加，基于庞大的人口基数，中国也一定能"孕育"出大量的创新药和器械。**

做世界一流的产品：这样的企业家在国内越来越多

问：《"十三五"国家战略性新兴产业发展规划》指出："到2020年，生物产业规模达到8万亿—10万亿元，形成一批具有较强国际竞争力的新型生物技术企业和生物经济集群。"在您看来，我国已经形成一批具有较强国际竞争力的新型生物技术企业和生物经济集群了吗？如果已经形成，能否具体分析一下，或者举例说一说？

武凯：我国已经有一批非常优秀的生物医药和医疗技术企业，但按收入规模和出口金额来看，其中具有较强国际竞争力的企业还比较少，我能立即想到的只有迈瑞医疗，还有一些体外诊断和生物试剂企业，也是因为新冠肺炎疫情造成的需求暴涨和供给不足，才开始占领国际市场。缘何如此？这是因为，过去成长起来的企业，多数还是以学习跨国企业为主，一批创新型企业其实才刚刚启程。

不过在一级市场，我们确实已经看到了很多真正有较强国际竞争力的企业正在快速成长起来，很多企业家是从海外归来的，创业伊始就以世界级企业为目标。比如，我们投资的艾科诺，创始人杨星博士曾在美国参与创业4次，两次被国际医疗巨头BD和Illumina分别并购，一次在纳斯达克单独上市。像这样的企业家，肯定不会满足于追随别人。**创业就是要做世界一流的产品，而这样的企业家在国内也越来越多。**

生物经济发展有百利而无一害

问：《中华人民共和国国民经济和社会发展第十四个五年规划和2035年远景目标纲要》在"构筑产业体系新支柱"中提出"推动生物技术和信息技术融合创新，加快发展生物医药、生物育种、生物材料、生物能源等产业，做大做强生物经济"。您怎么看"做大做强生物经济"被列入国家五年规划？这一举措意味着什么？

李开复：非常支持国家"做大做强生物经济"。现在中国已经是世界第二大经济体，人均GDP超过1万美元，这么庞大的经济体如果想继续发展，必然要参与高附加值大市场的国际竞争。**生物产业附加值高、用地少、绿色环保，从任何一个维度看，都非常符合我国的发展目标。**而且生物经济发展后，还能提高我国的医疗水平，降低人口老龄化的负担，有百利而无一害。

除了关注终端产品，还应该关注上游的产业链

问：哪些生物产业值得重视？

武凯：我认为除了关注终端产品，还应该关注上游的产业链，创新不能是无源之水，无本之木。

举个例子，各地政府都希望发展生物医药，但是生物医药的生产涉及非常复杂的工艺，里面涉及了细胞培养和回收，有几十甚至上百道工序。其中有一步叫色谱层析法，利用不同物质在不同相态的选择性分配，以流动相对固定相中的混合物进行洗脱，混合物中不同的物质会以不同的速度沿固定相移动，最终达到分离的效果，既可以用于分离杂质，也可以用于回收目标产物，是非常先进的技术。但色谱层析法需要的填料，却是一种有非常高技术含量的精细化工品，因为是化工品，就在很多地方被政府"一刀切"予以限制。一些想要研发填料的企业，只能被迫搬到远离生物医药下游客户的地方发展，然后又会遇到人才招聘困难等挑战，造成了整条产业链的割裂和缓慢发展，这是非常值得引起重视的。

合成生物学的发展，有非常大的潜力改造其他行业

问：在您看来，生物经济有哪些特征、内涵？和生物产业有何不同？作为一种经济形态，和信息经济等有何异同？

武凯：我的理解，产业是指垂直的链条，而经济包含横向的交叉。大家都知道，信息技术大大提高了信息交流的效率，进而改造了很多其他产业链，使全社会的生产力得到提高。我们认为，生物技术也有这样的潜力，尤其是合成生物学的发展，有非常大的潜力改造其他行业，形成生物经济。比如，现在已经有技术直接以一氧化碳（CO）作为碳源进行发酵，通过差压

蒸馏工艺及分子筛脱水得到燃料乙醇，同时回收发酵液中的微生物菌体作为动物饲料用蛋白粉，并利用污水处理过程中产生的沼气生产压缩天然气。该技术可有效降低二氧化碳和颗粒物排放，虽然目前的经济效益还比较差，但随着碳排放的限制和技术的进步，最终一定会有很好的经济和社会效益。

信息技术会像改造其他行业一样去改造医疗行业

问：创新工场2021年3月荣获"年度智慧医疗最佳投资机构"，这一荣誉的背后，有着怎样的故事？

李开复： 我们始终相信，信息技术会像改造其他行业一样去改造医疗行业，只不过医疗行业是一个严肃且严谨的行业，每一个决定都人命关天，因此也最不容易被渗透和改造。但趋势是不可逆的，我们投资的镁信健康和贝登医疗，都给所处的产业链条带来了巨大的效率提升。镁信健康支持了多地"惠民宝"的落地，让老百姓以极低的价格得到更好的医疗保障，同时又避免了承保企业过重的压力；贝登医疗帮助医疗器械企业在网上将产品卖到基层和海外，不仅使企业拓展了销售渠道，也让更多人享受到优质的医疗产品。没有信息技术的引入，很难想象传统医疗行业能够做到这些事。

人工智能时代：一定会带来更可及的医疗服务

问：现在是人工智能时代，大数据、云计算、人工智能的加速演进，会对生物医药产业等生物经济带来什么？

李开复： 一定是更可及的医疗服务，无论是数量上还是质量上。举个例子，传统上，医生学习手术，就是年长的医生教年轻的医生，一代传一代，在传播的过程中，还容易产生不同的派系，不同派系有不同的手术习惯，也很难证明哪种手术的操作方式对患者最有益。而随着手术机器人的普及，这就有可能发生变化。因为，通过人工智能，手术机器人会记录并学习不同医生的操作习惯和手术结果，总结最佳的手术方式，最终指导医生做手术，这样年轻医生的成长周期就会大大缩短，年长医生的职业寿命也会大大延长。

中国有望引领这场AI+医疗的产业变革

问：您曾预测，正如能源、制造、运输、医疗四大要素铸就美国的超级大国地位一样，今天的中国正面临类似的历史机遇，制造革命、能源革命、自动驾驶、商业智能、医疗创新等变革正在中国开启，并且预测未来20年，AI将像电力一样推动或者造就这五大变革，赋能产业。能否具体说一说？尤其是如何赋能医疗领域？

李开复：目前，AI+医疗在一些细分领域有很多具体的落地场景。

第一，病理方面有特别巨大的需求。每年会有成千上万的病理样本产生，而注册的病理医生缺口则很大。在这方面AI虽然不能做最终判断，但可以帮助医生进行更好的筛选，提供更好的建议。

第二，药物研发方面，最近国际上已经有了一些成果，如美国一家公司做的蛋白质折叠，以及创新工场所投资的一家公司已经在用AI技术帮助科学家发现新药。AI技术的加入可以帮助节约90%的研发时间，对未来制药行业会带来很大的变化。

创新工场投资的英矽智能，是用AI辅助新药研发领域的世界级领军企业，2021年3月宣布了全球首次用AI研发特发性肺纤维化药物的突破，发布了全球首个针对这个病症经由AI研发出来的临床前候选小分子，我们也很乐见这么前沿的AI创新制药公司和著名药企辉瑞、强生、药明康德等有不同层面的合作探索。

未来AI可能会给制药带来两个巨大的改变：第一个改变是极大程度降低制药成本、节约时间。 现在用20亿美元研发一种药，未来有望降到1/10的成本。现在药厂因成本高昂不愿意开发的罕见病药物，上述英矽智能的AI新药研发，将传统药物临床前阶段就要花上四五年的时间，大幅缩短到18个月，大大降低了新药研发的时间和金钱投入。未来，AI可以显著加速研发新药，缓解患者病痛。**第二个改变是"千人千面"的治疗方案。** 为什么每个人生病都用同一种药呢？传统的制药方法，做一种药从研发到临床阶段要花上10亿到20亿美元，如果未来一两亿美元就可以研发一种药，那会有更多的药让患者得到个性化的治疗。而中国对医疗新技术的拥抱和投入，有望引领这场 AI+医疗的产业变革。

第三，大数据与 AI 结合。近年来有各种新数据产生，如基因、转录、蛋白、代谢等，都可以用来做新的分析，创作更多新的应用和价值，针对每个患者做出更精准的诊断。

此外，在骨科手术、神经介入、种植牙等领域，AI 都可以创造价值。

当前，全球生命科学正经历巨大变革，医疗数据在快速地被数字化，除了穿戴设备的普及，医疗的部分流程如 AI 影像、基因测序等新技术都将带来标准化、结构化的海量新数据。**数据是 AI 发展的必要燃料，肯定会给 AI 在医疗领域的创新应用带来更好更多的机会。**

举个例子，今天我们去看医生可能每次只能和医生谈话 5 分钟，但这 5 分钟背后蕴含着巨大的数据。如果医生在 AI 的帮助下，能细心收集到更多数据更多细节，就可以做出"千人千面"的诊断和治疗方案，进而优化流程降本提效。

除了用 AI 和大数据采取"千人千面"的治疗方法，手术机器人的普及应用、用 AI 发明新药等都是巨大的机会。

创新工场借助自身的 AI 工程院以及在 AI、医疗领域的深入研究，拥有较为丰富的专业知识。AI+医疗是创新工场医疗团队所关注的方向之一。做 AI 最重要的是有海量数据，创新工场会关注真正数据源头的掌握者，获得脱敏数据后再思考如何激活，如何做出新的产品，产生更大的价值。此外，团队也愿意接触一些产业投资人和产业公司，因为这些人更懂医疗的具体流程，大家的合作将产生更大价值。

世界上有可能会形成以中国为核心的生物医药产业另一极

问：全球生物医药产业发展现状和问题如何？出现了哪些新现象、新趋势？

李开复：原来的全球生物医药产业都是看向美国，但新冠肺炎疫情给了中国企业出海的机会，使更多的海外医疗机构和供应链认识到中国产品的高性价比优势，再加上现在日益紧张的国际形势，世界上有可能会形成以中国为核心的生物医药产业另一极。举个例子，创新工场投资的耐药结核检测的龙头企业厦门致善生物，就在新冠肺炎疫情期间成功打开了国际销售渠道，从新型冠状病毒肺炎检测试剂开始，到自己核心的结核检测试剂、流感检测试剂，目前在整个国际销售额占到收入比重的40%。

中国还缺乏万亿市值的生物医药公司

问：有专业投资人认为，中国医药创新的土壤已慢慢形成，并且对未来产生千亿元市值的中国医药公司充满信心，不知您怎么看？

李开复：中国已经不缺乏千亿元市值的生物医药公司，如恒瑞医药、复星医药、百济神州、药明康德等公司的市值早已超过千亿元，但中国还缺乏万亿元市值的公司，只有那些在全球生物医药产业链站上第一梯队或者核心位置的公司，才能达到这么高的市值。

我对中国企业的未来非常有信心，我相信这一天不会太久，很有可能10年之内就会出现两到三家万亿元市值的中国生物医药企业。

在疫情中被卡脖子的产业，都将是我们的投资机会

问：2020年起肆虐全球的新冠肺炎疫情，给人类以怎样的启示或者说警示？疫情给生物经济带来了怎样的变化？对您和企业的投资行为，又带来怎样的变化？

李开复：新冠肺炎疫情肆虐全球，本应该让全人类意识到我们是同一个种群，理应是"命运共同体"。可现实却是新冠肺炎疫情让整个世界更加割裂。欧美为了本国利益，限制抗疫物资的出口，完全不顾世界大国的形象和责任。这也让我们看清，未来更有可能是二元的世界，所有在疫情中被卡脖子的产业，都将是我们的投资机会，如用于生产疫苗和生物药的生物工艺产品以及相关产业链。

我们有足够的资本、人才去发展生物经济

问：对于中国来说，在工业经济、信息经济时代苦苦追赶之后，生物经济时代是一次难得的"换道超车"机会吗？

李开复：工业经济始于300多年前瓦特改良蒸汽机，电气经济始于近200年前法拉第发明发电机，信息经济可以说始于50年前英特尔发布第一块CPU，而基因编辑技术2020年才获得诺贝尔奖。

今日的中国已不是300年前、200年前，抑或是50年前的中国，我们现在有足够的资本、人才去发展生物经济。我非常相信，这一次中国将是生物经济的引领者。

生物育种、生物材料、生物能源等都是关注的领域

问：贵机构对生物育种、生物材料、生物能源有研究吗？是否也在投资考虑范围内？

武凯：这些都是关注的领域。例如，我们投资的瀚辰光翼，它们开发的高通量自动化仪器，广泛应用于分子辅助育种、种质资源基因型鉴定、品系鉴定、转基因检测、基因表达分析、遗传多样性分析，大大改善了传统上依赖手工、成本高、准确性低的检测分析技术，使之得到广泛应用。

我们的医疗团队也在关注生物材料和生物能源相关的投资机会。

未来，江浙沪将长期是最大的"高地"

问：在您看来，中国哪些地方有望成为生物经济"高地"？

武凯：我们曾统计过，2020年中国生物医药行业的融资次数按地域分，江浙沪可以占到一半，北京和珠三角各占1/6，全国其他地方占余下的1/6。

我们相信，这个数字很好地说明了中国生物经济聚集度的现状。未来，江浙沪的几个核心城市：上海、苏州、杭州、南京和无锡，无论在人才密度还是资本密度上，都将长期是最大的"高地"。但从趋势上看，珠三角和西

部龙头城市成都的发展速度也很快。

我们近期关注的细分赛道，如脑科学、基因编辑、类器官、基因疗法CDMO、手术机器人等，都可以在珠二角找到国内的龙头企业，现状是各种投资机构对珠三角的投入也越来越多。成都是中国西部最有影响力的城市，背靠华西医院和四川庞大的人口基数，发展生物经济有着得天独厚的优势。据我所知，2021年成都生物医药行业已经有9个IPO，说明这一地区的产业积聚已经非常深厚了。

那些有影响力的、与直觉相反的趋势就在我们的面前，只是我们还没有看到而已，它们可以被用来推动一个新的行业，进行一场新的战役，开始一场新的运动，也可以用来作为你的投资战略指南。尽管这些趋势在我们面前正在注视着我们，但实际上，我们却常常看不到它们。

——［美］马克·佩恩、［美］E.金尼·扎莱纳：《小趋势：决定未来大变革的潜藏力量》

真正的洪流势不可当
——梁颖宇访谈录

梁颖宇

启明创投主管合伙人，专注医疗健康行业投资。启明创投是中国最活跃的风险投资机构之一，目前投资了超过430家创新企业。

目前是再鼎医药、启明医疗、康希诺生物、诺辉健康、缔脉生物医药、千麦医疗、和瑞基因、信念医药及德晋等公司的董事。其他投资项目包括甘李药业、贝瑞基因、堃博、中信医药（被上海医药收购）、中美冠科生物（被 JSR Life Sciences 收购）、傲锐东源生物科技（被中源协和收购）神州细胞、Schrödinger、加科思、北京谊安医疗、和其瑞医药、英矽智能及臻格生物等。

加入启明创投前，是生原控股有限公司的合伙创始人。还曾于美国加州PacRim风险投资公司担任投资合伙人，曾就职于Softbank/Mobius风险投资公司。

在福布斯2019、2020和2021年度全球最佳创投人榜中占一席位，还被福布斯中国评选为2021中国最佳女性创投人Top2，2018中国最佳女性创投人Top 3以及被Asian Venture Capital Journal评选为AVCJ 2017年度创业投资人士奖。

获得了斯坦福大学商学院工商管理硕士、康奈尔大学管理学学士。目前是哈佛大学法律学院客座讲师、斯坦福大学商学院顾问委员会委员、香港交易所独立非执行董事及香港故宫文化博物馆董事局成员。

导语 探路者"看"到了怎样的未来

——在医疗健康领域创业6年，3家公司两家被收购。

——专注医疗健康领域投资12年，其所在的启明创投投资超过150家医疗健康企业，成为医疗健康领域投资的探路者和领导者，仅2020年至今，就收获17个医疗健康IPO。

这样的成绩，无法不让人惊叹。而创造这种传奇般履历的她，就是启明创投主管合伙人梁颖宇女士。

一次访谈，让人明白了她走上这条道路的必然——在硅谷从事风投工作的两年接触了不少医疗科技项目，看到了中国医疗健康市场巨大的潜力，而老家广东顺德表叔患病后在美国寻医问药的经历让她产生的切肤之痛，以及从中感受到中国医疗健康市场潜力巨大。于是，这理所当然成了她的初心：投资医疗健康是对人类本身最好的投资，"救人生命""提高生命质量"成为梁颖宇进入医疗健康领域最朴素的动机。

生物医药是"做大做强生物经济"的首选领域，在生物医药领域耕耘20年的经历，使梁颖宇的目光超越常人：

她十分看好生命科学、生物医药产业领域未来的发展前景，认为："未来整个中国医疗健康产业的格局将发生翻天覆地的变化，对比全球同领域的标杆企业，中国企业拥有着巨大的想象空间和发展空间。"

对于"人工智能热"，她判断：新技术的应用给生命科学带来了新机遇。例如，人工智能或数字化是促进医疗创新的技术之一，不过人工智能或数字化对医疗健康领域的潜在影响还处于早期探索阶段。

纵观全球最具代表性的世界级生物医药产业集群发展脉络后，她发现：打造世界级生物医药产业集群离不开普惠化的产业政策、关键核心技术的突破、完善的产学研转化体系、专业化的产业分工和协作等。

——她警告：生物经济需要资本助力，但是无法被资本"催熟"。只有真正具备核心技术优势，能真正解决实际的临床需求，才有很大成长潜力。只有具备极强社会责任感的公司，才有望成为全球认可的领军企业。

——她呼吁：要形成一批具有较强国际竞争力的新型生物技术企业和生物经济集群，首先仍需提升创新策源能力，在聚焦生命科学基础前沿研究的同时，加强对创新产业研发的支持。

——她建议：中国新药研发已驶入快车道，如何提升原创能力，推动更多前沿技术在国内生物医药企业落地与运用是当务之急。

目光灼灼，期盼殷殷……

作为医疗健康领域投资的探路者和领导者，正迎来IPO收获期

问：能介绍一下启明创投作为投资机构在生物医疗赛道上的投资情况和战绩吗？

梁颖宇：启明创投是中国最早和最全面关注医疗健康的投资机构之一，新冠肺炎疫情发生以来，启明创投始终都是全球医疗健康领域最活跃的VC机构的TOP10榜单中，唯一一家来自中国的风险投资机构。

启明创投聚焦于新药研发、器械、诊断、服务等领域的创新创业团队。十余年间，我们已经在医疗健康领域投资了再鼎医药、启明医疗、康希诺生物、甘李药业、诺辉健康、泰格医药、神州细胞等超过150家企业。作为医疗健康领域投资的探路者和领导者，启明创投正迎来IPO收获期。从2020年至今，启明创投在医疗健康领域共收获了17个IPO，这些企业都具有各自的定位，如康希诺生物是"港交所疫苗第一股"，启明医疗是"港交所医疗器械第一股"，诺辉健康成为"中国癌症早筛第一股"。我们期待越来越多的生物科技公司可以成为中国乃至全球领军企业，造福更多患者。

医疗健康赛道是个万亿赛道，也是公认的门槛高、专业壁高、监管严、投资周期长的行业

问：生物医药投资向来具有高投入、高风险、高回报的"三高"特征，在众多投资机构中，启明创投在生物医药领域的投资有何特点？为什么？

梁颖宇：医疗健康赛道是个万亿赛道，也是公认的门槛高、专业壁垒高、监管严、投资周期长的行业。想要真正在医疗健康领域站稳脚跟，必须深谙医疗健康行业发展脉络，并且有足够耐心长期陪跑。事实上，启明创投并不

是在风口起来之时才进入这一领域，早在2008年启明创投就将医疗健康和TMT视为重要投资领域。

投得早之外，启明创投也会花很多的时间和耐心来培育这些公司，深入企业发展的生命周期，给予企业长期、全程的支持。每家公司在不同的成长阶段都会遇到不同的困难，作为重要的投资人，我们会帮助公司攻克难关。例如，在研发策略、临床试验、市场拓展等方面，我们会给予专业的建议，这个过程也是我们在帮助公司创造更大的价值。

除了投资这些企业之外，我们还创造出各种各样的机会，让它们能够连接起来，相互合作，有机共生，共同推动行业高质量发展。久而久之，也形成了启明创投与投资企业独有的生态圈。

切肤之痛让我体会到内地医疗需求的紧迫性

问：据说您没有生物或医学背景，但是您在生物医药领域的投资成功概率非常高，不久前被《财富》（中文版）评为"中国最具影响力的30位投资人"，能否介绍具体情况？

梁颖宇：我在美国获得了斯坦福大学商学院工商管理硕士学位和康奈尔大学管理学学士学位，毕业后留在硅谷的PacRim风险投资公司工作了两年，期间接触到不少医疗科技项目，也看到了中国医疗健康市场巨大的潜力。期间，**我广东顺德老家的表叔确诊患上肝癌，父母让我在美国帮忙搜罗一些先进的药物或治疗方法，我找到了一些在美国普及应用的药物和治疗方案，但却受制于尚未取得在内地的获批而无法引进，切肤之痛让我体会到中国医疗需求的紧迫性，**同时也发现中国医疗健康市场潜力巨大，这让我有了回国创业的想法。

2003年回到中国香港后，我就将创业目光瞄准了内地，先后成立了三家从事肿瘤医疗器材、医院和专科药的公司，其中包括专门研究肿瘤和中枢神经系统的诺凡麦医药（上海）有限公司（被赛生药业收购，NASDAQ：SCLN）、U-Systems Inc（被通用电气医疗集团收购）。

2005年，前美国软银风险投资高管Gary Rieschel到上海着手成立启明创投，他和启明创投创始主管合伙人邝子平邀请我做医疗方向的合伙人，由于我当时正忙于管理多家企业，所以只答应了做启明创投的投资合伙人。2009年，我开始组建启明创投医疗健康投资团队，领导启明创投医疗健康领域的投资。

三个典型投资案例的故事

问：能否举几个典型代表投资案例？

梁颖宇：甘李药业是启明创投在生物医药领域的第一笔投资。10年之后，该笔投资创造了全球医疗健康领域VC投资的回报纪录。

2020年6月29日，专注于重组胰岛素类似物原料药及注射剂的研发、生产和销售的甘李药业登陆A股。作为首家掌握产业化生产重组胰岛素类似物技术的中国企业，甘李药业打破外资垄断，使得中国成为世界上少数能进行重组胰岛素类似物产业化生产的国家之一。

时间倒回至2010年，甘李药业曾面临连续3年收入无增长的销售瓶颈，由于规模及营收并不突出，在项目通过投决会时，曾面临多方质疑。但我坚信第三代胰岛素在外国已经占全部胰岛素的70%，而在内地只占9%，第一代和第二代共占91%。如果内地市场沿外国的路线发展，第三代胰岛素市占率应该可以上升到70%，换言之，第三代胰岛素可替代第二代胰岛素。

秉持这一判断，2010年启明创投独家参与了甘李药业的A轮融资。2011年，启明创投再次领投甘李药业的老股转让，IPO前，启明创投已经陪伴甘李药业走过10年2个月的历程。

另一个不被外界看好的投资是再鼎医药。我们投资再鼎医药时团队只有两个人，当时大部分机构没有投新药研发的想法，剩下的一些机构做了详细调研，但不知道该怎么投，最终不了了之。而我们非常认同再鼎医药创始人杜莹的理念与方向，在再鼎医药还只是一个设想时就果断拍板投资。短短18个月后，再鼎医药就已经引进了5款海外顶级药品，并且创造了一个国内医药公司在海外上市的奇迹。

2017年，成立仅3年的再鼎医药登陆美国纳斯达克，成为国内医药行业第一家在未产生销售收入前以超过10亿美元市值上市的企业。2020年，再鼎医药又成功登陆香港联交所主板，成为首家香港二次上市的生物科技股。

康希诺生物从事人用疫苗的研发、生产和商业化，是国内领先的高科技生物制品企业。我们决定投资康希诺生物时，这个投资决策并不被看好。2013年底，国内乙肝疫苗致死事件，使疫苗生产企业被推上风口浪尖，康希诺生物也不例外。

但我们相信康希诺生物团队的研发能力与核心竞争力。2016年，启明创投以3120万美元领投康希诺生物。2017年，启明创投又作为老股东继续投资了该公司，然而2018年7月的长生生物事件使疫苗行业再遭重创。

彼时公司的IPO已经出了时间表，长生生物事件发生后，我们一直在与不同的二级市场的投资者会面，同时也在与券商沟通，向投资人说明康希诺生物与长生生物的差别，以及康希诺生物未来的发展方向。

最终，2019年3月，康希诺生物在香港联交所主板H股上市。2020年8月13日，康希诺生物正式登陆科创板，成为科创板开板以来首只"A+H"疫苗股，开盘首日大涨124.1%。康希诺生物与军事科学院陈薇院士团队合作研发的重组新型冠状病毒肺炎疫苗（5型腺病毒载体）克威莎™也于2021年2月25日获国家药监局批准附条件上市，成为国内首个获批的腺病毒载体新冠肺炎疫苗。

十分看好生命科学、生物医药产业前景

问：投资关键要有前瞻性，把握好趋势和时间节点。您对当今生命科学、生物医药产业的发展有着怎样的判断和预测？

梁颖宇：我们十分看好生命科学、生物医药产业领域未来的发展前景。

首先是需求驱动行业的发展。GDP的增长、政府的政策利好、中国家庭收入的提高，都成为人们追求更高生命质量的基石，而人口老龄化及癌症、心脏病等疾病的发生率，也要求医疗健康行业、企业的发展水平和发展速度与之相匹配。

其次是优秀的人才成为创业创新的生力军。**中国有越来越多才华横溢的**

科学家、研究人员成为创业者，或者加入创业企业。他们拥有非常广阔的视野和解决现实问题的能力，面对各种社会问题，不断创新技术、模式，提供世界级的产品和服务，满足人们的需求。

此外，二级市场的政策利好，对医疗健康领域的发展起到了推动作用。香港上市制度改革、科创板、创业板以及遍及A股的注册制改革，也将容纳更多的优质医疗健康企业。

未来整个中国医疗健康产业格局将发生翻天覆地的变化

问：有人说，伴随技术的突破和发展，现在的生命科学就像寒武纪生命大爆发一样成果不断迸射、爆发，您怎么看这个判断？当代生命科学的发展，给您的投资行为带来怎样的影响？

梁颖宇：如上所言，中国经济持续向好，政府出台一系列支持和鼓励创新的政策，中国的人才更加成熟，这些都推动着国际一流创新的发生，造就一个巨大的充满潜力的医疗健康投资市场。

我们认为，**新药研发、器械、诊断、服务等领域仍然存在着大量的发展机会。未来整个中国医疗健康产业的格局将发生翻天覆地的变化，对比全球同领域的标杆企业，中国企业拥有着巨大的想象空间和发展空间。**

人工智能或数字化对医疗健康领域的潜在影响还处于早期探索阶段

问：在您看来，有哪些新趋势、新技术已经或将给生命科学、生物医药产业带来巨大可能性？

梁颖宇：近几年我们观察到，新技术的应用给生命科学带来了新机遇，如人工智能或数字化是促进医疗创新的技术之一。我们在AI和数字医疗相关领域已经布局了超过15家公司，如AI赋能医药研发，我们投资了Schrödinger、Insilico等，得益于中国人口密度高，拥有丰富的信息和数据基础，在数字医疗领域利用新技术，来提升新药研发成功率和开发效率方面存在的很多投资机会。例如，AI辅助诊断，我们投资了推想医疗、数坤科技等，他们利用人工智能诊断技术，为客户提供"筛、诊、治、管、研"医疗全流程智慧解决方案，挖掘医疗大数据背后所代表的深层价值，从而提升医疗行业的整体服务能力。

不过人工智能或数字化对医疗健康领域的潜在影响还处于早期探索阶段，医疗领域、生物制药领域都在反复试验，关键是找到解决方案来满足病人的需求，达到临床的卓越，而不是选择一个特定的技术平台作为先决条件。此外，医疗行业是一个被高度监管的行业，需要了解这个行业的各方面，再去找到一个更好的方法。

打造世界级生物医药产业集群，离不开普惠化的产业政策等

问：《"十三五"国家战略性新兴产业发展规划》指出，"到2020年，生物产业规模达到8万亿—10万亿元，形成一批具有较强国际竞争力的新型生物技术企业和生物经济集群"。在您看来，我国已经形成一批具有较强国际竞争力的新型生物技术企业和生物经济集群了吗？如果已经形成，能否具体分析一下，或者举例说一说？

梁颖宇：近几年，我国生物医药经济区域聚集优势明显，长三角地区、京津冀地区、粤港澳大湾区都在打造一批具有较强国际竞争力的新型生物技术企业和生物经济集群，且有不少地区取得了显著成效。

纵观全球最具代表性的世界级生物医药产业集群的发展脉络可以发现，打造世界级生物医药产业集群离不开普惠化的产业政策、关键核心技术的突破、完善的产学研转化体系、专业化的产业分工和协作等。

形成一批具有较强国际竞争力的新型生物技术企业和生物经济集群，首先仍需提升创新策源能力，聚焦生命科学基础前沿研究的同时，加强对创新产业研发的支持。

其次，伴随日益增长的产能需求，专业人才匮乏问题依然存在。如何吸引鼓励更多海外专家学者、医学留学生来中国参与临床研究工作，同时完善国内生物科技人才培养机制，持续激发人才创新活力，打造一批领军型人才

是一项长期任务。

希望能够加快吸引国外团队在中国创立生物医药公司，引入与国际接轨的专业设备、工艺、技术和标准，发挥其创新能力，在行业发展中逐步取代落后的体系，建立符合中国国情的创新制度、管理、产品及商业模式。在强化临床研究转化与医企协同方面，鼓励社会力量投资设立临床实验机构，针对不同的临床实验需求，提供临床实验专业服务。同时，要优化临床实验流程，精简审批的流程，提高上市速度。

生命科学在支撑引领经济发展中的作用日益显现

问：《中华人民共和国国民经济和社会发展第十四个五年规划和2035年远景目标纲要》在"构筑产业体系新支柱"中提出"推动生物技术和信息技术融合创新，加快发展生物医药、生物育种、生物材料、生物能源等产业，做大做强生物经济"。您怎么看"做大做强生物经济"被列入国家五年规划？这一举措意味着什么？

梁颖宇：生物经济是继农业经济、工业经济、信息经济之后，人类正在经历的第四次新经济浪潮。**向创新驱动的转型是中国经济在新阶段实现可持续增长、高质量发展的必由之路**，生命科学在支撑引领经济发展中的作用日益显现。生物经济正成为中国经济的重要增长点之一，同时也事关人类的健康和发展。

当前各种创新要素的聚集，使得中国生物经济面临前所未有的机遇，中国医疗科技和研发能力已经有了长足的进展。**一股真正的洪流势不可当，那就是中国的创新、中国的技术已经达到了相当水平，中国产品和服务，再也不像以往被贴上"山寨""模仿"的刻板标签了**。相信在政策支持下，未来中国将有一大批拥有全球领导者地位的龙头企业发展起来。

生物经济需要资本助力，但是无法被资本"催熟"

问：在您看来，生物经济有哪些特征、内涵？和生物产业有何不同？

作为一种经济形态，和信息经济等有何异同？

梁颖宇： 如上所言，医疗健康赛道是个万亿赛道，医疗健康行业也是公认的门槛高、专业壁垒高、监管严、投资周期长的行业。想要真正在医疗健康领域站稳脚跟，必须深谙医疗健康行业的发展脉络，并且有足够耐心长期陪跑。

比起更国际化的信息技术行业，医疗健康领域无论是产品还是服务，与国际水平比都有较大差距，不过差距也是机会所在。**中国生物经济需要资本助力，但是无法被资本"催熟"，只有真正具备核心技术优势、能真正解决实际的临床需求、有很大成长潜力、具备极强社会责任感的公司，才有望成为全球认可的领军企业。**

新药研发、器械、诊断、服务等领域存在诸多投资机会

问： "十四五"规划将生物医药列为"做大做强生物经济"之首，您怎么看？是因为生物医药的产业潜力和前景最大吗？如果将生物医药赛道再进行细分，您更看好哪些子赛道？

梁颖宇： 对于未来的投资方向，我们认为中国在新药研发、器械、诊断、服务等领域存在诸多投资机会。例如，得益于中国人口密度高，拥有丰富的信息和数据基础，在数字医疗领域利用新技术来提升新药研发成功率和开发效率方面存在很多投资机会。此外，我们也在关注一些临床需求大，但赛道尚处于"小而美"的领域，如女性健康市场等。

要成为数字医疗领域的全球领导者没那么容易

问： 现在是人工智能时代，大数据、云计算、人工智能的加速演进，会对生物医药产业等生物经济带来什么影响？在数字医疗领域，启明创投是如何布局的？效果怎样？业界对人工智能给生物医药带来影响的乐观预测，会不会有些过于乐观？

梁颖宇： 补充一点，从医疗领域全景来看，还有很多AI没有介入的领

域，很多问题更复杂，需要更长的时间、更系统化的解决方案。对于健康数据，不同的国家和地区会有不同的隐私法规，这对创业公司可能会是一个挑战。

数字医疗的业务模式在中国非常具有创新性，是在中国医疗体系和需求下形成的商业模式，这些模式必须适应不同地区的医疗系统才能得以实现。因此，它的模式不像药物或者医疗设备销售那样千篇一律。除了某些商业模式，比如药物发现、开发等，我认为要成为数字医疗领域的全球领导者并没有那么容易。此外，还有一些其他的挑战，例如，如果无法拿到数据，或者拿不到标准一致数据的话，很多公司的发展还是有一定难度的。

中国医疗健康市场迸发出巨大的潜力和创新活力

问：从众多投资机构的投资来看，生物经济呈现怎样的发展态势、趋势？

梁颖宇：新冠肺炎疫情的暴发，叠加医疗健康产业的发展周期，使得医疗健康行业、企业都成为全球关注的焦点，也让中国医疗健康市场迸发出巨大的潜力和创新活力。在市场不确定性因素增强的情况下，有越来越多的机构倾向于选择商业模式更清晰、稳定性更强的企业。整体而言，中国生物经济面临前所未有的历史机遇，而中国创新将在其中扮演重要角色。

中国市场面临巨大的未满足的临床需求

问：能否结合实践或思考谈一谈生物医药应该在生物经济中处于怎样的位置？

梁颖宇：中国医药市场过去5年一直保持10%的增长，从2013年开始已经成为全球第二大市场。中国市场面临巨大的未满足的临床需求：人口老龄化严重、中国癌症病人5年生存率仅为美国的一半、大量慢性病病人等。较低的研发费用（在中国开发一个新药的费用仅为美国的1/4）、巨大的人才库（政府通过一系列政策吸引高端人才，过去6年总共有200多万"海归"

回国，其中25万人在生命科学领域）、高质量的CRO、政府政策支持（通过改革审批政策加速新药研发，加快将新药列入国家医保目录的流程，中国正式加入ICH，临床试验和审批体系正式与国际接轨）等成为中国新药研发的驱动力。伴随带量采购等相关政策的落地，未来创新药发展空间仍然巨大。

当下中国生物医药面临前所未有的机会

问：中国在生物医药领域面临怎样的挑战和机遇？有希望在全球占有一席之地吗？

梁颖宇：2002年，我从美国回到中国的时候，去参加一个中国规模最大的医疗展会，当时几乎所有的参展商都在销售黑白超声波监控仪器，完全谈不上是创新。从2006年起，开始有临床研究机构上市，甚至出现从事非专利药和医疗设备诊断服务的企业。每次这些公司的上市，都标志着中国在医疗健康领域上达到一个细分行业的新里程碑。

当下中国生物医药面临前所未有的机会。首先，中国现在是全球第二大的医疗健康市场。其次，随着人口老龄化和国民生产总值增长，社会对优质医疗服务和药品的需求也越来越大。最后，中国已成为向全球临床研究组织提供服务及销售医疗诊断设备和药物的主要地点。

医疗健康实际上已成为中国的核心创新产业，并获得了政府和各行业的大力支持。资本在持续向生物医药行业聚集，港股18A、科创板、美国纳斯达克等资本市场也向中国尚未盈利的生物医药企业提供了更多的融资渠道。因此我相信，随着中国的医疗健康体系、整个市场及相关企业的业务范围持续增长，医疗健康领域只会变得更为重要。

尤其是在生物医药领域，欧美国家仍然在引领市场创新。但近20年来，中国在医疗健康领域获得了长足进展，涌现了大量优质的生物医药公司，中国创新药也开始从me-too、me-better向best-in-class、first-in-class迈进，相信未来中国将有一大批拥有全球领导者地位的龙头企业发展起来，中国的创新、中国的技术不再是跟从者和模仿者，而是超越者和引领者。

生物医药企业的创新研发重点，向创新靶点和新一代疗法的开发转移

问：全球生物医药产业发展现状如何？出现了哪些新现象、新趋势？

梁颖宇： 随着科技的发展和突破，全球每年获批的创新药逐年增加，生物医药企业的创新研发重点向创新靶点和新一代疗法的开发转移。同时，伴随新冠肺炎疫情的冲击，创新科技的应用与赋能大幅加速。

随着数字化解决方案的出现，我们看到了医疗健康的消费化趋势，使用互联技术的数字平台可以给患者带来更多方便，以及达到帮助患者获得更多医疗知识的目标。随着这些应用在医疗健康领域变得越来越普及，我们发现患者的行为变得更像消费者，他们可以更好地掌控自己的健康状况。当患者掌握更多资讯时，他们就越能做出更多的选择。

生物医药经济区域聚集优势明显

问：在您看来，中国哪些地方有望成为生物经济"高地"？

梁颖宇： 近几年，我国生物医药经济区域聚集优势明显，长三角地区、京津冀地区、粤港澳大湾区都在打造一批具有较强国际竞争力的新型生物技术企业和生物经济集群，且有不少地区取得了显著成效。

例如，长三角地区汇聚了国内众多创新生物医药企业和跨国生物医药企业，拥有众多横跨整个产业链的生命科学、医疗产业公司，生物医药人才丰富，在研发与产业化等方面具有明显优势；而京津冀地区拥有丰富的国家医疗机构资源，产业基础雄厚，政企医研的合作良好；粤港澳大湾区具备产业集群优势，医药上市公司云集，同时大湾区资本市场发达，汇聚了全球资本，且不少上市公司都参与设立了医疗生物产业基金，加速了生态圈各类创新要素的流通。

新冠肺炎疫情对医疗健康资本的涌入有一定的催化作用

问：肆虐全球的新冠肺炎疫情，给人类以怎样的启示或者说警示？疫情给生物经济带来了怎样的变化？对您和企业的投资行为，又带来怎样的变化？

梁颖宇：疫情冲击之下，任何一个国家或个人都无法独善其身，构建人类命运共同体才是应对新冠肺炎疫情危机的有效路径。

这一场疫情对国民公共卫生造成重大伤害的同时，把中国过去接近20年累积的科技发展，特别是医疗健康科技的研发成果，带到一个最严格的试验场，在最严苛的环境中接受挑战，结果印证这些研发成果能经得起考验。

我们投资的60多家企业都参与到了抗疫工作中。他们利用核心技术和资源优势，在疫苗和新药研发、病毒检测和诊断、供应医疗辅助器材和技术等关键环节，为国内外疫情防控提供了有力支援。这些企业凭借自身技术优势，解决了实际临床需求，而且兼具极强的社会责任感。

新冠肺炎疫情对医疗健康资本的涌入有一定的催化作用，推动了医疗健康行业IPO和融资逆势上升。从投融资方面来看，新冠肺炎疫情的暴发，叠加医疗健康产业的发展周期，使得医疗健康行业、企业都成为全球关注的焦点。根据第三方数据显示，2020年全球医疗健康融资总额创历史新高，同比增长41%；全年1亿美元以上融资交易205起，占比高达9%。疫情发生以来，我们也没有放慢投资脚步，继续在新药研发、器械、诊断、服务及数字医疗领域布局投资，同时也收获了众多IPO。

投资医疗健康，是对人类本身最好的投资

问：您在生命健康领域的这些投资，蕴藏着怎样的梦想？

梁颖宇：回归初心和本质，我们始终致力于寻找真正能够推动中国医疗体系进步、满足全球病患医疗服务需求的项目。

我认为，**投资医疗健康是对人类本身最好的投资**，"救人生命""提高生命质量"是我们进入医疗健康领域最朴素的动机，通过投资去帮助那些真正

有改变世界能力和实力的创业者和创业团队，成就他们的梦想。

当务之急：推动更多前沿技术在国内生物医药企业落地与运用

问：要想抓住生物经济时代的历史性机遇，您有何建议？

梁颖宇：中国新药研发已驶入快车道，如何提升原创能力，推动更多前沿技术在国内生物医药企业落地与运用是当务之急。加大基础科学研究投入之外，还需要战略政策支持来调动政府、企业、高校、科研院所、社会资本等，共同推动医学生物高科技成果转化，尽快将实验室里的科研成果转化成为真正造福病人的产品。

前沿企业篇

需要强调的是，向我们走来的生物工程不是一个威胁而是一种许诺；不是一种惩罚而是一个礼物……我们不再感到沉闷，而是对我们每个人面前的生物技术世纪的巨大契机满怀希望。

　　　　　　——〔美〕杰里米·里夫金：《生物技术世纪——用基因重塑世界》

"生命之树"将在四大领域取得突破性发展
——郝小明访谈录

工学博士，教授级高级工程师。现任中粮集团科技管理总监，中粮营养健康研究院党委书记、院长，兼任中国粮油学会常务理事、粮油营养分会会长，中国生物工程学会常务理事，营养健康食品产业技术创新战略联盟常务副理事长。

郝小明

筹建首家以企业为主体的、针对中国人的营养需求和代谢机制进行系统性研究以实现国人健康诉求的研发中心，打造了一个集聚粮油食品创新资源的开放式国家级研发创新平台，组建了一支学历层次高、学科交叉互补、年轻有活力、文化多元的粮油食品领域创新团队，带领中粮营养健康研究院成为国家粮油食品行业科技战略的执行主体。

导语 一个新经济时代来临，人类经济生产与生活方式必将发生深刻变革

伴随经济社会的发展，中国近年来迈入中高收入国家行列，人们在满足温饱之后的需求结构发生变化，过上更好更健康的生活成为追求的目标。

最近几年，郝小明敏锐地感觉到生命科学迅速发展的态势，于是和几位同道共同发起了一个学习生命科学知识的公益沙龙。作为发起人之一，他不定期邀请生命科学专家、生物医药企业研发人员，围绕一些前沿、热点问题举办公益讲座，团聚了一批生物领域的研究者、志愿者。

作为中粮营养健康研究院院长，郝小明带领团队对中国人的营养需求和代谢机制进行了系统性研究。在他看来，随着基因组、蛋白质组、代谢组、微生物组等组学技术快速发展，生物数据量快速增加，生命科学也正在从"实验驱动"向"数据驱动"转型，驱动生命科学研究范式进入"数据密集型科学发现"的第四范式时代。未来，以基因测序、合成生物技术、液体活检、细胞免疫治疗、生物大数据、生物仿制药等为代表的生物技术将推动新一轮产业变革。

他认为，人类发展的历史证明，凡是一个新经济时代的来临，人类经济生产与生活方式必将发生深刻变革，生物经济时代的来临也同样如此。生命科学和信息科学的融合发展，为生物经济时代的到来和成熟奠定了充分的条件基础，为农业、健康医疗、能源、环境等产业的绿色革命提供了重要手段。生物技术与信息技术的融合发展进入了相互推动、齐头并进的时代，并成为新一轮科技革命和产业变革的重大推动力和战略制高点。

他判断，随着第四次工业革命的到来，生命科学将继续走上一条变革性的技术之旅，基因编辑技术、3D打印、合成生物学、人工智能等颠覆性技

术正在为生命科学的发展创造一个变革性的机遇。未来生命科学将以需求为导向，朝着更细分领域延伸，推动医疗向精准医疗和个性化医疗发展，加快农业育种向高效精准育种升级转化，拓展海洋生物资源新领域，促进生物工艺和产品在更广泛的领域替代应用。

生命科学进入"数据密集型科学发现"的第四范式时代

问：《中华人民共和国国民经济和社会发展第十四个五年规划和2035年远景目标纲要》提出：要"推动生物技术和信息技术融合创新，加快发展生物医药、生物育种、生物材料、生物能源等产业，做大做强生物经济"。这一举措意味着什么？生物技术和信息技术究竟怎样才能更好地"融合创新"？

郝小明：随着基因组、蛋白质组、代谢组、微生物组等组学技术快速发展，生物数据量快速增加，生命科学也正在从"实验驱动"向"数据驱动"转型，驱动生命科学研究范式进入"数据密集型科学发现"的第四范式时代。这其中的增长动力，都来自信息技术与生物技术的融合和创新，这是生物经济能够发展壮大的前提。

要实现生物技术和信息技术的融合创新，生物技术领域需要实现全面的信息化、工程化、系统化的发展，并向可定量、可计算、可调控和可预测的方向发展。一方面，需要针对生命科学关键问题，开发关键共性工具，比如数据采集、大数据分析、模型算法、软件系统等；另一方面，要面向应用，针对工业工程化应用，做好总体规划，设计好路线图采取工程化的模式加以布局实施。大数据、云计算、人工智能的加速演进，会使得多技术集成和工程化协同得更好，可以实现高效的创新发展。

疫情为生物医药产业带来了发展契机

问："十四五"规划将生物医药列为"做大做强生物经济"之首，您怎么看？

郝小明：2019年全国医药制造业收入为2.3万亿元，未来生物医药的产业潜力和前景必将是巨大的。随着健康观念的转变和生活水平的提高，居民的健康需求充分释放，消费升级带动医疗消费迅速增长，推动医疗消费需求向多元化、多层次的方向发展。

疫情为生物医药产业带来了发展契机，在后疫情时代，人们对健康的持续关注将推动生物医药产业持续健康发展。

随着北京市将生物医药定位为主导产业之一，以北京为代表的具有生物医药资源积累的城市，正在把生物医药融入符合城市发展需要的新型产业体系中。

生物医药是生物经济最重要的组成部分

问：能否结合实践或思考谈一谈，生物医药应该在生物经济中处于怎样的位置？我国在这一领域面临怎样的挑战和机遇？

郝小明：生物医药是生物经济最重要的组成部分。生物经济成为我国继信息经济后新的国家战略，也是各主要城市新的经济增长点。生物技术的迅速发展，打破了生物医药产业的路径依赖格局，我国正缩短与发达国家创新药研发上市的时间差，迎来了从跟跑、并跑到涅槃跃迁的时间窗口。我们应该利用好生物医药产业快速发展的黄金时期，在生物医药产业创新领域，形成并壮大从科研到成药的全产业链能力。

生物经济重塑全球经济版图

问：中国和全球生物医药产业发展现状如何？存在哪些问题？

郝小明：当前，生物技术以全新速度掀起新一轮产业革命的浪潮，全球生物经济每5年翻一番，是世界经济增长率的10倍，正成为重塑全球经济版图的变革力量。

我国生物医药产业起步较晚，缺乏类似强生、辉瑞那样的龙头企业，创新研发能力不足，但随着近年大量海外人才的回归，我国生物医药产业也积淀了创新突破的巨大动能。

随着生物医药产业技术不断突破、政策不断出台，中国生物医药产业发展呈现出集中化、数字化发展趋势，医生在产业创新方面的重要性也越来越大。

国际生物育种产业市场已向少数大企业集中

问：我国生物育种在全球处于怎样的位置？发展现状如何？存在哪些问题？有何对策建议？

郝小明：我国经过十多年的努力，已经建立了比较完善的转基因作物育种研发和管理体系，成为世界上为数不多的具有转基因作物独立研发、安全评价与安全管理能力的国家之一，但自主创新能力仍然不强，产业化机制尚不健全，整体实力与发达国家差距较大。面对近年来全球转基因作物市场竞争日趋激烈的态势，要抢抓发展机遇，积极推进转基因技术研究与产业应用。

发达国家由于长期竞争，企业不断并购重组，种子行业已经形成了寡头垄断的格局，一方面有利于实现资源优化配置、产品优势互补和提高经济效益，另一方面有利于充分发挥种业集团公司的规模优势。据国际种子贸易联合会1998年统计，1998年世界种子年营业额超过1亿美元的企业有22家，其中美国8家，法国5家。这22家企业当年营业总额达到75亿美元，约占世界种子市场份额的50%左右。近年来，通过收购、合资、参股等一系列商业方式，美国本土和美属国际种业企业控制了全球大约50%的种子市场、70%的基因专利、40%的商用种质资源。国际生物育种产业市场已经向少数大企业集中，产业集中度越来越高，规模化、集团化和全球化成为生物育种产业发展的大趋势。

我国育种研发主要集中在科研院所，种子公司以生产为主，研发较弱，而发达国家育种研发主要为先锋、孟山都等商业企业。中国拥有中农资经营许可证的企业大概有8700多家，拥有自主知识产权的不足100家，真正实现产业化运作的不足80家，大多数是从科研院所购买新品种使用权后进行制种并向市场推广。限制我国生物育种行业发展的主要因素有：育种技术壁垒高，品种选育周期长，种质资源限制，植物新品种权保护，种子生产经营许可证申领难等。

我国生物育种行业目前存在的问题主要有：企业体制不完善，行业过于分散，缺乏自身科技创新能力，市场化程度不高，品种保护力度不够等问题。

解决对策，在于建立和完善种业市场体系，建立公平、开放、有序、统一的种业市场，加快市场信息网络建设，为农民和企业运行提供全面、及时、准确的信息服务；加强知识产权保护；加强科技创新能力，增加科技创新资金的投入，而要加强行业与高等院校、科研院所之间的联合。

中国生物材料产业总体上居发展中国家领先水平

问：我国乃至全球生物材料产业发展现状如何？

郝小明：中国生物材料产业起步于20世纪80年代初期，**经过40年的努力，生物材料产业发展才取得重大进展，总体上居发展中国家领先水平，但落后于发达国家，少部分领域居世界先进水平。**

由于中国生物材料研究和产业化起步较晚，导致中国在生物材料市场全球竞争中失去先机。目前，中国生物材料企业产品缺少自己的专有产品和自主知识产权，生产的产品大都属于在国外技术非常成熟且国外厂商并不愿意生产的初级产品。同时，由于生产技术装备、管理与操作工素质等因素，导致目前中国生产的生物材料质量一直处于中低档水平，鲜见有高质量的国产生物材料。这导致中国生物材料与制品约有70%~80%需要进口，且中国生物材料和制品所占世界市场份额不足1.5%。

2017年中国生物材料行业产值近千亿元。中国生物材料行业前景广阔，从事的企业超过2000家，但由于技术缺乏，生产的产品多集中于中低端耗材，产值超过1亿元的企业仅有30家左右。

抓紧建设新一代生物材料产业体系

问：针对生物材料产业存在的问题，您有何对策建议？

郝小明：面对大而不强的局面，未来应抓紧建设新一代生物材料产业体系，引领行业技术进步，不断缩小与发达国家的差距。

针对以上现状和问题的主要对策包括：一是聚焦国家重大战略急需和产业发展瓶颈，提升关键生物医用材料的自我保障能力；二是推动生产过程的智能化和绿色化改造，降低生产成本，提高生物材料产品的国际竞争力；三是生物医用材料和生物可降解材料的发展要同步发力，抢占全球生物材料产业未来发展的制高点。

中国生物质发电量连续3年居全球首位

问：我国乃至全球生物能源产业发展现状如何？我国生物能源产业存在哪些问题？有何对策建议？

郝小明：生物能源产业占总能源体量的5.1%，主要包括燃料乙醇、生物柴油、生物质发电等产业。2020年全球燃料乙醇产量7781万吨，其中美国、巴西分别占53%、30%，中国263万吨，占3%；2020年全球生物柴油产量4000万吨，其中印度尼西亚、美国、巴西分别占17%、14.4%、13.7%，中国116万吨，占3%；2020年全球生物质发电量6020亿kWh，中国生物质发电量1110亿kWh，占全球18.4%，连续3年居全球首位，而第二名美国发电量占全球10%。

对于燃料乙醇行业，根据2017年国家有关部委印发的《关于扩大生物燃料乙醇生产和推广使用车用乙醇汽油的实施方案》，2020年全国范围内将推广使用车用乙醇汽油，据此推断生物燃料乙醇的年利用量应达到1000万吨，目前不足300万吨，产业发展未达到预期规模，区域推广上存在阻力。建议继续有序扩大车用乙醇汽油推广使用，继续探索推进陈化玉米、水稻、小麦等原料多元化战略，加快木质纤维素等绿色原料路线的突破，给予纤维素乙醇更大的政策支持力度。

对于生物柴油行业，生物柴油与石化柴油价格差异大，在国内缺乏竞争力；原料方面，国内主要以餐饮废弃油为原料，可供收集600万—800万吨/年的餐饮废弃油中仅约150万吨用于生产生物柴油，缺乏餐饮废弃油定向转化生物柴油的机制设计。需进一步完善生物柴油相关政策和工作机制，完善生物柴油全链条管理体系，完善市场机制，鼓励有序扩大生物柴油推广。

一旦获得重磅创新成果，企业销售额会爆发性增长

问：在新冠肺炎疫情大流行中，北京2020年经济"一枝独秀"。据报道，北京2020年新冠疫苗收入达到1000多亿元，为地方经济发展注入了活力。之所以如此，重要原因是中国新冠疫苗的两家企业——中国生物制药和科兴中维在北京，这一现象给生物经济发展以怎样的启迪？

郝小明：生物医药产业具有研发周期长、投入高、风险大等特点，但一旦获得重大创新成果，则企业销售额会迅速爆发性增长。

科兴中维和中国生物制药两家疫苗公司，成为带动北京工业增长的"核爆点"，这并不是某种巧合，而是北京长期布局生物医药等尖端行业的果实。早在2019年疫情前，医药基地就已建成民海生物、北京依生两家疫苗生产企业，并与科兴生物积极沟通在基地布局建厂的事宜。新冠肺炎疫情暴发初期，为保证新冠疫苗项目如期达产，北京市大兴区领导多次协调三个厂区工程手续办理，基地管委从工商注册、土地挂牌、手续办理、开工建设、竣工验收等采取全过程跟踪服务模式，协调各相关部门采取并联审批，压缩审批时限，管委会专班驻场每日调度，大兴区政府每周调度，解决有关问题百余项，历时4个月，圆满完成了建设、认证、生产许可等工作。25天完成前期施工手续；100天完成产能1亿到3亿剂的新冠疫苗生产车间及其附属设施建设；107天获得药品生产许可；146天完成五部委联合验收，创造了大兴"克冠速度"。

2021年1月至7月，北京市医药健康产业制造环节实现产值2487.8亿元，生物医药基地医药健康产业产值1067.3亿元，占北京全市42.9%，其中科兴中维产值916.9亿元，占基地产值的85.9%。

随着生物经济的增长，确保其可持续性至关重要

问：2012年，美国政府发布《国家生物经济蓝图》，宣布继农业经济、工业经济、信息经济之后，人类已经进入生物经济时代。您怎么看生物经济时代？

郝小明： 生物经济是当今世界日益重要的组成部分，涉及从食品、塑料到服装和能源的一切。

随着生物经济的增长，确保其可持续性至关重要。当你在大自然中环顾四周时，没有什么会被浪费掉。我们自然世界中的一切都是由相同的几种物质组成的：糖、蛋白质、脂肪和矿物质。这些基本的营养物质创造了我们周围的多样性和丰富度。当某个生物死亡或不再有存在的必要时，它分解后会再次进入地球循环系统。

我们如何设计人类经济、产品和系统应该完全反映自然世界的运作原理，这就是生物经济背后的前提，作为我们这个世界的一个模式，食物、材料、纤维和燃料只能由可再生的生物资源制成。其核心是，这些可再生的生物资源——生物及其副产品，无论是植物、动物、细胞还是微生物——成为我们经济的组成部分。

生物科技行业强劲吸引私人资本和风险资本

问：究竟什么是生物经济？生物技术的发展和生物经济有着怎样的关系？

郝小明： 正如阿尔温·托夫勒在《第三次浪潮》中预言，社会经济的发展将由农业经济、工业经济进入信息经济和生物经济时代。20世纪发展了基因重组技术等，21世纪在系统生物学基础上则建立了合成生物技术与系统生物工程，将带来新一轮生物经济发展时期。

生物经济是建立在生物资源可持续利用、生物技术基础之上，以生物技术产品的生产、分配、使用为基础的经济。

生物技术孕育着新的产业革命。目前，人类60%以上的生物技术成果

都应用于制药工业。生物制药是以微生物、寄生虫、动物毒素、生物组织起始材料等为基础，采用生物学工艺及分离纯化技术制造出新的生物药品。用生物技术开发特色药或对传统医药进行改良，引发了现代制药工业的重大变革。目前，全球所有顶级化工企业都在投资于生物技术研究。今后生物技术将进入广泛的大规模的产业阶段，生产用途也将从以治病为主转向延长人类生命周期、提高人类生活质量。

预计今后最重要的创新约有一半依赖于生物技术。**由于生物技术的通用性，每一次科学技术的突破或重大进步都必然导致一次大的产业变革和结构调整，从而推动一国经济乃至世界经济的大发展和大跨越。近年来，三项获得诺贝尔奖的技术性大突破都是基因技术，它们都具有万亿美元的商业价值。**人们普遍看好生物科技行业前景，它正强劲吸引私人资本和风险资本的兴趣，目前全球的风险投资和私人资本公司、金融机构大量投资生物技术行业，而且还在继续增加。

组学研究成果已经惠及普通大众

问：2000年，人类基因组工作框架图绘制完成，20多年过去，您怎么看基因组学的发展，以及其所带来的变化？

郝小明：2015年1月，美国宣布启动"精准医学计划"，目的是让所有人获得健康个性化信息。同年3月，我国首次召开精准医学战略专家会议，计划在2030年前投入600亿元加速中国精准医疗的发展。在此背景下，医疗应用已成为基因测序最大的增长点。在临床上，它被应用于生育健康、肿瘤个体化诊断和治疗、遗传病及传染病检测等方面。在肿瘤检测、个体化用药领域，随着应用技术、数据解读技术的不断深入，基因检测市场发展空间也越来越大。

在我国，在政府政策支持和技术有保障的大背景下，**组学的研究成果已经惠及了普通大众**。例如，2012年，天津市启动新生儿遗传性耳聋基因检测项目，2012到2019年，曾经参与人类基因组计划的华大集团为约60万天津的新生儿提供了检测，覆盖率超过70%，这一项目最明显的效果就是使得天津聋人学校的生源减少了80%；同时，深圳在全国率先将无创产前基因检测纳入公卫项目，从2011年到2018年，用了8年时间实现覆盖度达90%以上。据深圳市卫健委报告，2011年至2018年，深圳唐氏综合征发生率由2011年的4.94/万上升为2018年的13.42/万，但全市唐氏儿的出生率由2011年的2.27/万下降至2018年的0.82/万。

此外，基因组学的发展也显著推动了药学领域的进步。在20世纪80年代之前，大多数药物的发现源自偶然或经验，那时候人们对药物分子组成及其作用靶点通常是未知的。从2001年开始，也就是在人类基因组计划之后，这一切发生了重大转变。最新的研究进展显示，近年来，美国几乎所有获得许可的药物都能非常清晰地知晓其蛋白质靶点，这将大大推动循证医学的发展。

生物技术将推动新一轮产业变革

问：能否介绍一下基因行业的宏观发展情况？基因产业和生物经济有着怎样的关系？

郝小明：基因行业没有一个明确的定义，我理解为是指生物科技行业。生物科技行业主要是从事研究、开发、制造和/或者销售基于基因分析和遗传工程的产品。生物技术研发是一项整合分子生物学、基因组学等学科知识和技术的复杂系统工程，具有高投入、高收益、高风险、长周期的特点，需要生物企业不断加大科研投入，但短时期无法实现营收收入，面临融资难的问题。

当前，中国生物科技产业初具规模，产业集聚布局初步形成，各细分领域发展势头迅猛。人口老龄化加速、环境污染形势严峻、耕地面积减少等问题提高了社会对生物科技行业的需求。

技术是生物科技行业发展最基本的推动力，是生物经济增长的必要条件，持续技术创新能力是生物技术企业的核心竞争力。当前，中国生物科技自主创新能力不足制约技术产业化进程，提高中国生物科技行业的国际竞争力，加强技术研发，提升行业自主创新能力是行业未来发展的关键。未来，以基因测序、合成生物技术、液体活检、细胞免疫治疗、生物大数据、生物仿制药等为代表的生物技术将推动新一轮产业变革。

我国细胞产业市场潜力较大

问：细胞产业目前发展现状怎样？和生物经济时代有着怎样的关系？

郝小明：目前细胞生物产业发展现状总体上有几个特点：

一、社会消费力提升，推动细胞生物产业增长。细胞生物产业市场需求受宏观经济运行状况影响，在经济向好背景下，医药市场需求也将随之增长。整体来看，中国国民经济保持增长态势，由支付能力提升带来的需求扩容也将继续推动医药行业、细胞生物产业保持增长。

二、通用型CAR-T疗法前景较好。CAR-T技术未来发展将整合细胞治疗、基因治疗以及基因编辑技术，因而通用型CAR-T、实体瘤CAR-T等具备广阔的市场前景。细胞免疫治疗领域投融资热度将持续上升。研发针对肝癌、胰腺癌等的CAR-T产品逐步进行动物试验研究。

三、多靶点、个体化是未来发展方向。传统的单一靶点TCR-T在治疗实体瘤时的局限性较明显。多靶点、个体化且缩短制备周期将是今后癌症细胞免疫治疗的方向。例如多靶点CAR-T、TCR-T细胞免疫疗法，短制备周期的通用型CAR-T，肿瘤抗原特异性或新抗原特异性TCR与TIL、肿瘤新生抗原免疫疗法等。

四、细胞生物产业产品发展趋势多元化与差异化。患者病症具有特殊性、较难治愈性，且同一种类型的患者数量有限，企业应调整密集的产品计划，针对多种疾病推出不同类型产品。同时，企业也应建立更具差异化的创新疗法，考虑国内未满足需求的疾病，将疗法和新一代医疗创新技术深度融合，进行独特性的治疗。

我国细胞产业市场潜力较大，如我国干细胞和免疫细胞临床研究的规模、每年新增研究数量仅次于美国，已成为世界上细胞治疗临床研究最活跃的地区之一，并在部分疾病领域取得了一定的研究成果。2017年，《全球细胞治疗市场2017—2021》（Global Cell Therapy Market 2017-2021）指出，

2017—2021年全球细胞治疗市场预计以23.27%的复合年增长率增长。我国干细胞产业收入持续快速增长，干细胞产业规模已逼近1000亿元。

中国基因组学应用行业的发展，基本与全球发展同步

问：伴随世界各国在高通量测序等技术掌握水平上的差异，基因组学在各国生物技术领域、临床、公共卫生领域的应用出现了怎样的差异性？会不会进一步导致全球健康状况的不平等？

郝小明：基因组学从问世至今，在医学模式、解决健康问题的手段、对健康产业的技能支撑等诸多方面产生了重要的推动作用。

近年来，基于高通量测序等技术不断优化和成本缩减，基因组学已经渗透到生命科学、临床医学诊断、个体化用药指导、疾病发病机理研究、生命调控机制研究和公共卫生等各个领域，并显示出强大的发展活力。

新一代基因测序的代表企业是美国Illumina、Life Technologies、Pacific Biosciences以及瑞士的罗氏公司。2015年，Illumina、Life Technologies和Pacific Biosciences在全球基因测序仪市场中合共占据94%的份额。随着测序成本的显著降低和生物信息分析能力的显著上升，美国等西方发达国家已在这一领域做出前瞻式布局。

中国基因组学应用行业的发展基本与全球发展同步，发展初期主要通过引进国外的第二代测序仪以用于开发下游的应用。2014年6月，华大基因推出的BGISEQ-100和BGISEQ-1000率先获得了CFDA（国家食品药品监督管理总局）的上市审批，目前已广泛用于无创产前基因检测服务。2016年10月，国家卫计委放开了无创产前基因检测的试点单位，无创产前筛查在全国范围内规范开展。

由此看来，虽然测序技术在中国与美国等西方国家间存在差距，但尚未影响其在各个领域广泛应用，也未限制在各个国家间的应用。

人类基因组计划的国际化可以证明，这一计划最早由美国科学家率先提出，而后英国、法国、德国、日本和我国科学家共同参与，为解码生命、了解生命的起源、了解生命体生长发育的规律、认识疾病产生的机制以及长寿

与衰老等生命现象、为疾病的诊治提供科学依据。

例如，在新冠肺炎疫情危机中，及时的数据共享成了非常重要的共识。因此，技术水平会在一定程度限制产业应用，但限制其在各个国家的应用不是各国自身技术能力，而是行业整体水平及本国战略规划和资源投入，他山之石，可以攻玉。

新冠肺炎疫情大流行给全球带来了痛苦和创伤，同时也暴露了重大的全球医疗问题——资源获取的不平等，但导致受影响程度不同的不单单是技术水平的落后。

生命科学和信息科学的融合发展，为生物经济时代的到来和成熟奠定条件基础

问：伴随信息科技和生物科技的交织，出现了生物信息学、计算医学、算法生物学，这些新的学科以更高的精度描绘、预测我们的身体，怎样看这种交织、融合？

郝小明：人类基因组计划作为信息科技和遗传学、生物化学、分子生物学等生物科技深度合作的成功案例，信息科技和生物科技的融合也伴随着涌现多种新的学科。

生物技术的研究发展是对信息技术的有力支撑，信息技术的"瓶颈"解决需要从生物技术发展寻求启示；生物技术与信息技术的融合发展进入了相互推动、齐头并进的时代，并成为新一轮科技革命和产业变革的重大推动力和战略制高点。

与此同时，随着计算机算法的不断更新迭代、测序成本的逐渐降低，这种融合的产物也正在走进我们的日常生活。以精准医疗为例，利用人类基因组及相关系列技术对疾病分子生物学基础的研究数据，对患者实施关于健康医疗和临床决策的量身定制，促成以"疾病"为中心向以"健康"为中心的转变、从"治已病"向注重"治未病"的转变、从"单一要素防控"向"全方位干预健康影响因素"的转变、从"依靠卫生健康系统"向"社会整体联动"的转变、从"服务部分人群"向"维护全生命周期健康"的转变，以进

一步满足人民群众的健康需求。

信息科技和生物科技的"1+1"融合发展，或将产生"11"的巨大效能，还将促进细胞打印、人机智能等颠覆性技术的发展，并由此带动系统科学和系统工程的发展，推动农业、工业、健康、环境、交通等领域的新布局与新发展。

人类发展的历史证明，凡是一个新经济时代的来临，人类经济生产与生活方式必将发生深刻变革，生物经济时代的来临也同样如此。

生命科学和信息科学的融合发展，为生物经济时代的到来和成熟奠定了充分的条件基础，为农业、健康医疗、能源、环境等产业的绿色革命提供了重要手段。

基因组学应用行业处于快速发展阶段

问：伴随数据集中度的提升，基因组学领域会不会像互联网时代一样出现垄断巨头？如何谨防这种现象出现？

郝小明：基因组学应用行业是一个新兴行业，处于快速发展阶段。全球基因组学应用行业的市场规模巨大，随着基因测序技术的历史性革新和应用领域的灵活转化，基因组学应用行业的竞争越发激烈。

基因组学应用的产业链分为三段：上游为测序仪器、设备和试剂供应商；中游为基因测序与检测服务提供商；下游为使用者，包括医疗机构、科研机构、制药公司和受检者。同时在某一阶段的某一领域产品种类较多，且各具优势，应用的领域也不尽相同。

以上游测序仪器为例，二代测序技术为目前应用最广泛的测序技术，高通量低成本，测序时间相较于一代技术大大降低，缺点是读长较短；第三代测序技术测序读长有了明显的提升，但准确率较低，而且测序通量也小于二代测序；第四代测序技术相比于第三代技术通量有所提高且准确率也有所上升，仪器更小，第三、第四代测序技术目前主要用于科学研究，临床应用还需技术进一步的成熟。因此，**基因组学领域不会像互联网时代一样出现垄断的巨头。**为避免这种现象的出现，亟待进一步拓展基因组学领域技术和产品应用场景，加强产品迭代和创新，不断适应下游产业化需求，永葆竞争力，保持相互牵制、相互促进的持续稳定发展状态。

一系列颠覆性技术正为生命科学的发展创造变革性机遇

问：2000年，我和同事编辑出版了一本小书，叫《你还是你吗？——人类基因组报告》，伴随基因编辑技术的发展、合成生命的出现，您预测未来生命科学将向何处去？人类还会是"人类"吗？

郝小明：随着第四次工业革命的到来，生命科学将继续走上一条变革性的技术之旅，基因编辑技术、3D打印、合成生物学、人工智能等颠覆性技术正在为生命科学的发展创造一个变革性的机遇。未来生命科学将以需求为导向，朝着更细分领域延伸，推动医疗向精准医疗和个性化医疗发展，加快农业育种向高效精准育种升级转化，拓展海洋生物资源新领域，促进生物工艺和产品在更广泛领域替代应用。

未来合成生物学将继续解决健康、能源、粮食、环境等重大问题，用生物技术来改良人的基因、调节营养含量和优化自然生态环境；通过非转基因的生物技术应用于农作物和食品生产，大大缩短作物生长周期，并经过品质改良调节作物营养含量，"设计"出具有特定功效的食物，实现以食代疗的功效；通过应用生物技术开发新的清洁且可再生的生物能源，就能克服石油、天然气等能源逐步走向枯竭的困境，同时还能解决日益严重的工业"三废"问题。

未来的人类还将是人类。改造生命的目的，是为了更好地认识和调控生命现象，使之为改善生态、提高人类生命生活质量服务。

未来，在人工智能和大数据等新技术推动下，合成生物学将赋予人类更强的"改造自然，利用自然"的能力，当然，同时也会带来社会伦理与安全等新问题。

我们必须在思想上明确该做什么，怎么做才是正确的。在做好风险评估并开发防控风险的技术和策略的同时，及时制定相应的研究规范、伦理指导原则和相应的法律、法规，并辅以可落实的管理规章与监管办法。

基因检测早期预警系统能够发挥预警功能

问：《基因组革命：基因技术如何改变人类的未来》一书提出："追踪'环境DNA'正如同使用烟火报警器一样，警报响起后，我们还需要确认火源、查明危险级别，然后才决定要采取何种措施。'基因监测'也属于这种早期预警系统。"怎么理解基因监测这种早期预警系统？

郝小明：随着基因组学技术的发展和广泛应用，为精准基因检测提供了工具，同时建立了人类基因组数据库、不同疾病基因数据库，为早期预警提供了数据基础。

人类基因组含有 30 亿个碱基对，数以万计的基因，而人类的遗传性状都是由基因控制，相当多的性状异常也就表现为遗传病。通过对个体的基因检测，可实现对罹患多种疾病的预测，并对个体的行为特征提供更加深刻的见解。

除了大家熟知的无创产前基因检测、新生儿遗传疾病筛查等应用之外，**个体基因检测还可以锁定个人病变基因，实现提前预防和治疗。例如，通过对个体样本 DNA 的分析，能够解读出癌症、代谢疾病、精神疾病等的风险。因此，这个早期预警系统能够发挥预警功能，同时为预防和治疗提供了指导。**

未来，组学时代还将完成生命的"施工图"

问："DNA 不仅是生物学刚刚兴起的一门'通用语'，还注定是 21 世纪生物学编年史上浓墨重彩的主要篇章。"从测序角度看，"生命之树"还有哪些亟待采摘的果实？

郝小明：多组学的研究为"生命密码"的翻译提供了工具，绘制了生命的精谨细腻的"工笔画"。未来，组学时代还将完成生命的"施工图"，解决关于医疗、健康等提高生命质量的问题。

从测序角度看，"生命之树"将在四大领域取得突破性的发展。

——基因技术将被广泛应用于复杂疾病、农业基因组学、微生物学和宏基因组学等研究领域，将对人类健康、农业和环境保护带来巨大的变革。

——基因技术应用于生殖健康，将显著降低出生缺陷，提高人类健康水平。

——肿瘤基因组研究将揭示肿瘤的发病机制，肿瘤基因组测序技术成为肿瘤的个体化治疗的基础。

——基因组技术与传统临床医学的最新科研结果结合，形成精准医疗，为疾病诊断、治疗、临床决策带来革命性的改变。

美国生物经济今天的快速增长主要归功于三项基础技术的发展：基因工程、DNA测序以及自动化高通量分子操纵。这些技术的潜力还远未发挥出来，与此同时一些重要的新兴技术以及新兴技术与现有技术的集成创新正在显现。未来的生物经济依赖于新兴技术的发展，如合成生物学、蛋白质组学以及生物信息学。

——摘自美国《国家生物经济蓝图》

面向未来的生物经济时代，才刚刚开始
——刘沐芸访谈录

刘沐芸

理学博士。个体化细胞治疗技术国家地方联合工程实验室主任，深圳科诺医学检验实验室创始人，深圳赛动生物自动化有限公司董事、总经理，国家高端智库——中国（深圳）综合开发研究院特约研究员，中国妇幼保健协会——妇儿生物样本及生物信息数据研究与应用分会秘书长，中文核心期刊《中华细胞与干细胞杂志》副总编，深圳市决策咨询委员会、先行示范区专家库专家，成都市政府科技顾问，深圳市软科学研究会副会长，中国医药城科研发展顾问，深圳标准专家库首批专家，生物技术专业高级工程师，博士后工作站导师，深圳市地方领军人才。

从事生物医药、细胞治疗技术等相关行业的技术研发、管理等十余年，完成多种来源干细胞规模化制备工艺、长距离运输和保存、干细胞分化调控等技术研发，研究成果"异体间充质干细胞治疗难治性红斑狼疮的关键技术创新与临床应用研究"荣获2019年度国家技术发明奖；目前已在生物医疗领域申请了相关专利180项，其中59项获得授权；承担包括863项目、火炬计划项目等国家、省市各级科研项目60余项，在Cell Stem Cell等杂志发表论文十余篇；致力于干细胞再生医学技术从实验室到临床应用的一系列标准、规范和体系的建立与完善等。

作为发起人之一，创办《中华细胞与干细胞杂志》。作为产业政策研究专家，主笔参与深圳市政府战略性新兴产业以及未来产业中长期发展规划纲要，参与了《深圳国际生物谷总体发展规划（2013—2020）》的编制。

筹备成立中国妇幼保健协会——妇儿生物样本及生物信息数据研究与应用分会、参与组建中国医药生物技术协会再生医学分会、国家干细胞再生医学产业技术创新联盟，致力于推动我国战略性新兴领域细胞产业的标准化、规范化发展，并主导编写发布了《细胞储存产业发展研究报告（2018）》。

导语 一个已经开始但远没结束的新经济时代

刘沐芸博士，不仅在细胞产业领域走在前沿，更擅长战略研究，近些年在各种平台，以讲演、报告、文章等方式为行业"发声"，谈认识，说呼吁，提建议，为各级决策者提供参考意见。

刘沐芸认为，人类基因组计划催生了高通量测序仪的出现，为我们提供了一个新的、更准确、更低成本、更精细的数字化认知生命的工具和方法，引发了解读生命密码的革命，探索出新药与疫苗研发路径，也催生了许多基因组学技术的应用。比如，对引发全球大流行的SARS-CoV-2的原发病毒序列、变异毒株序列的快速明确和筛查等。

"人类基因组计划为我们打开了一扇门，推开后，看到的不是一个宝藏，而是更多个门等待我们去推开。人类基因组真正的成果是生物学的数字化，而这不仅是创新技术驱动，也是需求的驱动。"她说。

她这样预言：人类基因组虽然对人类社会的方方面面产生了重大影响，也催生了新的产业，但其成果的收获黄金期还没有到来，人类基因组计划的潜能还远远没有释放出来。计算、自动化和人工智能驱动的生物科技的快速发展，将带动形成一个全新、巨大的生物产业。

她还预言：步入21世纪的第三个10年，5P医学将有望实现，不仅是准确预测疾病风险以及精准治疗，还有望能通过基因编辑技术治愈一些重大病或消除一些遗传病。

她认为：生物经济的形成是受益于计算科技、数据分析技术、自动化技术、人工智能和生物工程等学科的发展进步，使得测序的通量、效率不断优化，以及成本不断下降，这些不同学科汇聚融合，将在四个领域推动形成一股全新的创新浪潮。

她甚至注意到：发展的不均衡不仅存在于经济社会发展领域，测序技术的出现，将这种发展不均衡、不平等传导至疾病和健康领域。

刘沐芸博士反复强调工具的重要性："除了部署下游的具体应用，还需关注上游的关键核心技术和工具研发的部署和攻克，形成对上游关键核心技术和工具的掌控度与控制力，下游的应用服务才能百花齐放"，她大声疾呼："**对于关键核心的上游基础性技术、工具和组合创新技术的发展路线，是时候要从过去的'拿来主义'转向'自主可控'了。**"

"突发的COVID-19大流行，让我们重新认识了大自然的力量。这可能是大自然给我们的一个提示，是时候重新思考人与自然的关系了。"面对仍在全球肆虐的SARS-CoV-2，她这样说："疫情的肆虐令我们看到生物产业发展的革命性未来，应对疫情最有力的工具就是生命科技革命赋予人类的对大自然的理解力和适应力。"

刘沐芸认为，**对人类来讲，生物科技的重要性毋庸置疑，但我们在全力推进生物产业革命发生的同时，必须进行充分的风险评估，以确保在最大化生物科技益处的同时控制其风险。**因为，相较于数据技术和AI带来的数据风险，生物技术带来的生物数据隐私风险将会有过之无不及，互联网、人工智能获取的数据仅仅是人类外部数据，而生物数据是来自人类自身，这些数据更敏感、更个人化。

她还郑重警告：生物经济的发展要避免重蹈信息产业"断供"或"被卡"的困局，不仅是下游的服务应用，源头的技术、上游的工具和基础的数据库需要同等关注，尤其是对于人口大国的中国，更要注重从源头部署，同时加快中间转化快车道的工程创新。

她呼吁：要防止出现生物数据垄断现象，中国迫切要做的是建立一个国家层面统一归口的生物数据库，将中国不同层级资助研究项目产生的数据归口汇聚，统一管理，尽快扭转我国数据在国内没有归口、反而要归口国际三大数据库（美国、欧盟和日本）的态势。

她建言：从一个国家抢占未来发展高地的角度来看，主动、超前部署前沿科技，培育发展新动能，抢占战略领域的发展先机，既需要前瞻性的眼光，也需要动员资源的实力，更需要强力推进的组织形式，也就是需要"眼光和实力"并举。

"这是一个已经开始但远没结束的新经济时代，在行进的过程中，未来将逐渐向我们展示出它的魔力和魅力。"对未来，她充满憧憬和信心。

人类基因组计划的潜能还远远没有释放出来

问：2021年2月5日，恰逢人类基因组工作框架图（草图）绘制完成20周年纪念日。20年前，各国科学家联合起来，投入30多亿美元，耗时10多年，才获得了第一个人类基因组的草图。20年眨眼过去，您怎么看这20年的变化？变化主要体现在哪些方面？

刘沐芸：30年前，我们开启了人类基因组计划，20年前公布了首个人类基因组草图。人类基因组计划与"曼哈顿工程""阿波罗"计划并称"20世纪三个伟大的科技工程计划"，对我们的基础研究、医学研究甚至是日常生活都带来了深刻的影响。

"曼哈顿工程"和"阿波罗"计划奠定了电子信息产业的硬件、软件基础。晶体管的出现促发了计算机由商用到个人电脑的普及进程；阿帕网实现首次远程通信后，标志互联网的诞生。这些大的科技工程推动了人类社会获取数据的能力不断进步，以及获取数据的成本持续下降。

借用《自然》杂志上一篇文章的研究来看看，人类基因组计划对人类社会产生了哪些影响？

人类基因组计划催生了高通量测序仪的出现，引发了生命密码解读的革命，革新了新的新药与疫苗研发路径，也催生了许多基因组学技术的应用，比如无创产前筛查、对司法鉴定的革新、直接TOC的血统溯源或亲子鉴定。同时也便利了遗传性缺陷、一些罕见病的鉴别诊断。对引发全球大流行的SARS-CoV-2的原发病毒序列、变异毒株序列的快速明确和筛查等，都是有赖于人类基因组计划的研究成果。具体的数据如下：1900年至2017年产生的数据有，38546个RNA转录数据，100万个单核苷酸多肽，明确了1660种疾病的基因来源，有7712个药物获批或者进行实验，总计有704515篇研究文献。这些数字反映了人类基因组计划对生命科学研究进一步拓展的基础性作用，在全面了解蛋白编码基因的同时，显示出基因非编码域的功能，也为治疗药物的开发提供的新思路。

越来越多的研究揭示了细胞"积木"间的相互关系后，逐步建立起生物学的系统观，不再是传统的单基因观。同时也有一个现象值得我们关注，这就是明星基因现象。至2017年，总计发表的70多万篇文献中，20%的文献聚焦在了1%的基因。比如，有99种不同药物将基因ADRA1A作为靶点，其中5%获批上市，有130篇论文聚焦在这个基因研究；另一个是TNF，这个基因已知与160种疾病相关，被称为基因中的基因（The most of any gene）；而染色体17上的TP53则是研究历史最长的基因，这个基因于1979年首次被发现，被认为与癌症的发生有关，总计产生了9232篇研究文章，但至今仍有3%的基因是从未被任何文献讨论过的。

本来我们以为，一些基因研究的成功，会进一步激发更多人的热情去研究那些未知的基因，但却恰恰相反，越是已经研究的基因却越能吸引人们更多的研究。虽然在10周年纪念的时候，这个基因研究"扎堆"的现象就被提出，但又一个10年过去，这一"扎堆"研究现象似乎并没有得到改善，可能与基金的审评方式有关。为什么TP53一个单一基因竟能发表如此多的研究文献？因为越多的研究文章发表，大家就越熟悉，因此申请者用一个大家都熟悉的基因申请时，就更容易与评审专家形成共鸣，获得基金支持、申请到学位以及产生更高的引用率，进入一个所谓的"良性循环"而不自知。

因此，我们要看到，人类基因组计划的潜能还远远没有释放出来，我们过度关注"热门"基因，而并没有对测序获得的基因序列及其产生的新知识开展更深入的研究和挖掘，以帮助我们更好地理解人类基因组与疾病、健康的关联。因此，我们也要看到，人类基因组虽然对人类社会的方方面面产生了重大影响，也催生了新的产业，但其成果的收获黄金期还没有到来。

那如何有效地深挖第一个人类基因草图为人类社会带来的发展潜力呢？这可能取决于我们的时间、经费和精力如何分配，是投入未被重视但可能重要的新方向，还是继续过去20年"更稳妥且扎堆"的老路？

新的发现，同时也带来了很多新的未知

问：如果将这20年的生命科学发展尤其是组学发展，放到漫漫长河中去看，怎样判断它的发展速度？

刘沐芸： 目前是人类基因组计划公布人类基因草图的第一个20年，正常来讲，技术突破的首个20年的发展速度不会太快，因为测序技术的成熟度、成本、产生的新知识的普及度以及大众对新技术应用的接受等都需要一个过程，需要一定的时间。更重要的是，与新技术发展应用相适配的基础设施，如软设施的标准体系、法律法规、审评审批等适应性改变，硬设施的测序设备及对应软件、算法和相应的数据库等不断完善、成熟才能支撑新技术快速演绎和发展，引发更广泛的应用。

以新药研发范式的改变为例，20世纪80年代前，发现一种新药的成功率大概率取决于运气，因为药物作用的分子或蛋白并不是非常明确和清晰。直至2001年，人类基因草图的公布改变了新药"黑暗中探索"的研究范式，**不再是过去那种"大浪淘沙"般"海量普筛"，而是转为"Digital Twin"的数字模拟。现在，一个创业型公司都可以进行新药靶点删选，今天几乎每个批复上市的新药都有明确的作用靶点。**

人类基因组计划发现了大约两万个药物潜在靶点，但迄今为止，只有差不多10%也就是2149个蛋白作为靶点被成功批复上市，剩下的90%蛋白靶点尚处于无人问津的状态。在获批的药品靶点中，5%的药品也就是99个药品聚焦于同一个蛋白ADRA1A，这是一个与细胞生长与分裂有关的蛋白。

衡量一项新技术的发展速度，通常有几个维度，包括一个技术本身的成熟度与稳定性，成本的下降，以及应用到实际中对现有问题的解决能力。当然，还有社会对风险或新事物的接受程度。比如，1987年，Francis Collins & Lap-Chee Tsui团队发现了囊泡性纤维化的变异，但直到2012年，该发现才被批复上市。这个故事表明，从发现一个有意义的变异到这个发现成为一个可以改变现状的治疗药物需要25年到30年的时间，除了技术本身的研究进展，还需要有相应软、硬设施的适配。

因此，新技术出现后首个20年的发展速度，从客观上来讲，也不太会

很快。因为，新的发现也同时带来了很多新的未知，尤其是新技术出现的早期。但即便如此，我们也不能否认人类基因组计划的重大里程碑意义。

创新技术驱动，某种程度上也可以说是需求驱动

问：第三方研究机构基因慧研究院联合14家机构编撰的《2021基因行业蓝皮书》2021年向公众公布。报告显示，伴随底层技术迭代、产品设计和应用范畴变化，基因行业正处在高速成长期，"目前基于创新技术驱动"，您怎么看这个判断？

刘沐芸：创新技术驱动，某种程度上也可以说是需求驱动。20年前人类基因草图公布的那一刻，与其说是一个项目的结束，不如说是一个新纪元的开始。**人类基因组计划为我们打开了一扇门，推开后，看到的不是一个宝藏，而是更多个门等待我们去推开。但是，人类基因组计划确实为我们提供了新的研究规则，为实践生物学的研究发现提供了新的思路和方法，也让我们看到，生物科学研究数字化的可能性。**

因此，也可以说需求加速了创新的速度，计算生物学的发展是受到人们对大量基因数据高效管理、分析等需求的驱使，反过来，大批生物信息专家和计算生物学家赋予了大量基因数据更多的研究意义。在人类基因组计划后，又实施了一些大的科学研究项目，如哈普地图项目（Haplotype Mapping Project）、千人基因组计划（the 1000 Genomes Project）以及癌症基因组图谱（The Cancer Genome Atlas），这些研究计划进一步提升了科学家和临床医生的数字化与基因组水平。

当然，今天和20世纪90年代完全不可同日而语，那个时候，实验室里的电脑是早期的PC机和苹果电脑。而今天，不仅每个人拥有个人电脑，并且互联互通，带宽可以更便利地获取基因数据，并且配置强大的处理能力。今天，一个人的基因测序成本已经下降至1000美元。现在，实验室的实习生除了掌握实验生物学和遗传学，还必须掌握计算机语言，并能从海量原始数据中产生新的数据。这一项技能，在2020年初暴发的新冠肺炎疫情中显得尤为重要。疫情期间，实习生必须脱离"生物实验室"（Wet-Lab），而不

得不通过进行数据分析、建模等"干性"研究来完成学业。

因此，人类基因组真正的成果是生物学的数字化，而这不仅是创新技术驱动，也是需求的驱动。

打开了一扇门后，发现里面还有更多的门

问：有人说，伴随技术的突破和发展，现在的生命科学就像寒武纪生命大爆发一样成果不断迸射、爆发，您怎么看这个判断？能这么说吗？

刘沐芸：未来可能会，我觉得这种说法可能是一个外行。因为，任何一个科技行业，从科学发现历经技术发明到产业发展都需要遵循客观规律和自身的演绎路径。

为什么这么说呢？2001年公布的人类基因组草图并不完整。但在当时的软硬件条件和技术基础上已经是尽可能完整的草图了。其实，我们也了解到，当时公布的草图还缺失1.5亿个碱基，而这个缺失的部分直到前段时间才完成。因此，我想说的是，**一项科技工程的完成只是打开了一扇门，推开后，发现里面还有更多的门，在为已经取得的成绩感到骄傲的同时，也要看到，不仅有存量的科学问题需要进一步研究突破，也会产生许多新的科学问题**，并且与生物生命相关的研究需要较长的时间验证。因此，从符合科学规律的角度来看，这个描述不太符合生命科学研究的演绎规律和路径。

草图绘制20年后，我们当时缺失的8%那部分也是最近才宣称被"补"上，用的是"宣称"，因为该成果还未经同行评议。而补上这一缺失，不仅需要认识到我们还缺什么，还要有能"填补缺失"的工具，也就是新一代的测序仪。

在人类基因组计划开始的时候，大家普遍认为测不全的部分基因大概也不太重要，随着草图的完善，大家才逐渐理解，没有"无功能基因"之说。而之前无法"测出"完整的基因，是因为测序仪"读"基因的方式并不是像我们读书那样，一行一行的"读"。

测序仪的"读"出方式是，先将23对染色体随机"搅碎"，每个"数据块"包含1000个到几百个字节不等（现在最先进的测序仪），这些"数据

块"会重叠，然后计算机会匹配这些"数据块"，并重新装配成可读取的序列。但如果这些"数据块"中有大量的重复片段，类似TTAATA，3次这样，计算机就很难全部重新装配。

直至新一代的测序仪出现，可以实现窥探这些忽略的未知领域，增加了DNA碎片的可读长度并再装配。目前最长可以读取60000个字节，平均可读取字节可达15000个。

回顾这些故事，是希望表达：**科学发展与技术发明有着其自身的发展规律和演绎路径，不仅是我们人类认知的拓展或者好奇心的驱使，也需要工具的助力，才能进一步拓展下游的应用技术和服务场景。**

生物科技革命不仅仅是生物信息分析和处理

问：能否介绍一下生物产业的宏观发展情况？

刘沐芸：越是困难的时候，生物产业的发展越是给人信心。疫情的肆虐令我们看到生物产业发展的革命性未来，应对疫情最有力的工具就是生命科技革命赋予人类对大自然的理解力和适应力。但显然，仅仅应对疫情并不能全面反映出生物产业的革命性。

自人类基因组计划以来，生物科技的发展与进步就步入了一条快车道。一项研究显示，计算、自动化和人工智能驱动的生物科技的快速发展将带动形成一个全新、巨大的生物产业。

生物科技革命将带来400多种新技术、新应用，将在下一个10—20年间孕育出4万亿美元的新产业。并且这些新技术的应用并不局限于健康领域，而是会拓展到农业、食物、消费品、材料、化工和能源等领域，将对人类社会和人类生活的方方面面产生深远的影响。届时，全球经济60%的生产资料将是生物科技来源，其中1/3是生物材料，2/3可能是采用创新生物工艺生产的新产品。

未来的10年到20年，创新的生物制品将在全球范围内减轻疾病负担1%~3%，这相当于当前疾病"肺癌、乳腺癌和前列腺癌"的医疗负担总和。未来目标如期实现的话，全球疾病负担将下降54%。

当然，目标的如期实现需要我们共同应对路上的挑战，有科学挑战，就是"0到1"的挑战；有商业化挑战，这就是"1到100"的挑战。因为，一项科学发现最终要形成一个改变社会现状的产品，**不仅仅要解决科学问题，还要解决稳定、大规模生产供应问题，也就是质量稳定的同时成本足够低，低到人人可用，这就需要工程创新，突破科学发现到产业发展之间的产业关键共性技术难题。**

生物科技革命不仅仅是生物信息分析和处理。今天，生物科技革命存在于我们日益增长的基因编辑驱动的"生物工程"能力中。比如，利用生物工程方法，我们可以获得COVID-19的治疗药物，目前有200多种治疗COVID-19的药物候选分子都是通过生物工程的方法。又或是，我们通过基因工程方法培育的老鼠能生产大量的单克隆抗体，基因工程培育的牛能产生大量的多克隆抗体。

随着我们对人类基因组等一些复杂组学信息的理解力和生物工程能力的提升，更多的应用将会呈现出来，如生物农业、生物纺织、生物能源等。还有一个新的领域是脑—机接口，通过对脑信号的"翻译、转录"，转换为操作指令，不仅能带来义肢领域的革命，还能驱动DNA信息储存。

当然，生物产业革命伴随的风险，我们也不能低估。生物科技创新的差异将进一步加深经济社会的不平等，这种不平等存在于一国的地区间不平等，也存在于世界范围内国家之间的不平等。

生物科技创新持续推进，将为人类社会和自然生态带来什么样的影响，我们还无法全面预测。因此，**虽然对人类来讲，生物科技的重要性毋庸置疑，但我们在全力推进生物产业革命发生的同时，必须进行充分的风险评估，以确保在最大化生物科技益处的同时控制其风险。**

工具的进步赋予了人类认知极微观世界的能力

问：几年前的一个事件并没有引起人们足够重视，那就是未来科学大奖第一次颁奖，就将生命科学奖颁给了发明无创产前检测技术的香港科技大学卢煜明教授。时隔多年，您怎么看当年的这个大奖？能否介绍一下基因检测的最新进展？

刘沐芸： 当时将这个奖颁发给"无创产前筛查检测技术"没有受到关注，有几个方面的原因，一是从奖项本身来看，这个奖相对较为专业，因此就在一个相对狭窄的领域传播、流通。还有就是这个奖设立的时间较为短暂，还没有在公众领域形成类似诺贝尔奖那样的公众影响力。虽然大多数民众对诺贝尔奖的具体情况也不了解，但是经过100多年的发展，已经在大众层面形成了一个"诺贝尔奖就等于对科学成就的权威认定"等基本共识。

二是，从这个研究成果本身来讲，从出现到认定的时间还不是很长，虽然进入了《自然》杂志的"HGP20年里程碑"序列，但是这项成果的具体应用还没有形成广泛的应用效果，也就是经济影响和社会影响还没有形成，也没有成为孕期早筛的临床诊断金标准，因此其"颠覆性"还没有显现。

当然，按照当前一些公司的宣传文案来看，这个"无创产前检测技术"将消灭多少遗传性缺陷，但这是一个见仁见智的认识。不同的文化、社会背景对是否运用这项技术会有显著不同的态度，可能某些文化社会背景下，家庭会对孕期"可能的遗传缺陷"的辅助诊断建议，采取"宁错过不放过"的终止妊娠以避免"可能具有缺陷的小孩出生"；但有的文化社会背景下，家庭对孕期"可能的遗传缺陷"辅助诊断建议，会认为"不管结果如何，这都是我的孩子"而不会采取"终止妊娠"，反而是倾向生下胎儿。因此，这是一个放在不同社会背景下的不同认知和不同选择，还没有形成一个共识。

具体到这项成果本身来讲，能入选《自然》杂志的"HGP20年里程碑"不是偶然的，从科技上看，它还是具有创新性的，因为给人类提供了一种新型的、无创的、能在更精细的水平比如基因水平观察、认知人体变化的手段。临床诊断从最早的对外显的具体症状观察的"望闻问切"的方法，到后来借助一系列的实验室工具、影像工具等，在前述的基础上加入了"听"，以及一些"侵入性"的器官组织水平的"放大观察""纵深分析""图像捕捉"等进入临床辅助诊断。这些诊断基础都是"疾病的进展产生足够的变化，从早期外显的可供肉眼可见的临床症状到后来的可供'辅助诊断工具'可见的组织水平的变化"。

到了"无创产前诊断检测技术"，是在器官组织水平出现变化之前"捕捉"到"病变信号"。因此，这是一个革命性的创新。从过去的有创到现在的无创，从过去的"可供观察的质变"到这个"极早期的信号改变"，工具的进步赋予了我们人类认知极微观世界的能力，而当我们能在极早期或"萌芽期"就能看到"变化的端倪"，那其实是赋予了我们"修正"其进展轨迹的可能性。这是这项成果的意义所在，可能也是其能获奖的原因吧。

其实在过去100多年，人均寿命的延长、疾病救治率的提高等都和我们人类对身体变化也就是疾病发生发展认识阶段的提前和认识程度的精细有关。

但如此革命性的诊断工具，至今没有一项进入临床诊断指南，成为临床诊断金标准，这是值得我们反思的地方。科技成果从出现到改变现状、推动进步的实际应用，需要挑战的远不止实验室研究的困难，更大的困难是如何应对真实世界的"无形障碍"，也就是社会对事物的认知习惯、约定俗成多年的"规范""指南"和现行的法律法规，等等。

高通量测序技术的广泛应用，拓展了人类认识生命、认识自然、认识世界的能力

问：利用高通量测序技术，除了检测"唐娃娃"等染色体疾病，还能做什么？能说基因组医学时代来了吗？或者说5P医学时代来了？

刘沐芸：还能检测引发COVID-19的SARS-Cov-2病毒。高通量测序技术在COVID-19出现几周后，就测出了病毒的完整序列。可以说，**高通量测序技术的广泛应用，拓展了人类认识生命、认识自然、认识世界的一种能力。不过，到目前为止，还只能说是开启了人类在组学水平理解生命的时代，还不能讲组学时代已经到来。**

组学是对由高通量测序技术带来的一个新学科的统称，就是绘制和测量一个特定"组群"的生物分子。组学非常复杂，分为三大类：

——细胞内基因信息：表观基因组学，基因组学，转录组学，蛋白质组学……

——细胞内代谢产物：代谢组学，糖组学，脂类组学……

——其他组学：微生物组学，单细胞组学，循环无细胞DNA/RNA分析等。

因此，目前还只能说打开了一扇门，还有许多的研究工作要做、许多的未知需要去探索。

看到不一样的未来

问：美国临床遗传学家史蒂文·门罗·利普金在《基因组时代：基因医学的技术革命》中指出，在临床应用上，目前不少遗传疾病都是"无药可治"，更提出了一个公众普遍关心的问题："现在我们在基因学上已取得了巨大的跨越式发展，但为何可控性基因疾病还是如此少得可怜？"您怎么回答这个问题？

他还指出："基因学方面的发展也让我们对未来深感乐观，那些被视作暗黑物质的疾病，将来会对我们产生新的启发。一个世纪以前，'法国病'似乎无药可治，可是现在，容我们仔细再看一看，一个关于未来的崭新场景正慢慢变得清晰可见，那时包括复杂性状遗传疾病在内的大部分遗传疾病，都将会无一例外地得到治愈。"请问，您能否帮助描述一些"未来的崭新场景"？您也像这位专家一样乐观吗？

刘沐芸：总体来讲，我对科技驱动的变革是比较乐观的。因为，一些疾病的"黑匣子"现在因为工具的进步得以打开，如一些遗传缺陷。高通量测序工具、分子生物、组学与算法、数据科技的融合，使我们对一些疾病的成因、发生、发展有了进一步的了解，而对于疾病的了解，便利了我们找到治疗方案的方法和路径。比如，最近一些具有一次性治愈疗效的基因治疗药物陆续获批上市，都给了我们希望。

基于对疾病的深入了解，很多过去认为是"绝症"的疾病成为可以管理的慢性病，如癌症，有些无药可治的疾病可以治愈，如一些单基因遗传病。这些都让我们看到不一样的未来。

打开一些疾病的"黑匣子"后，我们看到疾病的发生、发展的轨迹，我们可以在疾病开始的早期就能发现"端倪"，令我们可以对这些疾病进行早期

干预，改变其自然发展轨迹。如果这些基于组学研究产生的成果成为临床常规诊疗方法，对一些社会、家庭负担极重的疾病开展早期筛查、早期干预，将能极大减轻整体社会的医疗负担，对经济产出、人民群众的生活质量将带来极大的提升。2020年有个研究报告的题目就是《健康——通往繁荣之路》，我想就是这个意思。

这里可能会有个悖论，就是"究竟是扁鹊厉害，还是他哥哥厉害？"**大多数时候，大多数人看不到"防患于未然"的巨大价值与重要意义。对社会来讲，就是公共卫生体系建设，对个人来讲，就是日常预防防护。**虽然数十年的研究表明，人类寿命的延长、疾病的消灭等都是受益于预防，但是现实社会中，个人、家庭、社会和政府都不太倾向于将大量资源投入可以改变事物发展轨迹的预防事项上，因为没有一个明显的成本对照，预防的价值难以彰显。

因此，**技术的进步是重要因素，但要真正改变事物的发展轨迹，还有许多非技术因素需要克服，而其中最难的部分是人类认知边界的拓展。**

打开疾病"黑匣子"是提出解决方案的第一步

问："知道是怎么回事，但束手无策""这些不可控的遗传疾病与希腊悲剧一样，都有着相同的结局""患病带来的巨大痛苦慢慢变成了宿命，根本没有任何有效的治疗方法（至少目前没有），更不用说彻底治愈了"，这就是基因检测令人感到失望的地方，您怎么看这种困境？

刘沐芸：这个问题和前述类似。解决方案的基础是了解，打开疾病"黑匣子"是提出解决方案的第一步。在我们还不能制定有效的解决方案的时候，可以通过预防，让这些疾病不发生。比如，疫苗的出现，就消灭了很多"知道是怎么回事儿，但束手无策"的烈性疾病。此次肆虐的COVID-19，虽然没有很好的治疗药物，但是通过对病毒序列的追踪，能清晰了解该病毒的特征、入侵人类呼吸道的门户、传染性和致病性等，利用这些病毒的特征，我们研究出有效防控的疫苗，我们制定有效的防控、隔离政策建议以及公众日常防护方法等，也有效控制了病毒的进一步肆虐，为社会经济交流活动的逐渐恢复提供了有效的科学依据。

因此，我认为不必如此失望。因为，**从科技发展的自身规律来看，人类社会的进步以及解决方案的持续优化每天都在发生**。有时，我们感到失望，可能是我们脱离了事物发生发展的自身规律而产生过高甚至是不切实际的预期，因此会产生失望。如果我们能从历史的长河、事物发展的规律去看，我们就会感到信心倍增，我们会对未来充满了希望。

液体活检，可以说在一定程度上改变了肿瘤治疗的发展轨迹

问：2020年，首个NGS液体活检产品获得美国食品药品监督管理局（FDA）批准，能否介绍有关情况？这次批准意味着什么？这算是"已经到来的未来"吗？

刘沐芸：2020年8月7日，美国FDA批复了第一个液体活检（Liquid Biopsy）产品，通过新一代测序技术用于肿瘤变异的伴随诊断。这其实就是接续上一个话题，**技术的进步虽然还没有到那种"可以治愈任何疾病"的阶段，但是已经发展到可以在一定程度上改变事物自身发展轨迹的阶段了**。FDA批复上市的液体活检，可以说在一定程度上改变了肿瘤治疗的发展轨迹，准确地了解肿瘤的具体突变位点，然后予以精确的靶向治疗药物。

比如，非小细胞肺癌在不同的发展阶段，会表现不同的症状，过去我们是通过临床症状变化的观察、病理组织的分析去判断疾病的不同阶段并予以相应的治疗，但准确性、时效性和有创获取病理组织等均无法实现精准治疗。基于新一代测序技术而来的液体活检可以无创、准确并且快速地确定肿瘤具体的突变位点，便于医生选择针对性的靶向治疗药物予以治疗。比如，FDA批复的第一个液体活检，就是用于指导转移非小细胞肺癌EGFR突变治疗的伴随诊断方法。

这个批复不仅提高了肿瘤临床治疗的效率，并且有望改变肿瘤治疗药物的审评审批的标准体系，以及革新肿瘤等一些疾病的临床诊断方法和标准。因此，液体活检未来的应用非常广泛，如肿瘤治疗效果的预后检查、副反应监测，以及前述的癌症早期筛查等。

我们可以从液体活检的原理，来了解其广阔应用前景的可能性。

FDA批复的产品名是Guardant360CDx检测，由两部分技术组成。第一项技术是液体活检，分析患者血样，发现病人肿瘤的基因组分。这种方法相对于病理标本几乎无创，便于连续获得疾病不同阶段进展数据进行动态分析，并且不像病理组织的获取会受限于肿瘤发生部位，血液采集随时可以进行。第二项技术是新一代测序技术，对肿瘤进行高通量分析，可以同时检测出55种肿瘤基因突变标记，而不是一次检测一个，因此通过对肿瘤进行组分分析，便于临床医生分辨关键问题基因。FDA的批复，将液体活检方法用于多个实体瘤的标记检测，以便辅助临床判断患者是否能从靶向治疗中获益。

只是一个新的起点，还远没有到革命成功的时候

问：基因科学和技术的发展，能说是一场革命吗？为什么？

刘沐芸：可以这么说，人类基因组计划为我们提供了一个更准确、更低成本、更精细的新的数字化认知生命的工具和方法，改变了我们对生命发育，农业育种，疾病发生、发展和干预，药物研发等的认知路径和研究范式。

一种新的认知方法，也带来了新的工具需求，就是扩展我们人类数字化认知世界和理解能力的工具，能数字化获取信息的工具，能数字化理解世界的工具，能数字化制造产品的工具，能实现数字化传递的工具等。因此，**科技革命目前只是一个新的起点，还远没有到革命成功的时候。**当然，革命的成功可能并不是一个终点，而是一个动态的行进过程，在一个问题得到回答和解决的同时，又不断衍生出新的问题和挑战，需要我们持续的探索和研究，也就衍生出对新工具的需求。我想这是一个循环往复的过程，一个开始的结束，也是一个结束的开始。

从测序技术的发展看现在和未来

问：能否介绍一下高通量测序进展到什么程度？

刘沐芸：我们可以从测序技术的发展看现在和未来。20世纪90年代的测序技术基本是被Sanger测序所占据。Sanger测序的速度和成本受限于其对双脱氧末端终止法的依赖，无法持续优化，同时由于需要应用电泳，每次只能测单个DNA片段。

1998年，Pal NNyren's实验室推出了一种合成测序法，就是焦磷酸测序。使用双酶荧光素系统，测量DNA链形成过程中产生的焦磷酸盐。相对于Sanger测序，焦磷酸测序实现了实时测序，并避免使用冗长电泳。

此时，已有研究团队提出对测序通量的需求，通过克隆和扩增特定DNA准备测序模版，以提高测序通量。1999年，Mitra和Church提出一种扩增DNA的方法，用PCR法获得大量PCR克隆产物，与模版对应，实现并行读取多个克隆群体。

2000年，Brenner等用连续测序法读取了酿酒酵母序列，2003年，Dressman对连续测序法进行了优化。

2000年，美国Venter团队基于大规模测序平台的工业化优势率先完成第一份人类基因草图，开创了全基因组猎枪测序方法（Whole-genome Shotgun Sequencing Approach），相较人类基因组计划的国际合作队伍，Venter软硬一体大规模测序平台更便宜、更高效，总体花费2.5亿美元，而国际合作队伍的总体花费超过30亿美元。最终，国际合作队伍也得以提前达成目标，其中软硬一体的大规模自动化测序平台功不可没。国际合作队伍原定的测序分为两步走，第一步是映射（Mapping），第二步才是测序（Sequencing），并且由分散在不同国家的生物学实验室随机开展工作。而Venter团队以数字视角而来的"猎枪测序法（Shotgun Sequencing）"结合算法跳过映射步骤直接测序，集约了工序也节省了时间，当然更减少了成本。

2021年5月27日，一个国际合作团队宣称，应用新的测序技术和测序工具完成了人类基因组完整的测序（Entirety of the Human Genome），这次完整的"读取"，指的是弥补了20年前公布的草图中"缺失"的那8%。新的测序仪增加DNA碎片的读长，以便识别出高度重复字节中的差异和不同，进行重新装配。

在这个10年，5P医学将有望实现

问：伴随世界各国在高通量测序等技术水平掌握上的差异，基因组学在各国技术领域、临床、公共卫生领域的应用出现了怎样的差异性？会不会进一步导致全球健康状况的不平等？

刘沐芸：技术掌握程度的不同导致技术应用的差异，也会导致社会发展阶段的差异和生活水平的差异，这是一个普遍现象。**发展的不均衡不仅存在于经济社会发展领域，测序技术的出现，将这种发展不均衡、不平等传导至疾病和健康领域。**

人类基因组学发展的第一个阶段，也就是21世纪的第一个10年，这是一个变革性技术快速发展和成本骤降的阶段。我们绘制一个人的基因图谱，从过去耗时10多年、花费数十亿美元，到现在能在很短的时间、只需很少的资金就能完成。

第二个10年，基因组学的发展走向了信息时代。这个阶段，我们将测序中产生的大量基因数据和个人的生活环境、生活方式和其他非基因信息进行整合分析和应用，奠定了精准医学的基础，有望精确地揭示个人患病风险并能提前干预。

现在，**我们步入了21世纪的第三个10年。在这个10年，前述的5P医学将有望实现，不仅是准确预测疾病风险以及精准治疗，还有望能通过基因编辑技术治愈一些重大病或消除一些遗传病。**至此，技术发展不均衡导致的不公平就日益显性化，基因组学技术的发展，必然会在医学领域、社会层面赋予一部分人享有特权，而将另一部分人置于不利地位。而技术本身应该是不分种族，不分国界，也不分支付能力。

但现实是，由于科技实力的不同导致的是对关键核心技术和终产品的控制力不同，因而导致不公平的发生。从这次新冠肺炎疫情来看，不公平就非常明显，由于疫情的致病性和传播性，科技领先的国家掌握了疫苗研发技术和疫苗大规模生产工艺，表现出疫苗接种率的不公平、不均衡，甚至出现这种情形——一些贫穷国家第一剂接种还未完成，发达国家已经开始接种第三剂的加强针。但新时期不公平的发生将会有一种自我纠正的发展轨迹，世界的连通性会迫使优先掌握资源的那一部分人，出于自身利益的考量，愿意去纠正这种不公平。比如，疫苗的接种，如果世界始终有一部分人由于资源匮乏而无法接种基础的新冠疫苗，因而也就无法形成相对均衡的群体免疫。这种情况下，少部分人即便接种了加强针，对整个社会来讲也是无济于事的，因为社会是开放、流动的。我为人人的同时，也是人人为我。

不过，即便如此，也需要我们能提前看到这种科技导致的不公平的发展趋势，在贫富带来的不公平的同时，基因科技发展将进一步加剧个体之间、种族之间和国家之间的不公平和不均衡。防患于未然，我们可以从几个方面努力。

第一，基因研究，尤其是大样本的队列研究立项时，需要考虑纳入样本的多样性和代表性，不能偏好于某一类人群或人种。目前，许多大样本基因研究的纳入人群基本都是以欧洲白人为主（81%），少数族裔非常少。这就导致我们所说的"信息差"，直接影响到基因信息解读、临床诊断依据、治疗方案等与疾病、健康相关的决策和判断。

第二，研究成果的共享性与可及性。美国疾病预防控制中心（CDC）的一项研究调查发现，美国少数族裔的成年人更少去看医生，因为相较于美国成年白人的就医门诊，少数族裔成年人的就医成本要高很多。这反映出基因分析的队列研究导致的入组样本代表性不足，导致研究结果无法支持医生更精准的临床决策，出现医疗健康领域的结构性和财务性不公平现象。

第三，临床基因组学医疗的公平性。由于测序导致的不公平会传导至临床诊疗救治，这种不公平存在于性别、种族、年龄、社会阶层和地理位置等。因此，**要完全消除基因科技带来的不公平，我们还需要在更广泛的领域做出努力，如推进更公平的医疗体系和社会体系的建设。**

这股新的浪潮，将会对经济社会产生巨大而深远的影响

问：伴随信息科技和生物科技的交织，出现了生物信息学、计算医学、算法生物学，这些新的学科以更高的精度描绘并预测我们的身体，怎样看生物科技和信息科技的这种融合？从这个角度看，生物经济时代是否

能说就是建立在生命科学、信息科学融合发展的基础上的？

　　刘沐芸：生物经济的形成是受益于计算科技、数据分析技术、自动化技术、人工智能和生物工程等学科的发展进步，使得测序的通量、效率不断优化，以及成本不断下降。这些不同学科汇聚融合，将在四个领域推动形成一股全新的创新浪潮，如生物分子、生物系统、人机交互和生物计算，这些不同领域的创新也将相互促进、相互影响。

　　组学的进步将赋予我们高效、准确绘制、测量细胞内分子通路的工具，以及工程化处理的能力，这将进一步提升我们对生物过程的理解，也进一步提升了我们的生物工程能力。比如，CRISPR技术极大地简化了基因编辑的操作难度，提高了基因编辑的精准性。而生物和机器之间深度交互融合，也促进了生物机器和生物计算的发展，让我们能准确地捕获神经信号，并使得神经义肢的发展成为可能。新型的DNA存储技术也发展迅速，1千克的DNA就能储存今天全世界的信息。

　　这股新的浪潮，将会对经济社会产生巨大而深远的影响，如健康、农业、消费品和能源领域。这些创新将赋予人类应对气候变化和疫情挑战的能力和工具，如快速绘制病毒完整的基因序列，并研制出检测诊断工具和疫苗，以及快速追踪病毒变异轨迹等。今天的这些应用，可以追溯到人类基因组计划为我们打开了一扇数字化理解生命和自然的大门。

数据形成的垄断，有着显著的隐匿性

　　问：伴随数据集中度的提升，基因组学领域会不会像互联网时代一样出现垄断的巨头？如何谨防这种现象的出现？

　　刘沐芸：由于测序通量和效率的提升，测序成本的大规模下降，数字化的工具和理解力的提升，每年仅测序就能为我们带来海量的生物数据。但这种基于基因测序而来的数据，只是我们理解生物和世界的基本构建模块之一，还需要有更多的组学数据和多维度、多层次、高水平的临床表型数据。当然，伴随着算力、生物信息和算法的进步，将赋予人类掌握获得更多维度数据的工具和理解分析这些数据的能力。

未来有可能会有多样性数据集中的趋势，也有可能演绎出生物科技领域的巨头垄断现象，尤其是同时掌握大规模数据获取工具、超量算力设施和算法开发团队的公司更易形成生物经济时代的垄断巨头。Google 公司搭建的超量算力设施支持的算法开发正在显示这种集聚的趋势，先后演绎出以 AlphaGo Zero 为代表的围棋数据库，发展出以 AlphaFold 为代表的蛋白质数据库，还有目前正在优化的以人群行为轨迹结合检索关键词"骤升"的新发疫情预警数据库等。

新时代，以数据集聚和分析、利用为特征的垄断，与传统经济领域中以实物或实体积聚为特征的垄断有着本质的区别。数据形成的垄断有着显著的隐匿性、非排他性以及难以实物分割等特点，并且需要极高投入的算力设施、储存设施做支撑。因此，了解数据垄断的特点，可以从如下几个方面布局，以期尽可能避免。

第一，基于数据的非排他性和设施建设投入的巨大性，可由政府投资建设并所有，巨大投资的算力设施和储存设施作为科技公共品，开放给研究团队进行算法开发、应用衍生。其实就是我国政府的"新基建"部署。

第二，基于数据的公共性和产品的排他性，通过公共算力设施和公共资金支持产生的新数据，回传给公共储存设施。以国际基因数据库为例，其公共性、开放性和共享性，极大地加速了我们了解 COVID-19 背后病毒的能力，提升了我们快速诊断 COVID-19 的准确性，缩短了我们开发应对 COVID-19 疫苗和疗法的周期。

第三，不断放大公共数据边际效应的同时，将公共数据支持形成的下游应用的产品开发分散化和网格化，以积极预防新型垄断的形成，并极大地激发和鼓励下游应用服务的多样性和业态的丰富度。

未来人和工具之间的边界将日益模糊，甚至融合

问：2000 年，我和同事编辑出版了一本小书，叫《你还是你吗？——人类基因组报告》，伴随基因编辑技术的发展、合成生命的出现，您预测未来生命科学将向何处去？合成生命学会有怎样的发展？人类还将会是

"人类"吗？

刘沐芸：生物科技革命将给我们的经济社会带来多重影响，可以在多个维度延展人类自然的生理特性，如当前的一系列科技进步，极大地扩展了人类与世界交互的广度和深度。手机内存拓展了大脑的记忆容量，FaceTime拓展了人类的视距，将"远在天边"变为"近在眼前"。机械义肢延展了我们肢体的活动半径，移动互联极大地拓展了人类衣食住行的边界和能力。

一些新工具和新技术，也极大地拓展了我们观察世界的边界和能力。创新工具的普及拉平了人和人之间的先天差异，如毫无顾忌地打越洋电话，过去只有少数特权阶层才能实现，但今天我们每个人都能随时打越洋电话，而且还能毫无付费压力地随时视频。今天的CT仪，能极大地缩短临床医生诊疗经验积累的时间长度，是因为工具将个人天赋的差异平均化了。

我举的这些工具的例子，基本都还是"物"的工具，也就是没有生命，并且这些工具如何发挥效应，也还是取决于使用的人。虽然具体使用者之间还是会有差异，但这种差异相较于人与人之间资源禀赋的差异，可以通过后发优势加以弥补，并且过去的这些工具和人之间没有产生融合性，也就是工具是工具、人还是人，人和工具之间的边界非常明确，工具需要经由人的使用才能发挥作用，创造价值。

但未来可能就不是这样了，**人和工具之间的边界将日益模糊，甚至融合。比如，今天我们的基因编辑工具——CRISPR工具，这个工具工作的对象就是一个活的细胞或者是活的人了。**这是一个生物工具，和过去物化的工具完全不同，可能是人、物结合，或者是全新的"有生命"的工具了。可以说是工具嵌进生命体，也可以是工具被赋予了生命。

未来可能是这样的，我们不需要畜牧家畜就可以吃上肉了，瘫痪卧床的患者在干细胞的帮助下实现脊髓再生，化工原料可以在实验室中应用微生物合成，遗传性疾病可以在出生前加以干预和预防，基于个体基因、微生物等组学特征制订个性化的饮食和健身方案就能高质量地延长寿命，而脑—机交互则能进一步提高大脑的神经控制力等。

20世纪90年代，我们开始通过基因测序的方法"阅读"我们自身，熟读了之后，自然而然地就想要"写"，然后就想要"改"了。为什么呢？因为想要更好啊，然后就想要凭空"造"了。

那未来"人"还是"本人"吗？这一点，需要大家共同思考和回答。

将自己的研究成果转化为人人用得起的健康促进

问：您在生命健康领域奋斗多年，能否说说您的实践和梦想？

刘沐芸：我一直学习和工作的领域都是致力于改善人民的生命健康，通过自己的学习研究、工作实践，将自己的研究成果转化为人人用得起的健康促进和质量提升的解决方案。

2018年以前，我主要是从事细胞产业下游的细胞治疗技术和产品的开发，通过打造"区域细胞库＋细胞制备中心＋细胞质量检测公共服务平台"国家网络，为许多"诊断明确、但宣告无效"的患者和家庭提供了改变命运轨迹的救助治疗。

2018年后，成立"赛动智造"这家企业，期望以工业自动化平台推动具有革命性疗效的细胞治疗产品"大规模、高质量、低成本、可重复"地给每个有需要的个体和家庭，实现先进细胞治疗的"质量一致性、应用可及性、人人可负担"。

COVID-19是大自然给我们的一个提示

问："我们急需建立起一个全球性的、能收集世界各地观测结果的基因组观测网络，这样才能给出这些问题的答案。""追踪'环境DNA'正如同使用烟火报警器一样，警报响起后，我们还需要确认火源、查明危险级别，然后才决定要采取何种措施。'基因监测'也属于这种早期预警系统。"在《基因组革命：基因技术如何改变人类的未来》中，共同致力于"生物多样性基因组学"的两位作者——牛津大学的道恩·菲尔德和加州大学的尼尔·戴维斯这样呼吁。在新冠肺炎疫情仍然全球蔓延的今天，您怎么看这一呼吁？

刘沐芸：我觉得这样的早期预警系统是否建立，主要要基于我们设定的目标，以及我们的成本和收益比。有几个问题需要明白：一是需要评估追踪环境DNA的意义是什么？或者需要解决什么问题？或者说，我们当前的技术是否支持建立类似的"基因监测"系统。二是谁来做？这也是一个要回答的问题，就如同前述的基因测序可能会加剧人群之间、阶层之间、国家之间的不公平。我们假定这个"基因监测"系统非常有意义，那谁来做就比较有意思了。三是如何使用？等等。这些是需要我们思考清楚的。

不过，提到生物多样性正在逐渐失去，我想我们需要反思的是人类自身的活动。前面讲到科技成果演绎出的工具极大地拓展了我们的"视力""听力""脑力"和"脚力"，是否我们不断被拓展的能力让我们不断地"入侵"本该属于其他物种的生存环境和空间呢？是否可以说，生物多样性的失去、新发传染病的增加，正是和我们人类不断增强的能力、不断拓展的活动边界有关呢？如果从预警新发传染病的角度，可能监测人的行为会比监测基因的效率更高一些。

从历史上出现的新发传染病，或已知传染病的复发，我们可以发现一些特征和规律。许多传染病的发生、流行与人类的行为、活动以及这些行为和活动与自然间的互动有关。比如，1997年发生的H5N1禽流感，2003年发生的SARS，2013年的H7N9型禽流感和现在仍在流行的COVID-19，均是首先出现在"湿性"市场，表明人类的行为可能是新发疾病的关键性因素。当人类在其主导社会中，在自然界的活动空间和范围不断增加、所处环境更加复杂的同时，也可能为一些原本"人畜无害"的病原菌"创造"了宿主迁移的机会，受到"进化压力"的驱使，这些病原菌为了生存必须寻找新的寄生环境和宿主。现在，仍在全球肆虐的COVID-19可能是大自然给我们的一个提示，是时候重新思考人与自然的关系了。因此，在机会性的宿主迁移机制下，防控疫情的焦点不应局限在对病原菌和疫苗的研究，还应包括我们人类行为的防控、调整。

组学的深入研究，有利于我们对生物系统的全面理解

问："'组学'研究的大一统正在进行中，而'生命密码'作为基因合

成领域的核心研究，代表了未来10年、甚至是21世纪生物学的研究方向。DNA不仅是生物学刚刚兴起的一门'通用语'，还注定是21世纪生物学编年史上浓墨重彩的主要篇章。"您预测，组学时代还会有哪些亟待去研究的领域？从测序角度看，"生命之树"还有哪些亟待采摘的果实？

刘沐芸：组学是一门新兴技术的合称，是有助于我们全面识别和量化理解生物系统在某一个特定的时间点的全部分子合集的技术。组学和分子技术指的是研究、病能工程设计、合成或修饰相同"omes"技术。生物系统指的是细胞、组织、器官和生物体液或有机体等。能用于绘制和测量细胞内的分子和旁路，在帮助我们理解细胞的同时，能指导我们实现细胞的工程化设计、改造等。比如，CRISPR技术能让我们可以更高效、更精准地实现基因的编辑。

总体上，**组学包含了"细胞内遗传信息"，如表观遗传、转录组、蛋白质组等；"细胞内代谢产物"，如代谢组、糖组学等，以及微生物组、单细胞组等其他组学。**关于组学的研究，确实是由于多因素的重合，如读取、分析、存储等工具的出现和迭代等的交互融合，我们在基因组学的读取方面取得了较大进展，**随着测序读取工具的普及、计算机性能的提升和成本的下降，学界在进一步向基因组研究、开发纵深推进的同时，也逐步在向其他组学研究拓展。**

为什么我们说，组学的深入研究有利于我们对生物系统的全面理解，我们要全面由当前的"读取"走向"编辑"的话，不仅需要掌握生命设计图（基因组），还需要掌握其他生命系统的具体"活动"和"开关"，如调控、转录、翻译等反应细胞内的遗传信息，对细胞内代谢产物和其他如微生物组学等组学有深入了解。因此，从总体科学研究里程碑的推进来看，还需要对不同的组学进行纵向深入研究，以及组学间的横向融合研究、分析。不同的组学其特征不一样，如基因组是生命的设计图，相对较为静态，有的是即时性、动态变化的，如代谢组学；有的是执行具体操作的，如转录组等。因此，需要有对应的工具、算法和专业的研究团队。

基因测序的快速进展受益于工具、设施和分析方法的同步进步，其他组学的研究也需要辅以不同的工具、匹配的分析方法或算法获取信息。我们说一个学科的进步有几个因素在驱动，一是来自下游用户的需求；二是要有合适的工具；三要有研究团队持续参与；四是法律法规等社会因素的支持，以及合格标本的可获得性和持续性。更需要有稳定的资金持续予以支持，以及部分技术成果转化时下游应用市场的看好，基于下游应用市场的潜能爆发，具有远见的资本逆向支持和培育、加速下游应用市场形成的工具、技术和产品开发应用，缩短开发周期也很重要。

亟须建立一个国家层面统一归口的生物数据库

问："人类基因组正是一张藏宝图，它开启了新天地的大门，而探索这个基因组新世界的寻宝竞赛正在火热进行中。""地球上还有极多的DNA有待人类探索，大部分的物种和基因都在等待人类发现。""随着技术进步，以及人类与日俱增的雄心壮志和好奇心，各种基因组计划的规模也随之迅速扩张。"能否介绍一下主要国家在基因组计划方面的"作为"如何？中国作为一个发展中大国，是否应该更加有所作为？

刘沐芸：选几个有代表的讲一下。美国的"All of Us Research Program"，其主要目标是鉴定新的癌症亚型，与药厂等私人部门合作测试精准疗法的临床效果，拓展对癌症疗法的认识（抗药性、肿瘤复发等），并汇编代表性样本中的详细健康数据，以便科学家更好地了解疾病机制，并更快推动个性化治疗的发展。拟纳入100万人，研究预算14.55亿美元，为期10年。

法国的"法国基因组医疗2025（France Génomique）"，其主要目标为将法国打造成世界基因组医疗领先国家，将基因组医疗整合至患者常规检测流程，建立起一个国家基因组医疗产业，从而推动国家创新和经济增长。拟纳入样本50万人，研究经费6.7亿欧元，研究期限10年。

英国的"10万人基因组计划（100,000 Genomes Project）"，其主要研究目标为推进基因组医疗整合至英国国家医疗服务体系，并使英国在该领域引领全球；加速对癌症和罕见病的了解，从而提升有助于患者的诊断和精准治疗；促进基因组领域的私人投资和商业活动；提升公众对基因组医疗的知识和支持。拟纳入样本10万人，研究经费2.4亿英镑，研究期限5年。

澳大利亚的"基因组学健康未来使命（Australian Genomics Health Futures Mission）"，其主要研究目标为罕见疾病、罕见癌症和复杂疾病的"旗舰式"临床研究；将技术应用转化为患者护理的临床试验；加强学术和研究合作。这项行动还将制定国家标准和方案，以加强数据采集和分析；提升基因组学对更广泛社区的价值；并鼓励政府与慈善家和企业建立伙伴关系。样本数10万人，研究经费5亿澳元（约合3.7亿美元），研究期限10年。

日本的"罕见病和未确诊疾病计划（IRUD）"，其主要研究目标为针对目前发现的单个病理突变来开发创新候选药物，将新型技术应用在NGS基因组分析尚未解决的病例上，以及促进国际数据共享。研究经费达7亿日元/年，这是一项长期研究项目。

中国迫切要做的是建立一个国家层面统一归口的生物数据库，将中国不同层级资助研究项目产生的数据归口汇聚，统一管理，首先完成国内的同一数据库的开放共享，然后与国际交互共享和互相备份，尽快扭转我国数据在国内没有归口、反而是归口国际三大数据库（美国、欧盟和日本）的发展态势。

是时候全新思考人与自然的关系了

问：伴随地球生物多样性的减少，《基因组革命：基因技术如何改变人类的未来》一书指出："目前的物种灭绝速率已高出背景灭绝速率，甚至比地质时代那五次大灭绝时期的平均灭绝速率还要高"，"我们才在短短300年间就失去了75%的动植物物种"，甚至预言"300年后，人类也极有可能要面对地球史上第六次大灭绝，即'人类大灭绝'的到来"。对这样的分析和预测，您怎么看？

刘沐芸：COVID-19暴发之前，我们谁都无法想象，会有一个事件对我们的工作、生活、社交产生如此深远的影响，不仅重塑了我们的工作形态，也重塑了我们的社会关系，重塑了我们对"人与自然"关系的思考与认识、共生与和谐。

突发的COVID-19大流行，让我们重新认识了大自然的力量，一种未知的病毒经由自然潜入人类生活的社区，然后迅速扩散至全世界。截至目前，感染人数仍在不断攀升。COVID-19暴发以来，我们都致力于找到病毒的源头，但在寻找源头的同时，我们也应该思考我们与自然的关系，以及我们与自然该如何共处。

因为，**每一次新发病毒及其导致的传染病，其实都反映了复杂生态系统中人、动物、病菌和环境之间的平衡被破坏后重新平衡的一个动态调节过程。**在人类发展历史中，大流行病并不只有这一次，从人类结束游牧的狩猎生活进入定居的农耕生活开始，人类生活方式的转变就标志着人类与自然之间的关系开始了系统、广泛的改变。

自公元前430年雅典发生瘟疫开始，人类历史上总计发生了17次传染性疾病大流行，几乎每次传染病大流行的背后都有人类行为变化的印迹。驯养家禽、家畜后出现的动物源性传染病，如天花、恶性疟疾、麻疹、肺鼠疫等，这些新发的传染病反过来给人类社会带来灾难性影响。

公元541年的贾斯丁瘟疫和1348年的黑死病造成的死亡人数是历史性的。1918年的流感大流行造成的死亡人数超过5000万人，1981年出现的艾滋病至少导致3700万人死亡。后续还发生了2009年的禽流感、2014年的基孔肯雅病、2015年的寨卡病毒，以及2014年出现并一直延续至今的埃博拉病毒等。因为人类行为的改变有意、无意间改变了病毒或病原菌赖以生存的寄生环境，促使病原菌发生宿主迁移（Host-switching），这就需要病原菌自身发生一些基因序列的改变以便能适应新的宿主。近20年内出现的几次冠状病毒流行病较为典型地体现了这一特征。

冠状病毒一直存在于自然界，包括2002至2003年的SARS-CoV，2012年的MERS-CoV，2019年底出现至今并引发COVID-19大流行的SARS-CoV-2，迄今为止引发了3次传染病流行。相同的是，病毒都是经由中间宿主跳跃到人类；不同的是，前两种都是在出现症状后才有传染性，而后者具有无症状传染的特征。这是否也是一种病毒为了适应新宿主而产生的进化呢？是否从另一种角度表明，多重、复杂的环境变化使人类社会已进入大流行时代？

只是，我们能为此做出什么改变吗？

"生物经济"是一个较为得当的说法

问：2012年美国政府《国家生物经济蓝图》宣布，继农业经济、工业经济、信息经济之后，人类已经进入生物经济时代，您怎么看"生物经济时代"？

刘沐芸：生物经济是一个与农业经济、工业经济、信息经济相对应的经济形态，是以生命科学、生物技术和技术科学研究开发与应用为基础的，建立在生物技术产业和产业上的经济，将对总体自然生态体系产生影响和变革，要解决的问题和实现的福祉不仅局限于人或生命体，还应着眼于体系的完善和优化，包括环境、气候、空气、水等公共品的应对。曾经有一段时间，我们可能认为，人类是地球或大自然的主人，认为大自然或地球的一切生物或非生物都是人类生存的工具，经过很多年与自然共处的经历和事件，我们开始慢慢认识到，人类和其他生物或非生物其实都是构成大自然和地球的一部分。

但是，人由于大脑意识的形成，从而获得了教化、驾驭和使用自然界已有的生命体和非生命体的能力，甚至具备了发明、创造一些新的生命体或非生命体作为工具的能力。因此，从农业经济，经过工业经济，经由信息经济走进当前的生物经济，是一个技术不断迭代、爆发的经过，也是一个人类不断进化和重新自我认知的过程。因此，人类走到今天，寿命不断延长，物种不断减少，技术不断进步，可能未来技术的着眼点，不仅是人类的福祉，更应是整个自然界综合福祉的总体提升。

因此，"生物经济"是一个较为得当的说法。

生物经济是全新经济形态

问：生物经济时代究竟有着怎样的特点？是什么促成、导致或者说加速了这个时代的到来？

刘沐芸：生物经济是由生物科学研究和创新所推动的经济活动，是世界经济的重要组成部分，生物经济将带来十分巨大的增长潜力，引发的社会效益也将非常显著，已经成为各国政府优先选项之一。生物经济有如下特征：

第一，学科融合带来的变革性。生命科学、生物技术、计算科学等深度融合推动了生物经济的形成与发展，生物经济是建立在生物资源、生物技术基础上，以新生物技术产业的生产、分配、使用为基础的新经济形态，也将全方位促进传统领域的集约、绿色转型，因而生物经济既是过去技术发展的结果，也是新经济形态的支撑主体。

第二，涵盖广泛。技术融合与演绎推进，生物经济衍生至经济社会的方方面面，在外部需求的促进下，逐步形成了其重点领域，如生物医药与健康、生物农业和食品、生物能源、生物酶、生物化学品、生物塑料等。

第三，可持续性。工业经济和信息经济均是建立在实物资源消耗的基础上，或以实物原材料参与的化学过程等。随着人类经济活动的不断增加，导致自然和环境越来越不可持续。但生物经济演绎形成的新产业体系，通过采取生物过程与生物炼制技术，就有显著的"无中生有"的特点，从根本上降低了对化石基原材料与能源的依赖。另外，生物农业技术的发展，也减少了传统农业对土地、气候等资源性条件的依赖。两种"依赖"的减少，使得农业、工业更具有可持续性，从另一方面也形成了人与自然、环境和谐相处的技术基础。

第四，生物质是基础资源。生物质将是驱动生物经济发展的基础资源，也正因为如此，未来生物经济具体产业形态和业态的发展成长将会受到研究进展与成果转化的塑造。**生物经济的发展源自遗传工程、基因测序和高通量的工业自动化三大基础技术，未来也会继续因这些基础技术的进一步发展而衍生出新的增长潜力，加之与合成生物学、蛋白质组学、生物信息学、计算生物学等新兴技术的结合将会产生一些目前我们还无法想象的新的生物质等新技术、新服务和新业态。**

第五，如影随形的风险。生物技术的发展充满了期望与机会，风险也如影随形。在改变社会经济形态的同时，也因其"两用性（Dual Use）"而对经济社会、人与生态充满了难以预估的风险，并且如果应用不当，生物科技的风险将远超其带来的益处。**相较于数据技术和AI带来的数据风险，生物技术带来的生物数据隐私风险将会有过之无不及，因为互联网、人工智能获取**

的数据仅仅是人类外部数据，而生物数据来自人类自身，甚至是人类潜意识等，这些数据更敏感、更个人化。并且，如果数字技术、计算科技出现了危害和危险，我们可以通过关闭电源或拔出插头的形式进行关闭，但生物科技一旦启用，很难有一个可以及时"关闭"的方式，并且没有确切的物理防护边界，同时生物体自身具有自我修复和自我复制的特征。另外，生物学相互关联的特性也会增加"预期之外"风险的可能性；较低的进入门槛潜藏着巨大的滥用风险，如CRISPR操作的可及性及工具包可通过网购获得，并由此衍生出新的"职业"——生物黑客；再一个就是不同国家技术掌握度的不同导致新的不平等、不均衡等问题。

第六，因此，生物技术创新很大程度上需要政府、科学家、监管者和社会的参与，因为不同国家管理规范对潜在风险的界定不一，也导致不同的司法区域对潜在生物风险的应对、预防和竞争的不同。因此，在从过去带有重大风险特征的技术浪潮的应对中总结应对方案时，需要有基于技术融合、迭代的前瞻性洞见参与其中。

第七，生物经济的驱动力来自几个方面：一是经济社会发展过程中不断出现的新需求，总体人口数量的增加和收入的增加激发了对生物初加工的需求，人口结构的改变凸显出对健康的迫切需求，生态环境的压力催生了生物育种和低排放等工业应用创新的需求。二是技术的进步与叠加演绎路径"基础技术—迭代融合—新兴技术"。三是成本的稳定与持续下降，基因测序的普及应用到多个领域，甚至无处不在地应用。其中一个显著的原因，就是工业自动化的引入导致测序成本从人类基因组计划起始下降了100多万倍。**因此，领先技术的出现到一个经济形态的形成中间需要一个发展过程，这个过程有下游应用市场巨大需求的驱动，也有技术的快速发展、成熟，以及成本上的突破和大量合格的产业人才的参与等，当然还有社会的接受度和政策法规环境等。**并不是每一项科技创新的出现，必然会有市场应用。

上游下游"两头都要抓，两头都要硬"

问：《中华人民共和国国民经济和社会发展第十四个五年规划和2035

年远景目标纲要》对"发展壮大战略性新兴产业"不仅提出"战略性新兴产业增加值占GDP比重超过17%"的具体目标，还在"构筑产业体系新支柱"中提出"推动生物技术和信息技术融合创新，加快发展生物医药、生物育种、生物材料、生物能源等产业，做大做强生物经济"。这段话是否为"做大做强生物经济"指明了路线图？您还有没有别的建议？"做大做强生物经济"，究竟路在何方？

刘沐芸：生物医药、生物育种、生物材料和生物能源等产业，是生物经济的重要组成部分，也是基于我国科研、产业基础和未来目标而拟定的需要重点关注，且具备优先重点部署条件的产业领域。生物医药应对的是人民群众的生命健康，生物育种应对的是粮食安全，生物材料和生物能源应对的是对化石基原材料与化石能源的依赖，转向绿色可持续发展。

前面讲过，生物经济是深度依赖基础技术进步和多学科技术融合迭代的一种不同于农业经济、工业经济的全新经济形态，**因此随着新兴科技的不断出现，生物经济会爆发出巨大的发展潜能和一些当前我们还无法想象的技术应用和服务，如生物计算、人机结合、生物系统等支撑生物经济发展壮大**的关键核心技术的领先性、团队、成果转化路径，良好的支撑成果转化的政策环境的营造等，都需要配套和并进。

因此，除了部署下游的具体应用，还需关注上游的关键核心技术和工具研发的部署和攻克，形成对上游关键核心技术和工具的掌控度与控制力，下游的应用服务才能百花齐放。我们要从"拿来主义"走向"自主可控"。我想这可能就是习近平总书记在2021年中国国际服务贸易交易会全球服务贸易峰会致辞中宣布"深化新三板改革，设立北京证券交易所，打造服务创新型中小企业主阵地"①，从而培育"专精特新"的出发点和用意吧。**如果上游的关键核心技术和工具不掌握，下游的服务贸易就会失去自主可控的源头供给，上游**（不同产业领域中掌握核心技术和工具的"专精特新"）、**下游**（具体应用、服务和产品）**"两头都要抓，两头都要硬"。**

---

① 习近平：《在2021年中国国际服务贸易交易会全球服务贸易峰会上的致辞》，《人民日报》2021年9月3日。

推动BT和IT的融合产生催化连锁反应

问：怎样推动生物技术和信息技术融合创新？

刘沐芸：推动生物技术和信息技术融合创新，可以从四个方面着手。

一、注重科技产业设施也就是新基建的投资建设。比如，可以支持公共使用的超大算力设施、数据传输和储存设施等，而不仅是只购买类似冷冻电镜等设备，单一、孤立的设备配置无法发挥对科技促进、产业放大的连锁催化效应。而产业设施或新基建是一个网络，更能发挥链接、集聚甚至是爆破性作用，在科研方面能有利于上游核心技术和工具的开发迭代，在产业方面能产生"连锁爆破"效应，承担"取之于民，用之于民"的基础性支持作用。而不仅仅是新闻中的大科学装置，或大产业设施，仅停留在"耳闻"的阶段。

二、公私分明。技术的迭代和进步，生物经济的进步有赖于基础技术和竞争性技术。除了主动部署新基建，还需要关注基础技术的主动部署与攻关组织形式，并建立良好的市场规范和竞争环境，鼓励竞争性技术的百花齐放。基础技术决定了具体产品的开发方向，而竞争性技术决定了下游市场容量的大小。

三、基础性技术的大力发展为竞争性技术的发展和逐渐替代传统产业和服务提供了发展的原动力，但最终创新生物技术要在竞争中获胜或取代传统的、习以为常的服务和产品，取决于新技术在社会、经济和环境等方面是否具有决定性优势，是否足够先进、便利、便宜，性能更好，能耗更低。当然，与人类经济社会并行发展中不断迭代的政策法规环境也息息相关。

因此，要推动实现BT和IT的融合创新，不仅需要新机制集中部署建设新基建网络，还需要新型组织形式对不同产业领域的关键共性技术和工具研发的批量集中攻关，也需要下游市场进入门槛、法规适应和成本效益等综合配套。正是这样，BT和IT的融合才能产生催化连锁反应，借助新基建网络，将上游的技术突破，经由中间工程化创新新型组织形式，最终传导至下游应用服务市场的百花齐放，丰富人民群众对美好生活向往的广度和深度。

推动生命体的数字化

问：基因科学、细胞科学的发展，和生物经济时代有着怎样的密切关系？

刘沐芸：基因和细胞科学是生物经济发展的生物技术基础。人类基因组计划绘制了人类生命体的构造图，然后结合快速迭代的基因序列读取工具不断推陈出新，给我们提供一个全新的认知世界、测量世界的工具和方法，推动了生命体的数字化。

测序技术发展至今天，不仅可以快速高效地完成生命结构图的读取和绘制，并能更精细到单个细胞基因序列的读取和排列。而单细胞的测序效率为我们提供了一个更细微水平观察突变和恶变的工具。

随之而来的基因编辑工具包为人类提供前所未有的简单、高效、便利的对生命体结构图进行"编辑、修改"的能力，而干细胞的研究就赋予另一种能力和工具。

这些生物技术能得以快速发展和演绎，均是得益于生物学、计算科学和工程学的交叉融合，而这些技术能快速融合突破也与其他基础学科的发展密不可分，比如物理学、化学、统计学等的快速发展。

每年产生的大量生物数据，伴随计算成本的快速下降，让大规模地储存、处理和分析海量数据具备了基础，进一步与不断优化的深度学习、AI和生物信息的融合、迭代，并且这些技术正相互促进、相互加强，技术间边界也正在模糊。**正是基因和干细胞科学等生物科技与计算科学、数据处理的结合，推动生物经济这种新经济形态的形成和发展。**

依据个人的基因谱系特征定制产品、服务

问：伴随精准医学时代的到来，下一步人类将迈向哪个时代，是精准营养、精准健康时代？

刘沐芸：学科的融合促进并衍生了许多的下游应用和服务，在上游技术的推动下和下游市场需求的驱动下，正有越来越多的技术向下游的个体化产

品和服务转化，如依据个人的基因谱系特征定制产品、服务，这就包含精准医疗、精准营养、精准健康等。

究竟哪一类应用和产品会率先成为"爆款"，取决于前述的几个因素，取决于技术的成熟度与可及性。可及性包括两个方面，一个是经济的可负担性，也就是成本是否足够低；再一个就是技术的物理可及性。比如说，细胞治疗产品，其技术的成熟度和经济效益比足够"引爆"一个市场，但受制于物理可及性无法成为"爆款"。细胞治疗迫切需要工业自动化，如"赛动智造"提供的床边生产细胞智造平台（Point-of-care Manufacturing），可以便利装配式地围绕着市场需求就近部署，极大克服细胞"温度敏感、效期短"等高动态性和不稳定的特性，直达市场需求。还有一个就是经济社会对新技术的接受度和开放度、适应性的政策法规环境、配套的评价标准和保险支付体系等。

是否"换道超车"取决于当前部署

问：对于中国来说，在工业经济、信息经济时代苦苦追赶之后，生物经济时代是一次难得的"换道超车"机会吗？

刘沐芸：生物经济有几个显著的、有别于工业经济和信息经济的特征，**这就是生物经济的基础性技术是与生命体有关的读取、挖掘、分析和利用有关的基因和细胞科学。工业经济和信息经济是以非生命体或者物为主要生产要素和材料的经济形态。**

生物经济是否是"换道超车"的机会，取决于几个先决条件。

第一，是否有自主可控、可用的本国数据库。生物经济的基础性生产要素是与生命体相关的生物数据，因此，如果一个国家要发展生物经济，与之配套的新基建就是自主可控、可用的本国生物数据库，要包含多个维度、多个层面的人类、非人类的数据库。当前，我国研究投入产生的大量研究成果和生物数据都上传到国际三大数据库（美国国立生物技术信息中心，欧洲生物信息所和日本DNA数据库，且这三大库之间以联盟的形式达成了互联互通和同步）。但迄今为止，我国还没有建立一个统一的全国性的生物数据库，也正因此，就无法谈及与国际三大数据库的互认互通。

第二，是否对上游关键核心技术和工具自主可控。生物经济是在基础性技术的推动和下游应用市场的拉动演绎而来的，由此可见，上游关键的基础性技术和工具的自主可控非常关键。生物经济的上游核心技术和工具往往是相互交叉融合、相互依存的。比如，基因编辑工具的发展进化，不仅依赖于生物学技术，还依赖于生物学演绎发展的积累和不断新增汇聚的数据库的支持，以及其他基础学科的积累发展并叠加形成的新工具平台等。

第三，转化路径是否顺畅，也就是下游市场的接受度和开放度。我国财政和资本市场是否支持上游颠覆性技术的研发投入，社会是否对颠覆性技术出现具有开放度和接纳度，政策法规环境是否具有包容适应性等，是否具有配套的供应链和工业体系以生产交付高质量、大规模、低成本的创新产品，配套的评价标准和体系是否支持新产品、新应用和新服务等。其实，就是我国社会总体的创新自信的程度，不以他国为风向标。

因此，是否"换道超车"取决于我们当前的部署与推进，是不是有利于形成"换道超车"的态势。

掌握四类新型基础性技术的国家将主导发展

问：这个时代究竟处于一个怎样的发展阶段，是小荷才露尖尖角吗？或者说是刚刚在远方地平线露出桅杆的一角，能说现在处于互联网大爆发前夕那样类似的场景吗？

刘沐芸：当前，基础性技术和竞争性技术正在快速发展中，相互促进与相互依托，正在塑造生物经济的发生和发展，海量产生的生物数据正在改变农业育种由过去对自然生态的依赖转向生物育种，而基于对海量人类基因数据的分析，为我们提供更精细的了解疾病发生发展的路线图，如细胞治疗对恶性肿瘤发展轨迹带来改变等。

除此之外，将会衍生出四个重要的新研究领域，也就是生物科技与计算、数据科技融合后将衍生出四个新的基础性技术：生物分子、生物系统、人机接口和生物计算。而这四个新的基础性技术将决定竞争性技术的种类和方向。可以说，掌握这四类新型基础性技术的国家将主导下游竞争性技术的发展，并获取主要利润来源。

生物经济正在塑造和成型中

问：能说生物经济时代是"已经到来的未来"吗？

刘沐芸： 从数字化认知生命和世界的角度来讲，可以认为，**我们正在经历生物经济的塑造成型中，我们可以说既是见证者，也是参与者、塑造者或推动者。**

我们既是前沿科技的创造者，也可以说是前沿技术的受益人。我们对高质量生活的追求为前沿技术的研究开发提供了动力，前沿技术的每一次突破也进一步激发了我们对更美好生活的追求。下游市场需求与上游核心技术与工具也是相互依存、相互促进。

以细胞基因产品发展为例，虽然已有多个产品获批上市，但受制于个体化、成本高、复杂的手工操作、交付烦琐等影响，仍然无法商业化应用。因此，对上游自动化、智能化的生产装备提出需求，这是一个典型的产业下游产品和服务发展与上游装备相互促进产业链闭合循环的过程。首先，发生于下游的产品和服务，发展过程中涌现出对上游细胞智造装备与部件的需求；其次，通过上游核心装备研究开发进一步促进强化下游产品创新和服务生态的完善，逐步形成产业供应链的自主可控，进而获得产业的话语权与终产品的定价权。

高通量测序是生物经济时代的生物类基础性技术

问：2012年，美国政府《国家生物经济蓝图》指出，高通量测序等三大技术的发展，打开了一扇通向未来的大门。八九年过去了，您怎么看这扇"未来之门"？

刘沐芸：高通量测序技术为我们揭示了以生命为特征的复杂系统组成的详细信息：基因、细胞、生物和生态体系，以及它们之间相互作用的机制，

并改变了生物学和临床医学的研究范式，这些也因此被归为生物经济的生物类基础性技术。也因如此，仍然存在有巨大的研究开发空间，需要信息类基础技术的加入融合，如促发新的科技革命的发生，尤其是前述的新型基础性技术的出现，将有可能缔造出一个充满活力的生物经济形态。

另外来看，高通量测序技术既是创新成果，也是引发新的创新成果的技术基础。人类基因组计划（HGP）最早的目标就是绘制人类基因组图谱，但在完成这个目标的过程中，HGP又促进了高通量测序技术的发生、发展和迭代，而高通量测序技术的进步又引发了微生物基因组、病毒基因组、感染性疾病和植物生物学等领域的进展。

由HGP而来的新生物学和新技术相继又推动了一些新的大规模科学计划产生。比如，DNA元素百科全书研究联盟（ENCODE）、国际基因组单体绘制计划（International HapMap Project）、千人基因组等进一步促进新的创新和应用发生，形成良好的"科学发现—技术发明—产业发展"的良性循环。

每一次工具迭代成功，就昭示着一个新时代的来临

问：如果说18—19世纪人类更多在探讨物理世界之谜，能否说20世纪至今更多地将目光聚焦生命本身，探讨生命之谜、探讨生命和环境的关系？而这也将成为长期持续的趋势？

刘沐芸：可以这么说。我们已经从非人或非生命的物质时代转向了与生命体有关的探索时代，并最终走向将人类精神的永流传与物质永不腐朽相结合的时代。可能在未来，一切都与生物有关。

第一，未来大部分的物质材料将都可以通过生物方法获得，性能更好且可持续，不用担心资源的匮乏。人类的发展进化史可以说是一部工具和材料迭代的历史，石器、青铜和铁器等时代，每一次工具、材料迭代成功，就昭示着一个新时代的来临。**现在是生物学的时代，生物技术工具和物质材料的迭代，将满足人类对更高生命质量、生活质量和生态质量即"绿水青山"的需求。**

第二，可控性和精确性正在改造传统的价值链，从交付到开发，到消费

个性化。分子生物学的进步让研发和交付过程更精确并具有预期，如医疗领域，过去的药物开发都是基于大众群体的共有特征，提供一种"通用型（One-size-fits-all）"的治疗方案，也因此获得的是平均疗效。而基于个人基因信息的分析和研究开发能获得更精准、更合适的治疗方案。

第三，我们对人类和非人有机体的重编程能力不断提升，也为我们改进和提升健康提供了更有力的工具和更精准的方法，如基因诊断、基因治疗和生物育种等。

第四，工业自动化、机器学习和激增的生物数据正在改变科研范式，提高研发效率。将过去科学发现有如大海捞针的"偶然性"，转变为通过基于海量数据的计算机模拟的"经常性"。

第五，未来将朝着"生物系统与计算机结合"的方向发展。其实，目前我们已经进入一种"人机交互"的状态，如笔者目前正在通过手提电脑回答这些问题。但未来，人机将进入一种全新的接口互联的模式，机器通过复杂的算法和系统捕获人类的大脑信号进行连接、传输并转化为指令，而不像笔者当前这种"人机交互"，需要借助手将大脑信号在电脑上敲出文字。

第六，**数字技术正在"增强"生物系统的"能力"，生物学同时可能成为应对数字世界挑战的解决方案，如令人头痛的数据储存。**每天，全世界大约会新增2.5QT（百万的五次方）数据，按照这个速度发展，至2040年，地球将耗尽用于存储的硅（Andy Extance, "How DNA could store all the world's data," Nature, September 2, 2016），但生命体的DNA储存为此提供了生物学方法，可能另辟蹊径。**DNA的密度是硬盘的100万倍，地球上当前所有的信息储存只需1公斤的DNA就能完成。并且，DNA不会变质，可以保存成百上千年。**

全自动细胞智造系统展现"细胞智造"的颠覆性硬科技魅力

问：能否具体结合您的实践领域，说说生物经济时代对国家、组织和个人，分别意味着什么？

刘沐芸：从产业领域来讲，我的工作经历比较聚焦，一直在细胞产业领域，但从具体的产业链上，发生了一些变化，从细胞产业下游的产品服务的开发转到上游的核心硬件装备的研发生产。为什么会这样呢？

第一，革命性的细胞药物无法惠及患者。著名的CAR-T疗法，虽然能治愈一些白血病，但却无法像其他药物那样大规模应用——因为价格昂贵、生产困难，无法标准化、规模化，交付链条烦琐。通过对过去15年学术期刊报道的这些先进的个体化治疗临床研究以及不同国家对这些先进治疗方法基金资助的情况进行跟踪，发现个体化细胞治疗目前只能归为科学研究上的成功。要真正评价究竟哪些人以及有多少人从这些疗法的进展中获得了益处，不能只看发表文章的数量和国家基金支持的力度，而要看这些国家基金支持的项目和发表文章的结果有没有推动形成一个新的生意流或者一个新产业。从这方面来看，**个体化细胞治疗的真实进展还不能算是成功，因为还没有形成一个以个体化细胞治疗为核心的新产业，而只有形成了一个新产业，或者说以类似工业化的大规模、标准化流程交付个体化细胞技术，才可以使所有有需要的人获得益处，实现病有良医、建设高质量现代化产业体系。**

第二，革命性的细胞药物需要配套的工具和交付体系，建设一个支持细胞治疗、基因治疗等先进治疗产品的产业设施和体系，将细胞基因治疗药物、医院、患者等就近联通，标准化、智能化、自动化的床边生产将是趋势。赛动智造"一键启动"的细胞智造无人生产线（CellAuto- Advanced Cell Therapy Platform），"按"下了我国细胞生产智能化、数字化的转型键。

第三，智能生产驱动的效率提升与监管创新，是一个产业下游产品和服务发展与上游装备相互促进产业链闭合循环的过程。首先，发生于下游的产品和服务，发展过程中涌现出对上游细胞智造装备与部件的需求；其次，通过上游核心装备的研发进一步促进、强化下游产品创新和服务生态的提升，逐步形成产业供应链的自主可控，进而获得新兴战略领域细胞产业的话语权与产品定价权。

第四，新的应用需求引发了对上游核心装备的研发需求。赛动智造自主研发的"全自动细胞智造系统"，展现了"细胞智造"方面的颠覆性硬科技魅力，面向经济主战场，解决生物医药"皇冠上的明珠"——细胞药物智造的"刚需"，惠及患者，具有巨大的市场空间。赛动智造将通过持续的研究开发和品牌建设，固化竞争优势，占据细胞产业链关键"卡位"，形成高质量细胞产业体系，建立行业标准话语权，进入全球细胞智造供应链，成为核心部件和整装关键供应商。

需要改变的不是行为，而是看待世界和未知的方式

问：我们应该怎样改变自己的行为，以适应、追赶生物经济时代？

刘沐芸：我想，面向我们无法想象的未来，我们需要改变的不是行为，而是看待世界和未知的方式，对存量知识体系和结构无法理解的新生事物，保持开放、包容和接纳的姿态，而不是盲目拒绝和排斥。

其实，创新已经悄然在改变我们的经济社会，如错季的水果、食物等。高通量筛选、基因剪刀和利用数据的深度学习，已经深刻地改变了我们的工作范式，由过去的先假设再通过实验论证的研究范式转向数据驱动的无假设研究范式。

当然，还有一些技术正在"来"的路上，也有一些正在"浮"出水面，虽然处于早期，但仍然是有迹可循，只是需要我们打开发现和接纳的心。因此，要改变的不是行为，而是思想和认知。

抢占战略领域的发展先机，需"眼光和实力"并举

问：在未来到来之时，前沿科技往往会遭遇公众认知瓶颈，何况又是关乎生命健康的前沿生命科学，叠加复杂利益纠葛、复杂舆论场，更是容易不被人理解甚至产生误解。作为业内人士，您觉得是这样吗？关于基因组学或生物经济时代，究竟应该避免哪些误区？

刘沐芸：确实存在这样的阶段，不仅是生物科技，其实从科技产业发展的历史来看，科技创新的萌芽期基本都是不被大多数人看好或接受的。但从另一方面讲，也只有在大家都"看不见"的早期，才蕴含着巨大的发展空白和可能的获益空间，也只有在"创新开拓—巨大潜力—风险应对"之间保持平衡的人，才会成为"笑到最后"的收获者。

但从一个国家抢占未来发展高地的角度来看，主动、超前部署前沿科技，培育发展新动能，抢占战略领域的发展先机，既需要前瞻性的眼光，也需要动员资源的实力，更需要强力推进的组织形式，也就是需要"眼光和实力"并举。**今天的选择影响的不仅是生物创新的转化路径，还是国家之间竞争差距的形成，更是与经济社会甚至整个地球利益攸关。**

第一，科学界需要确保创新技术得到充分的监管以发挥作用。科学家在推动科技创新的同时，也需要充分辨别技术风险，并且不跨越伦理边界。

第二，商业界则应关注如何抢占生物创新的发展先机，快速推向市场。生物科技普及应用的潜在价值足够引发下游的商业应用，如同数字技术，生物科技的商业化过程中也将产生一批新的竞争者，意味着参与者的价值链和利润池将会发生重大的改变。

第三，政府、政策制定者需要对新技术有所了解，以便提供适应性指导。在接下来的10年中，大约有50%的生物科技创新成果将会进入市场。因此，现在政府部门就应该着手设立相应的管理法规和发展框架，鼓励生物科技创新和成果转化，同时对可能的风险加以约束。

第四，消费者决定着新技术进入市场的速度，如公众对创新科技的话语体系和对新产品的接受度就有着巨大的影响。因此，科学界和监管层一方面要开展面向大众和消费者的沟通普及工作，另一方面也要从技术本身和监管政策方面确保创新技术和产品不会跨越伦理界限、引发公众焦虑。

从过去的"拿来主义"转向"自主可控"

问：要想抓住生物经济时代的历史性机遇，您对决策层有什么建议？

刘沐芸：习近平总书记在2021年中国国际服务贸易交易会全球服务贸易峰会上宣布"深化新三板改革，设立北京证券交易所"，对创新型中小企业和"专精特新"企业意义重大，对中国创新也意义重大，要深刻理解此举的用意。

第一，关键共性的产业设施的建设非常重要，如算力设施、数据储存和处理设施等。对这些设施要在机制上开放共享，并与国际已有的设施和数据建立数据交互和互为备份，而不能继续目前的状态。现在是无论哪个层级资助项目获得的数据统统都上传至国际数据库，在我国并没有一个统一留存的数据库。对等方能互惠，最终实现在新经济形态下的关键核心领域的数据库的自主可控，以预防可能的基于生物数据而来的生物垄断，或基于我国科研资助、通过研究我国居民而获得的数据、产生的新数据集积累而成的生物数据库，反过来对我国的科学研究和生物创新进行"管制"，甚至"卡脖子"。

第二，重点部署下游应用服务的同时，同等关注上游的基础性技术和工具，对生物产业中的基础技术和信息产业基础性技术结合后产生的新组合技术和工具的主动部署。**对于关键核心的上游基础性技术、工具和组合创新技术的发展路线，是时候要从过去的"拿来主义"转向"自主可控"了。**可以分阶段，对部分领域比如当前我国的生物数据采集实现对等交换、相互授权，然后逐步走向某些"专精特新"领域的独步天下，为下游的服务应用提供源头支持，相互促进、相互加强，形成良性循环。

第三，关注重点领域关键共性技术的工程化创新。确定发力点，以新型举国体制的组织形式主动部署重点领域的"链接基础研究的科学发现和服务商品推广应用"的关键共性技术工程研究中心，加快国家实验室研究成果向国家制造业创新中心的转化量产，提高基础研究的转化效率，做到上游国家实验室、中间国家工程研究中心和下游国家制造业创新中心的相互衔接、互为补充，形成完整的国家创新体系。

基因技术是能引发"前沿科技和产业变革"的基础性技术

问：《中华人民共和国国民经济和社会发展第十四个五年规划和2035年远景目标纲要》在"前瞻谋划未来产业"中提出"在类脑智能、量子信息、基因技术、未来网络、深海空天开发、氢能与储能等前沿科技和产业变革领域，组织实施未来产业孵化与加速计划，谋划布局一批未来产业"，怎么看将基因技术列为六大前沿科技和产业变革领域之一，究竟应该如何"孵化与加速"？

刘沐芸：基因技术虽然在中国已经有较长时间的服务应用了，好像从

"十二五"时期就开始了，并且也培育了一些上市公司。但到"十四五"时期还能列出来"谋划支持"，说明我们对基因技术在"前沿科技和产业变革"中的定位、技术核心和内涵可能有了新的深刻认识。

我认为，基因技术是能引发"前沿科技和产业变革"的基础性技术，始于对生命体结构图的数字化认知，能衍生出涉及经济社会的方方面面，尤其是与信息产业中的基础性技术如计算、自动化和人工智能结合后，将能"引爆"出一股新的科技产业变革，从人类健康、性能的提升，到农业领域的改良、育种，到终端消费品，再到能源领域、生物物质领域。

因此，基因技术不仅赋予了我们进一步理解生命体和大自然的运行逻辑的能力，也赋予我们工程化生物学的能力，并能产生很多新的能力。比如，生物方法能让我们"无中生有"出很多的新材料，并且这些新物质的性能和可持续都具有传统材料无法比拟的优势；提升了我们对价值链的控制力和操控性，从交付到研究到终端更个性化；重编程技术在提升我们应对疾病能力的同时，也赋予我们提升农业种植的效能；基因技术与信息产业中基础性技术融合发展中出现的组合基础技术或竞争性技术，将极大提升我们科学研究的效率和通量；生物系统与计算机"对接"后将带来无法想象的新兴应用，如大脑感知恢复、可以运用DNA储存数据的生物计算机等。

因此，基因技术在"十四五"时期继续培育孵化是有依据和基础的。但**基因技术之所以成为生物经济的基础性技术，一是高通量测序工具快速迭代，二是产生数据的不断叠加后衍生出新的组合性基础技术**。因此，新时期，我们再部署"基因技术"时，部署重点要从下游的应用服务转向上游的关键核心技术、关键核心工具和配套分析软件等的开发、迭代和自主可控，做到真正掌握源头和核心，参与并发动科技产业变革的再塑造。只有从源头、上游参与科技产业变革才能成为塑造者，而直接进入下游的则是被塑造者，或者仅仅是参与其中。

还有就是，提到基因技术，就不得不重提前面所述的数据库的规划部署建设和我国生物数据的统一归口管理，以便与国际已有的美国、欧盟、日本三大数据库能交互并互为备份。这一点尤为重要。目前，我国每年不同层级科研资助产业的数据，基本都是上传到上述国际三大数据库，反而在我们国家没有统一归口留存。基因技术是基础性技术，而数据库则是基础性设施。**未来的生物经济上游技术和工具、下游服务应用的基础来源就是数据库。生物数据库不仅关乎科技产业的变革，也关乎新型战争形态的能力建立和塑造，因此，规划部署统一的生物数据库同等重要。**

生物经济要避免重蹈信息产业"断供"或"被卡"的困局

问：如何从源头上破解细胞治疗产品"断供""卡脖子"困局？

刘沐芸：毋庸置疑，是发祥于人类基因组计划的高通量测序工具、方法和数据库的支持。先进的高通量测序工具为我们提供手段，检测样本多了，积累的数据库能在实践中为工具的优化、迭代提供正向反馈，从而进一步推动工具的快速、特异和灵敏。

以细胞治疗为例，2021年6月以来，我国相继批复了两个"Lisence-in"的进口产品，但遗憾的是并没有显示出我国的研究实力或制造实力，反而体现的是宏观刺激政策下一些大公司在中国获得低成本资金的能力。这是典型的重复过去汽车行业的"市场换技术"的策略，均是以中国低成本的资金获得美国公司的技术转让，在中国建厂报批。

因此，虽然是零的突破，但小小的喜悦很快被广泛的忧虑给掩盖。因为这意味着不仅美国公司的细胞产品进入了中国，还带着支撑获批产品持续供应的一系列美国供应链厂商和美国标准体系也悄然无息地进入中国市场。

获批上市的细胞治疗产品，其供应链上的生产设备、病毒包被等关键工具和技术等全部依赖进口，一旦该产品在中国广泛地应用于临床治疗，供应链安全如何保障？如何保障自主可控？

因此，**要发展一个产业，不仅是下游的服务应用，源头的技术、上游的工具和基础的数据库需要同等关注，尤其是对于人口大国的中国，更要注重从源头部署，同时加快中间转化快车道的工程创新，避免重蹈信息产业"断供"或"被卡"的困局。**

微生物组曲线能从一定程度上反映人的生活轨迹

问：有科学家说，人就是"微生物人"，您怎么看？

刘沐芸：从微生物组学的维度，可以这么说。但人有许多个不同维度的特征，如基因维度或代谢维度。微生物组学只是其中之一，我们很难说，是我们当前的生活状态决定了我们体内的寄生群落，还是体内的寄生群落决定了我们当前的状态。

微生物组是寄生在人类体内的微生物群体，这些寄生群体能对宿主的健康和疾病产生影响。一些研究证实，体内寄生的微生物组与一些疾病具有相关性，也就是患有特定疾病的人会呈现出相应的微生物组特征。但至今，特定的微生物组与疾病的相关性的因果关系还无法确定，是因为疾病导致微生物组学特征？还是体内特定的微生物组谱系更易诱发某一种疾病？

并且，人体内的微生物群落具有一定的动态性，会受食物、药物等影响，甚至受免疫系统的影响而呈现波动。因此，**如果说基因组能实现对人类的溯源，那微生物组曲线能从一定程度上反映人的生活轨迹**。也就是说，相较基因组学，微生物组学具有一定的动态发展性，不同的时间点会表现出不同的微生物群落特征。

因此，要充分发挥微生物组学对健康和疾病的指导作用，我们需要建立个体的微生物组发展曲线，并确定其与疾病和健康的因果关系。

保持良好营养、规律运动、均衡饮食等正常的生活习惯

问："如何积极地照顾好体内的微生物组？"在《基因组革命：基因技术如何改变人类的未来》一书中，作者提出这样的问题，如果请您回答，您怎么回答？

刘沐芸：保持良好营养、规律运动、均衡饮食等正常的生活习惯，正常状态下，尽量减少长期服用药物或补给品的习惯，少自行应用抗生素、抗病毒药物等。

人类和其他物种一样，是大自然的一分子

问：今后究竟应该树立怎样的生命观、生物观、自然观？

刘沐芸：人与自然和谐共处，人类可能并不是大自然的主宰，而是和其他物种一样，是大自然的一分子。

商业竞争将从过去的"零和博弈"转向"我为人人，人人为我"的数据驱动的技术服务平台下的"加乘模式"。数据驱动的新型产业公共服务平台，正在产生一种全新的"科学研究、实验开发、推广应用"的产业发展路径，与我们现在所熟知的科技产业演绎路径完全不同：数据将是科学研究和产业发展的核心要素，先导团队通过算法规则和先导知识搭建一个数据驱动的新型产业公共服务平台，开源共享，为广大使用者提供便利和提升效率的同时，也汇聚着"四面八方使用者"研究应用过程中产生的大量新数据、衍生数据集，为先导团队创造一个现在难以想象并且无法计量的应用场景。而因为能给现有的学科和产业带来无可比拟的高效、便捷、速度，会吸引更多的人使用，产生"雪球效应"。

因此，**重大科技创新带来的不仅是效率的提升，革新我们习以为常的研究方法和产业演绎路径，也改变着我们的生命观、生物观和自然观，开放共享将成为常态，创造无限增量成为可能。**自然物种的多样性支持着人类发展的可持续性，产业参与者的多样性则支持着生物革命"变现"的可持续性。

一个已经开始但远没结束的新经济时代

问：我们正处在21世纪第三个10年的起点，从这个时间节点来看，21世纪真的能说是生物世纪吗？就像20世纪末期人们常常预言的那样？

刘沐芸：从某些领域的进展和应用来看，如疾病治疗的靶向治疗、无创产前筛查、能治愈白血病的细胞治疗等依靠的都是以生物手段衍生的针对疾病媒介的具体"靶标"——蛋白质、抗体、疫苗和细胞等。疾病治疗从过去的改善症状到今天的针对病因治疗的根本性转变，就是基于生物学和对疾病了解不断加深而来的新方法、新工具。

一场科技产业的变革将会持续数十年，甚至上百年，其源头创新理论的效用才会消逝。因此，面向未来的生物经济时代我们才刚开始，未来我们还有生物能源、生物农业食品、生物材料以及能修复环境破坏的新型生物技术，甚至是生物系统与计算机结合等也将催生我们当前还无法想象的新应用。

这是一个已经开始但远没结束的新经济时代，在行进的过程中，未来将逐渐向我们展示出它的魔力和魅力，二氧化碳直接生产的"可以随时燃烧"的新燃料、不需要畜牧动物就可吃肉、满足特定营养需求的定制食品、基因编辑可以轻而易举地在母胎中修正遗传缺陷，以及用于实时环境监测的生物传感器等都将逐步进入人们的生活。

生物经济的大门已开，未来如何，需要我们自己探索。

人类可能会成为一个真正的大家庭

问：从月球到火星，伴随人类对星际、深空的进一步探索，您对未来的世界有着怎样的想象或预测？

刘沐芸：深空的探索为我们拓展更广阔的空间。这个空间有可能是人类为了应对地球环境破坏导致的生态逐渐的"不宜居"，为延续人类繁衍而开拓的一个新生存环境；有可能为人类在地球的继续繁衍寻找新的资源来源，支持人类世代繁衍不息；也有可能是为人类多提供一个出行的目的地，这种出行有可能是通过人机接口实现的意识出行，也有可能是实质的行万里路、踏足新的星际"领地"等。

未来，生物科技革命，尤其是与计算、数据科技与AI结合，将能为我们提供"取之不竭、用之不尽"的资源和"应对一切挑战"的能力，而人机接口可以容易地捕获到大脑意识信号。因此，人类可能会成为一个真正的大家庭，纷争不再，地球真的是一个村庄。那时，人们可以自由地漫步太空和探索深空，也可能就是为了"虚度光阴"呢。

生命健康领域的创新达到一个新的水平

问：在公开报道中，2020年，习近平总书记至少三次提出要"抓紧布局数字经济、生命健康、新材料等战略性新兴产业、未来产业""培育发展未来产业"。您怎么看"生命健康"被列为"未来产业"三个代表性产业领域？从这个角度审视"生命健康"，与生物经济时代有着怎样的关联？

刘沐芸：生命科学研究的进展和快速发展的计算、人工智能的结合，将生命健康领域的创新达到一个新的水平。生命健康创新经历了三个阶段：第一个阶段是传统医药创新阶段，主要是小分子、非重组疫苗、自然萃取物等；第二阶段主要是研发蛋白质生物制剂，如多肽、单克隆抗体、重组蛋白等；目前我们已经开展第三个阶段的细胞和基因治疗，以及RNA技术等，生命健康领域的进一步发展将朝着对人类健康和性能提升的生物分子和生物系统创新迈进。

但不同的技术最终进入市场，有不同的转化路径。比如，良好疗效的细胞基因治疗进入临床广泛应用的步伐，因受制于"高居不下的成本、手工生产"等因素而转化缓慢，除非有类似基因测序工业自动化平台大规模的应用，促进其内在价值链发生改变。

在接下来的20年，从生物分析、生物系统的创新应用到生命健康领域，将在全球范围内形成高达5000亿美元到1.2万亿美元的年产值，促进人类生命健康和性能提升，更重要的是将能有效减轻全球疾病诊疗负担。

其实，**现在像精准医疗等已经用于健康促进和性能提升，如干细胞治疗、无创产前筛查、靶向治疗与伴随诊断等。未来，随着组学研究和数据科学的不断突破，我们可以想象这样的场景：医生基于个体全组学特征能做出最优的个体诊疗方案，衰老的进程变得可控等。**主要体现在以下四个方面。

第一，组学研究进展将对公共卫生体系带来实质影响，有效预防疾病传播。比如，基因驱动技术能有效减少虫媒病；普及的测序技术，能快速检测引起疫情暴发的病毒，并追踪基因突变。

第二，能优化人类后代的健康和性能，但可能会引发社会隐忧。无创产前筛查技术可以在胎儿早期检测遗传性缺陷，因此产前纠正也就变得容易，但同时这可能导致不公平等社会隐忧。据预测，在接下来的10年，产前无创检测和干预的市场将达到250亿美元到300亿美元。

第三，与衰老有关的预防、诊断和治疗将产生重大经济效益。未来能形成重大经济影响的领域可能来自衰老的预防、诊断和治疗，涵盖肿瘤、感染性疾病的预防、诊疗。

第四，组学和分子技术也能用于提升药物研发和递送。比如，结合计算科学能高效地识别特定的分子通路，并"锚定"特定药物标靶，或为临床研究项目匹配合适的病人等。药物研发成功率从过去的11%提高到28%，新药研发成本从过去26亿美元减少50%。

一些生物创新技术已经进入我们的生活

问：彼得·F.德鲁克在《已经发生的未来》中指出："所有这些作品都涉及社会基础的根本变化，力图完成本书最初想要尝试的事情，那就是展现已经发生的未来。"这次调研以长期追踪者身份对话多位大咖，就是想做一次尝试，告诉人们在科学领域尤其是生命科学领域正在发生的巨变，和这些巨变已经或将要产生的巨大影响。从这个角度看，您觉得在生命科学领域发生了哪些"已经发生的未来"或者说"已经到来的未来"？

刘沐芸：在工业自动化的驱动下，组学研究对药物研发效率的提升以及药物遗传学、癌症早筛、细胞基因治疗、无创产前筛查、植入前诊断、无细胞生物材料的组织修复等生物创新技术已经进入我们的生活，并发生了改善我们当前状态的作用。

新药研发也从过去的"海量筛选"，高投入、高竞争、碰运气的模式，转型为"数据匹配"，具有轻量化、平台协同、靶点明确等特点。因此，今天生物科技的创新，80%来自大学实验室、创业团队或初创公司等。

人类基因组计划因其硕果累累依旧"璀璨"

问：《已经发生的未来》指出，倘若我们看一下现代技术史，我们会立即发现，在过去大约200年的时间里，重要的突破都是一些根本的变化。一些技术突破的确开发出了新的自然资源，如蒸汽机引发了对机械能新资源的开发以及电磁感应现象在通信和管理中的应用。一些技术突破创造了新的态度，这是一种新的精神资源。这样的例子有：18世纪早期的英国农业运用了系统论知识，从伊莱·惠特尼1810年前后发明的互换零件到今天的自动化是把想法用于了工作，以及帕金1857年开始利用科学为市场创造新的产品。那么，在过去的一个世纪里，生物医学领域有这样的技术突破吗？

刘沐芸：生物领域的技术突破应该是伴随人类基因组计划而来的测序技术和硬件工具的迭代，带动下游服务应用市场的形成，下游市场的需求刺激上游进一步创新发展，同时诱导产生新的组合创新，进而强化下游的应用服务市场，于是形成一个"科学研究、实验开发、推广应用"的催化连锁反应。虽然20年已过，人类基因组计划因其硕果累累依旧"璀璨"，已带动形成8000亿美元的直接产业规模，以及正在形成大到每个人都需要的测序终端服务市场。

智能化、数字化创新，是一个还未被意识到、未被满足的巨大市场

问：《已经发生的未来》还指出："大多数为技术突破做出贡献的人都表现出色，并且他们中的一些人如瓦特、李比希、帕金斯、西门子、贝尔和爱迪生都建立起了繁荣的商业帝国。"那么在今天的中国，在生命科学领域会涌现这样缔造"繁荣的商业帝国"的一些人吗？

刘沐芸：我和我的企业赛动智造，正在努力成为这样的创业者和商业体。

"十四五"开启了全面建设社会主义现代化国家的新征程，我国转向高质量发展阶段，经济社会发展从要素驱动转向创新驱动，进而全面塑造发展新优势。其间，很多破坏性技术的出现，比如说人工智能、视觉识别、无人驾驶等对社会的生产、生活、社交产生了巨大的影响，提升了效率。

新技术的应用，统筹了一些过去看似不可调和的矛盾，如大数据应用和

生物科技发展统筹了"疫情防控与复工复产"双重目标的实现，NASA预算的约束激发了"火箭回收"技术的出现等。但在与生命健康息息相关的生物医药产业，多数行业生产中常用的智能控制技术、内置式质量动态监测、连续批量生产等创新技术并没有出现。因此，直接关系到生物创新的革命性细胞和基因治疗药物，始终无法进入大众应用领域。

美国FDA发表的一份研究报告显示，**提升生物医药公司研发生产效率和过程质量保障的智能化、数字化创新，是一个还未被意识到、也未被满足的巨大市场**。2018年世界经济论坛预测，到2025年，全行业智能化升级将创造高达3.7万亿美元市场价值，仅生物医药行业的运营创新，每年将会产生900亿美元的价值。

庞大的市场需求和实际满足之间差距的弥合，需要有几个催化剂：一是突发事件带来的契机，如突发的新冠肺炎疫情将"药品/药械的安全性与临床急需的紧迫性"摆到了前所未有的优先序列中。而这不仅考验政府部门的监管智慧，也给生物医药企业的数字化、智能化创新升级提出了紧迫的需求，并创造出巨大的市场机会。

2021年全国两会上，李克强总理在政府工作报告中指出，2021年我国政府总体实行的是"加大优化支出结构力度，坚持艰苦奋斗、勤俭节约、精打细算，全面落实政府过紧日子要求"的预算原则，这意味着过去通过增加要素性投入提升治理效率的路径可能会有困难。因此，我们不得不另辟蹊径，通过创新驱动来提升监管效能。

二是要有"领头羊"率先发动。赛动智造联合细胞药物公司引发的细胞产业智能化进程，在细胞产业领域形成"上游核心装备+下游应用服务"产业创新组合。智能生产创新不仅能极大地加快革命性细胞药品进入临床的速度，并能获得"火箭可回收重复使用"般的成本优势，真正实现创新药品的可及性，高效驱动细胞治疗产品高质量、低成本、大规模供给，产业快速发展并形成细胞产业"摩尔定律"通路，细胞产品质量不断优化，成本不断下降，成为人人用得起、用得上的常规治疗药品和健康服务。

游戏规则已从过去的"零和博弈"转向了"开源共享"

问：在生物经济时代，人类应该遵循怎样的游戏规则？应该怎样担负起自己的责任？担负起什么样的责任？

刘沐芸： 现在的游戏规则，已从过去的"零和博弈"转向了"开源共享"。因为，我们的发展越来越脱离对"有形"资源的依赖，未来随着科技创新不断进步，人类的发展对物质资源的依赖度越来越低，转向一个"无中生有"的发展新时代，形成一个"我为人人，人人为我"的新规则。

过去的发展过程中，过多依赖资源要素，谁拥有更多的资源要素，谁的生产力就更高，谁的剩余价值、再投入也就越多。因为，具体的资源要素有一种"排他性"的特征，一方占有多了，其他就少了。但今天的发展方式逐渐降低对有形资源要素的依赖，或者通过深海、深空、深地的探索寻找更多的资源要素。

尤其是数据成为新的生产要素。我们会看到，**新形态下数据作为一种"无形"的资源要素，其重要的特征就是数据没有"排他性"，数据不会因为一方的使用就"递减"，反倒是用的人越多就会产生一种"私人占有"所无法想象和建立的"叠加放大"效应。**

并且，数据作为一种新型资源投入，没有显著的"排他性"，但也有另一个特征是"有形"资源不具备的，**数据无限应用放大后就容易形成一堵"无形的垄断"，看不见、摸不着但却时时存在和处处都在，这就是"数据垄断"，而如果发生在生物经济领域，就是"生物数据垄断"。**

另外，数据这种资源要素的集聚过程，初期投入基本在发展早期，并且早期建设投入也主要发生在平台、设施、工具的投入，不直接获得数据这种要素，因此数据既是平台设施的"制成品"，也是新产品服务的"原材料"。

如何应对？

从国家层面，亟须建立一个我国主导的统一归口的"生物医学大数据储存设施和计算应用设施"，将当前我国生物医学领域的研究、医疗活动产生的数据进行归口，并形成我国统一的生物医学数据国际出口与国际交互入口，各个研究团队不再自主将本团队所获数据直接上传国际数据库。**集中我**

国超大人口的生物医学数据优势，形成统一的数据标准、与国际三大垄断生物数据库融合的接口标准，并互为数据备份，以我国生物医学数据的自立自强，支撑我国未来的生物医学研究、生物科技创新的自立自强。

在企业层面，要多做以科技创新为特点的硬科技研究，支撑我们在某一个细分领域实现自主可控，并向外发展，进入其他国家的产业体系和核心供应商名录。

我们正处在世界历史的伟大变革中，一场从物理学和化学时代转变到生物学时代、从工业革命转变到"生物技术世纪"的伟大变革。化石燃料、金属和矿藏这些工业时代的原始资源正在被基因所取代。

　　　　　　——［美］杰里米·里夫金：《生物技术世纪——用基因重塑世界》

生命科学：从"实验驱动"迈向"数据驱动"
——罗奇斌访谈录

罗奇斌

北京奇云诺德信息科技有限公司董事长及创始人。

在德国慕尼黑工业大学获得生物信息学博士学位，并师从华大基因及中科院基因组研究所联合创始人于军教授，是国内首批生物信息人才。

拥有10余年生物信息项目管理经验和海内外生物信息学研究经历，致力于生命数据化和精准健康管理的推广与应用，并任职中国康复技术转化及发展促进会精准医学与肿瘤康复委员会副秘书长。

先后参与编写《互联网＋医疗健康：迈向5P医学时代》《互联网＋医学：重构医疗生态》《互联网＋基因空间：迈向精准医疗时代》等图书，并翻译出版《临床生物信息学》。

导语 让每一个人享有高品质健康生活

已经有好几年没有联系，但是一直对罗奇斌这位生物信息学的新秀另眼相看。

另眼相看的原因，是五六年前他回国后就带着"让每一个人享有高品质健康生活"的梦想投身创业大潮，在中国基因组学奠基人之一、参与人类基因组1%测序计划的于军教授支持下，创办奇云诺德这家生命大数据公司，不仅研制出了一体机，而且致力于医学科普，主编了由电子工业出版社出版的《互联网＋基因空间：迈向精准医疗时代》，参与了由中信出版社出版的《互联网＋医疗：重构医疗生态》，不仅对创业领域有着特定的执着和钻研，同时目光四射，对整个生命科学、生物产业的发展有所观察和认知。

一晃好几年没有联系，想看看奇云诺德的情况，网上一查，最醒目的新闻是2021年9月上旬公示的——在2021年天津市创新创业大赛暨第十届中国创新创业大赛（天津赛区）决赛中，天津奇云诺德生物医学有限公司跻身初创组的决赛获胜企业名单。再往前，即2021年4月初，奇云诺德入驻天津经开区海慧谷城市更新项目，建设区域内首家临床检验实验室，而其独立实验室及创新实验室已经广泛分布于北京、江西、上海、广州、深圳、杭州、成都等地。

奇云诺德就是生命科学大潮下基因产业蓬勃发展的一个缩影。作为实践者、眺望者，罗奇斌的思考是颇为前瞻的，蕴含着不少真知灼见。

这是他和许多有识之士的共识——对于生命科学这样一个复杂的学科来说，目前发现的还仅仅只是冰山一角，未来最重要的创新约有一半与生物技术相关。目前，生物技术产业也只是刚刚起步，生物基因资源将成为未来资源争夺的新焦点，生物基因将会给人们带来巨大的财富。

这是他的认知——国际上生物技术产业也还处于发展初期，相对而言我们的差距并不大，在某些领域还有可能与发达国家站在同一起跑线上。我国是生物技术产品的巨大市场，生物技术相对信息技术作为后发展技术，只要国家相关政策制定者、金融投资者、技术和管理人员以及技术创新体系和市场整体运作水平等方面逐渐成熟，若干年后，生物技术产业将有可能成为最先赶上甚至超过发达国家的一个经济领域。

这是他的呼吁——以发展原创科技为企业核心竞争力的生物医药研发企业，更需要具有战略眼光的投资者及富有战略意义的政府支持，这是目前发展中国生物医药产业最紧迫的问题。

这是他的判断——新冠肺炎疫情终将过去，但这次疫情对我国乃至世界的影响才刚刚开始。我们即将迎来生物技术、生物产业等蓬勃发展的新时期。基因技术、蛋白质工程技术、人工智能、大数据技术等高新技术是生物经济的核心驱动力量。

这是他的警示——生物经济产业是资金密集、科技密集型产业，高投入、高风险和高回报，这就要求我们生物经济的发展必须结合生物技术自身发展的特点和产业化进程的客观方向，实事求是，稳步发展。

这是他的预言——生物技术实现了信息化、工程化、系统化的发展，为"设计—构建—验证（Design-Build-Test）"循环模式的建立奠定了坚实的基础，并朝着可定量、可计算、可调控和可预测的方向跃升。而DNA测序技术的生命力还没有完全体现出来，基因组学其他技术也还远远没有达到满足实际应用的程度。

这是他的建议——发展生物经济是我们面临的一次重大历史性机遇。我们要抓住生物资源、人才、市场优势，完善激励机制、加大科技创新力度，实施生物经济强国战略，将我国生物经济发展成为产业规模大、科技含量高、增长速度快、具有突破性带动作用的新兴主导产业。

生物基因资源将成为未来资源争夺的新焦点

问：《中华人民共和国国民经济和社会发展第十四个五年规划和2035年远景目标纲要》在"构筑产业体系新支柱"中提出"推动生物技术和信息技术融合创新，加快发展生物医药、生物育种、生物材料、生物能源等产业，做大做强生物经济"。您怎么看"做大做强生物经济"被列入国家五年规划？这一举措意味着什么？

罗奇斌： StanDavis 和 Christopher Meyer 于2000年正式提出了"生物经济"(Bio-economy)的概念，并提出了生物经济时代的划分标志。他们认为，人类社会已经完成了农业经济和工业经济，因特网标志着信息经济步入成熟阶段，1953年以 Francis Crick 和 James Watson 发现 DNA 双螺旋结构为标志，生物经济进入孕育阶段。人类基因组破译的完成标志着孕育阶段的终结。当前，我们正处在信息经济的成熟阶段和生物经济的起步成长阶段，预计2025年，生物经济将进入快速发展阶段。

在未来二三十年内，生命科学与生物技术的发展将使人类认识自身和生命起源与演化的知识超过过去数百年，生命科学正酝酿着新的突破。生物技术的新进展将会给农业、医疗与保健带来根本性的变化，并对信息、材料、能源、环境与生态科学带来革命性的影响。生命信息的解读、生命奥秘的揭示仍有赖于数学、物理、化学、信息科学和仪器工程的进展。生物学世纪将是各学科间广泛交叉渗透、新学科生长点不断涌现的时代。科学家们预计，未来最重要的创新约有一半与生物技术相关，它们中包括：基因组学和基因资源的开发，生物信息学，转基因动、植物，治疗性克隆和组织工程，生物能源和环保生物技术，生物芯片等众多迅猛发展的技术领域。

生物基因资源将成为未来资源争夺的新焦点，生物基因将会给人们带来巨大的财富。例如，AMGEN 公司1997年转让一个与神经中枢疾病有关的基因，净赚3.92亿美元；洛克菲勒大学仅凭一个肥胖病基因专利迄今已有1.4亿美元收益。但也要看到目前生物技术产业刚刚起步，也有类似网络领域的"泡沫"现象，众多生物技术企业中盈利的并不多，据《投资者商业日报》对194家生物技术公司的跟踪调查，其中有28家公司在1999年盈利，只占总数的14%。可以预见随着技术不断进步，生物技术企业将迎来相当惊人的成长，生物技术产业在整个世界经济体系中的地位将日渐显现。

生物技术产业将有可能成为最先赶上甚至超过发达国家的经济领域

问：生物经济为什么要做大做强？做大做强的背后，是因为这一经济形态既小又弱吗？您能否介绍一下我国生物经济发展的现状？

罗奇斌：国家各主管部门已把生物技术作为重点发展的高技术领域列入"十四五"规划，很多地方已把生物技术产业作为地区发展的支柱产业。我国是生物资源最丰富的国家之一，发展生物技术具有得天独厚的优势；国际上生物技术产业也还处于发展初期，相对而言我们的差距并不大，在某些领域还有可能与发达国家站在同一起跑线上；我国是生物技术产品的巨大市场，市场需求将推动产业发展，技术发展又将创造新的市场需求；生物技术相对信息技术作为后发展技术，可以吸取微电子和信息产业的经验教训，注重培育我国自主知识产权和核心竞争力；我国作为发展中国家要及时实现从跟踪到创新的历史性转变，把握时机、发挥优势、凝练目标，实现特定领域的跨越式发展。

面对21世纪的机遇与挑战，不少有识人士认为，**只要国家相关政策制定者、金融投资者、技术和管理人员以及技术创新体系和市场整体运作水平等方面逐渐成熟，若干年后，生物技术产业将有可能成为最先赶上甚至超过发达国家的一个经济领域。**

生物经济有一些和其他经济形态所不同的特征

问：生物经济时代究竟有着怎样的特点？能说生物经济时代是"已经到来的未来"吗？

罗奇斌：作为一种新的经济形态，生物经济具有一些和其他经济形态所不同的特征。集中表现在以下几点。

第一，科技附加值高。生物技术与基因技术、蛋白质工程技术、信息技术、大数据及人工智能技术等交叉融合，科技含量高，技术门槛高。

第二，产业多元化。生物经济的产业链较长，涉及医疗、食品、资源、环境、生态、能源等众多行业。

第三，增长幅度快。随着经济发展与生活水平的提高，人们对于自身健康、生活品质提出了更高的要求，也滋生了与之对应的需求，并将直接带动相关产业的发展。

第四，生命伦理问题。例如，基因编辑技术可以用于治疗重大疾病，但相应的安全问题及伦理问题尚未得到很好的处理和完善，潜在的威胁仍旧存在。

将生命数据化，让每一个人享有高品质健康生活

问：您在生命健康领域奋斗多年，能否说说您的实践和梦想？

罗奇斌：奇云诺德一直以来的愿景就是建立"全生命周期健康管理"，通过多组学、人工智能和大数据的手段将生命数据化，让每一个人享有高品质健康生活。

以肠道疾病的多组学无创早筛为例，肠道疾病的发生发展是一个长期动态的过程：从溃疡性结肠炎（UC）、克罗恩病（CD）等炎症性肠病（IBD）逐渐发展成为腺瘤、结直肠癌（CRC）往往跨越10年甚至更久，期间肠道中的正常黏膜将发展出不典型增生，直至腺瘤和腺癌。因此，在肠病发展的初期阶段及时发现诊断并加以控制可有效防止肠病向腺瘤和腺癌恶化，是CRC预防治疗的有效手段之一，具有重要的临床意义与社会价值。

目前，肠道疾病的筛查技术包括粪便隐血检测、免疫化学粪便潜血检测和侵入式肠镜等，前两者对粪便中的血红蛋白进行检测，对特定肠道疾病的灵敏度和特异性较低。肠镜作为肠道疾病筛查的金标准，通过可视化的方式检验肠道疾病，但前期准备工作烦琐、侵入式方式和肠穿孔肠道出血等并发症的风险，使人们对其接受度较低。

随着科学技术的发展与科研的进步，国内外许多研究发现，炎症性肠病（IBD）和结直肠癌（CRC）与个体遗传、环境因子、免疫系统与肠道微生物之间的复杂相互作用有关联。奇云诺德研究团队研究发现，利用包括肠道微生物、基因变异、肠道代谢情况等多组学标志物信息可有效地对常见肠道疾病进行预测与分层。基于现有检测技术的不足与团队研究成果，我们结合了粪便中的微生物和人类基因信息，分析多组学标志物与肠道疾病的相关性，并评估多种肠道疾病的风险、鉴定肠道疾病的发生，分阶段开发对应的肠道疾病早筛产品。

发展生物经济是我们面临的一次重大历史性机遇

问：我国生物经济发展存在哪些问题？您有何建议？

罗奇斌：发展生物经济是我们面临的一次重大历史性机遇。我们要抓住生物资源、人才、市场优势，完善激励机制，加大科技创新力度，实施生物经济强国战略，将我国生物经济发展成为产业规模大、科技含量高、增长速度快、具有突破性带动作用的新兴主导产业，主要生物技术产品能够满足国内人民群众的基本需求，形成一批具有较强国际竞争力和国际化经营能力的现代生物企业。

关于建议，从以下几个方面谈谈我的看法：

一、完善有关政策和激励机制。发展高新技术产业，关键在于建立健全良好的创新环境。没有对知识产权有效的法律保护，就不可能有巨大的科技投资和领先的科技产业。要强化专利、商标等知识产权的保护意识，要完善知识产权保护的法规和机制。

二、加大科技创新力度。在科技进步和经济全球化迅猛发展的新形势下，通过知识产权创造的价值已经超过资本和劳动创造的价值。没有高速发展的科技创新及其有效转化，就不可能有持续的经济发展和强劲的国际竞争力。生物经济本身是科技创新的成果，生物经济要发展壮大同样需要科技创新的哺育。

三、重视人才队伍培养。高新科技的竞争，归根结底是人才的竞争。因此，发展生物经济要充分重视人才的培养和使用。

四、加大资金投入。生物科技领域已进入大规模突破性进展的阶段，生物经济前景可观、潜力巨大。资金和人力资源的必要投入，是获得丰厚回报的基础。目前，资金问题是制约我国生物技术发展的主要瓶颈。由于投入不足，我国科技创新心有余而力不足，缺乏持续发展的后劲。

生物技术和信息技术的融合创新，给生物经济注入新的灵魂

问："推动生物技术和信息技术融合创新"为什么是做大做强生物经济的前提？生物技术和信息技术究竟怎样才能"融合创新"？大数据、云计算、人工智能的加速演进，会对生物经济时代带来什么？

罗奇斌：20世纪全球GNP增长了30倍，从1万亿美元达到30万亿美元，科学技术的贡献率由5%提高到60%~70%。科学技术对经济发展起了决定性的作用。

我国是基因资源的大国，却是基因知识产权的小国，在国际上注册的生物基因专利不多。欧美的生物技术产业目前已占GDP的15%~20%，而我国则只占5%；我国有一定技术和规模的企业只有200家左右，不足世界总量的1%。生物技术产业是资金密集型产业，是高投入、高风险和高回报的产业，因此我们要瞄准世界科技前沿，加快国家创新体系建设，组建国际一流的生物技术研发中心，加强国家科研机构与地方、企业的联合。科技创新要把实施专利、标准作为战略来抓，在战略性生物技术领域掌握自主知识产权，具备开发核心技术的能力，切实加强原始创新，把能不能取得专利与实际进行专利转化作为研究与开发重要的考核指标。

而生物技术和信息技术作为新兴的技术，它们的融合创新无疑会给生物

经济注入新的灵魂，同时也提供了一条全新的探索和发展之路。

就目前来说，生物技术和信息技术的融合创新是有相对成熟的成果的——也即我们常说的"生物信息学"，生物信息学是一个使用各种计算方法和软件工具来分析生物数据的领域。简而言之，生物信息学是使用计算机程序进行生物学研究的领域。这个领域是计算机科学、生物学、统计学和数学的结合。我们可以使用它从图像和信号等大量数据中提取有用的信息，继而将这些有用的信息用于大健康、癌症早筛、临床用药、药物研发等诸多方面。

作为生物经济重要组成部分，生物医药产业将发挥支柱作用

问："十四五"规划将生物医药列为"做大做强生物经济"之首，您怎么看？生物医药、生物育种、生物材料、生物能源等四大产业之外，还有什么生物产业值得重视？

罗奇斌：奇云诺德作为生物医药行业的一分子，希望在生物医药在国内的发展过程中能够贡献出自己的一分力量。

世界各国都非常看重生物医药产业：美国将生物医药产业作为新的经济增长点，实施"生物技术产业激励政策"，持续增加对生物技术研发和产业化的投入。日本制定了"生物产业立国"战略。欧盟科技发展第六个框架将45%的研究开发经费用于生物技术及相关领域。英国政府早在1981年就设立了"生物技术协调指导委员会"，采取措施促进工业界、大学和科研机构加大对生物技术开发研究的投资。新加坡制定了"五年跻身生物技术顶尖行列"规划，5年内将拨款30亿新元资助生命科学和生物技术产业。印度成立了生物技术部，每年投入6000万美元至7000万美元用于生物技术和医药研究。20世纪90年代，古巴在经济十分困难的情况下，实施"生物技术投资计划"，投入10亿美元发展生物技术产业，10年来已取得400多项专利，生物医药产品出口到英国等20多个国家，直接促进了古巴经济的繁荣。这都说明了生物医药产业作为生物经济中的重要组成部分，将发挥其支柱性作用，对生物经济的结构性调整具有重大意义。

除了提到的四大产业外，生物环保、生物农业、生物医学工程等行业也是值得期待和重视的产业。

多组学势必朝着"多组学+"方向深入发展

问：究竟应该怎样才能加快发展生物医药、生物育种、生物材料、生物能源等产业？从您所在的具体行业（领域），能否看出生物经济加速发展的趋势？

罗奇斌：从奇云诺德的战略规划来看，可以非常清楚明了地看出国内生物经济良好的发展态势。例如，疾病和癌症早筛业务是奇云诺德实现"全生命周期健康管理"战略目标的重要一环。我们将在未来三年重点布局疾病和癌症的早筛领域，推进早筛产品的研发和市场化工作。**目前，多组学检测在精准医疗行业的价值已经被逐渐发现和认可，基因组学、转录组学、蛋白质组学和代谢组学等组学，已成为发现生命化学物质基础和深入了解其分子机制的新方向。**

通过对多组学数据的整合分析，有利于研究者系统性地研究临床发病机理、确认疾病靶点，发现生物标志物、进行疾病早期诊断，推动多组学数据在个体化治疗和用药指导中发挥更为重要的作用。

未来，多组学势必会朝着"多组学+"方向更加深入地发展，在深度和广度上不断拓宽。例如，在传染病和重症监护领域，可以通过对病原体的快速鉴定来帮助降低ICU的感染问题；在遗传疾病领域，可借助多组学研究助力遗传疾病尤其是罕见病的诊断和治疗等。

理所当然，奇云诺德也将紧跟多组学检测发展热潮，围绕多组学数据的"存""测""算""用"几个核心点，不断发掘多组学的潜力，开发更多精准诊疗产品，实现"全生命周期健康管理"。这些规划都是基于我国目前生物医药行业良好的政策环境和市场前景做出的，反过来也在一定程度上反映出我国生物经济加速发展的趋势。

信息经济步入成熟，生物经济悄然兴起

问：作为一种经济形态，生物经济和信息经济等有何异同？

罗奇斌：身处时代旋涡，谈到信息经济和生物经济的异同，给我感受最深的是它们所处的发展阶段：信息经济步入成熟，生物经济悄然兴起。

经济发展具有动态演替性，它包括经济发展主导产业的演替和经济发展主导要素的演替。生物经济取代信息经济，属于前一种演替。目前，信息业的研发活动已高度集中在应用产品的开发；信息业的关键技术已基本定型，人们基本不再指望有突破性的核心专利问世；信息业技术标准和竞争规则的制定权掌控在发达国家手中；各类信息产品较为普及并逐步廉价。有鉴于这几点，人们认为信息经济已处于成熟期，其领头羊地位将逐渐被生物经济所取代。

美国著名未来学家保罗预言："推动社会经济发展的代表科学将由信息科学转为生物科学。"与此相应，生物经济将走向前台，这是两者发展中所体现出来的最大的不同之处。

医药健康产业在国民经济中的地位将越来越重要

问："十四五"规划将生物医药列为"做大做强生物经济"之首，您怎么看？是因为生物医药的产业潜力和前景最大吗？

罗奇斌："十四五"规划将生物医药列为"做大做强生物经济"之首，除产业潜力和前景外，社会问题也是一个考量。我国人口基数大，老龄化问题日益突出，《中国发展报告2020：中国人口老龄化的发展趋势和政策》显示，我国2019年65岁及以上老年人口达到1.76亿人，占总人口的12.6%；到2035年，我国65岁及以上的老年人将达到3.1亿人，占总人口比例达到22.3%。老龄人口比例和数量的快速增长将催生生物医药产品和服务的刚性需求。

党的十九届五中全会指出，到2035年，我国经济实力、科技实力、综合国力将大幅跃升，经济总量和城乡居民人均收入将再迈上新的大台阶。

随着人均收入的大幅增长，人民对健康的投入将加大，对创新药物的支付能力将显著提升。因此，在人口老龄化和经济增长的双轮驱动下，我国未来对医药产品和服务的需求增长速度将远大于 GDP 增速，医药经济占 GDP 的比重将不断增长，医药健康产业在国民经济中的地位将越来越重要。可见，生物医药创新既是面向经济主战场，也是面向国家重大需求的科技创新。

生物医药创新关乎人民健康。经过 30 多年的快速发展，生物技术已经对多个重大疾病的治疗和重大传染病预防产生重大影响，HPV 疫苗的成功有望在未来从根本上消除宫颈癌；EV71 疫苗、肺炎疫苗等产品上市后手足口病和小儿肺炎感染率和死亡率大幅下降；肿瘤免疫治疗抗体的成功使治愈部分恶性晚期肿瘤患者成为可能。 生物医药产业具有高技术门槛、高附加值、高利润等特点，也必将是大国在高科技领域竞争的重点领域。在当前复杂的国际形势下，作为留学回国的新的社会阶层人士，我们要充分发挥自身的海外留学经历和人脉优势，加快引进海外留学的生物医药高端人才，加快布局和完善上下游产业链及配套能力建设，从技术、人才和供应链上加快解决"卡脖子"问题，为实现党的十九届五中全会制定的国家科技自立自强战略目标贡献力量。

生物技术创新也是维护国家安全、应对新发突发重大传染病的根本保障。新冠肺炎疫情暴发以来，在习近平总书记亲自领导下，我国率先控制了疫情，取得了重大胜利。然而，新冠肺炎疫情仍在全球大面积流行，我国仍面临疫情防控的巨大压力，降低死亡率的特效药和阻断病毒传播的高效疫苗是人类最终完全战胜病毒的终极武器。随着生物技术的快速发展，至 2021 年，短短 10 个月，全球已有 20 种中和抗体特效药进入临床研究，其中两种抗体药物申请紧急授权使用，几十种疫苗进入临床研究，两种疫苗获得临床 III 期保护率结果。这种速度是人类历史上绝无仅有的，是全球科学家、企业、政府通力合作、协同创新的结果，更是全球生物技术长期创新积累、能力不断提升的结果。

重点培养和挖掘生物医药类公司，并推荐其上市

问：能否结合实践或思考谈一谈，生物医药应该在生物经济中处于怎样的位置？我国在这一领域面临怎样的挑战和机遇？出现了怎样的苗头和趋势？有什么政策性建议？

罗奇斌：就奇云诺德的发展历程来看，我总结了几个影响生物医药产业在国际大环境脱颖而出的因素——资本、人才及技术，我将其称为资本基础、人才基础和技术基础。

建立良好的高科技投资市场、生物风险投资基金及独立的评估机构是生物医药产业最重要的资本基础。重视生物医药行业复合型管理人才及技术人才，以形成国际化的管理团队，是中国生物医药行业成功的关键。

以企业为主导的资本流向，将在某种程度上决定中国生物医药产业发展的出路。**以发展原创科技为核心竞争力的生物医药研发企业，更需要具有战略眼光的投资者及富有战略意义的政府支持，这是目前发展中国生物医药产业最紧迫的问题。**

因为强大的资本市场是实施自主创新国家战略的关键，是推进科技与资本有效结合的必由之路。和奇云诺德类似的高科技企业存在一个共同特点——不确定性和信息不对称，如创新活动的回报常常是非线性和不确定的；潜在的投资者不了解创新产品的性质和特点。创新活动常常是无形的，在产品获得商业成功以前，一般的投资者难以评估其经济价值。这些特点决定了高科技企业难以获得银行的资金支持，单靠创业者个人和政府又无能为力，只能求助于资本市场和其相关的评估体系。

生物医药在全球范围内的兴起，国内上市公司积极参与这一新兴产业给了我们许多启示，从这些启示中可以发现一些对我们政策导向的有利建议：

其一，我们应该挖掘技术水平高，厂房设备先进，并且拥有专利权的生物医药公司进行重点投资。我们可以寻找、挖掘那些拥有专利权、自主知识产权的公司。

其二，投行业务应有重点地培养和挖掘生物医药类公司，并推荐其上市。早在1999年，《中共中央、国务院关于加强技术创新，发展高科技，实

现产业化的决定》明确提出："优先支持有条件的高新技术企业进入国内和国际资本市场"。那些"因发展高科技项目急需资金的高科技上市公司，可优先列入增发新股试点范围；高科技上市公司申报配股时，对其收益率水平、两次配股间隔的时间以及配股总量等限制条件可以考虑适当放宽。高科技上市公司募集的部分资金，在充分信息披露的前提下，允许用于中间试验和风险投资"。可以看出，包括生物医药在内的高科技公司在发行上市、配股和增发新股方面优先于一般公司。为了提高业务效率，公司投行人员在寻找和培养项目时应有意识、有重点地关注生物医药等高科技企业。

其三，积极帮助那些素质好、技术水平高的生物医药公司实现"借壳上市"。目前，40多家生物制药类上市公司中大部分是通过资产重组迈向生物制药领域的，以后的"进入者"还有可能借鉴这种方式，更何况高新技术企业通过资产置换、股权置换、兼并收购等方式"借壳上市"，间接进入证券市场受到国家产业政策的鼓励。

美欧日均在生物医药领域发展迅速

问：全球生物医药产业发展现状和问题如何？

罗奇斌：美国是现代生物技术的发源地，又是应用现代生物技术研制新型药物的第一个国家。多数基因工程药物都首创于美国。自1971年第一家生物制药公司Cetus公司在美国成立开始试生产生物药品至今，已有1300多家生物技术公司（占全世界生物技术公司的2/3），生物技术市场资本总额超过400亿美元，年研究经费达50亿美元以上；正式投放市场的生物工程药物40多个，已成功地创造出35个重要的治疗药物，并广泛应用于治疗癌症、多发性硬化症、贫血、发育不良、糖尿病、肝炎、心力衰竭、血友病、囊性纤维变性及一些罕见的遗传性疾病。另外，有300多个品种进入临床实验或待批阶段；1995年生物药品市场销售额约为48亿美元，1997年超过60亿美元，年增长率达20%以上。

欧洲在发展生物药品方面也进展较快，英国、法国、德国、俄罗斯等国在开发研制和生产生物药品方面也成绩斐然，在生物技术的某些领域甚至赶上并超过美国。比如，德国赫斯特集团公司把经营重点改为生命科学，俄罗斯科学院分子生物学研究所、莫斯科大学生物系、莫斯科妇产科研究所及俄罗斯医学遗传研究中心等多个科研机构，近年来在研究和应用基因治疗方面都取得了重大进展。

日本在生命科学领域亦有一定建树，目前已有65%的生物技术公司从事生物医药研究，日本麒麟公司生物医药方面的实践亦列世界前列。新加坡政府也宣布划出一块科技园区并耗巨资建设用于吸引世界几家大的生物医药公司落户该园区，韩国、中国台湾地区在该方面也雄心勃勃。

长期看我国医药行业拥有巨大发展空间

问：中国生物医药产业发展如何？

罗奇斌：在国内，从长期看，我国医药行业拥有巨大发展空间。我国医疗支出比例明显低于发达国家。随着经济发展和健康意识的提高，医疗支出将迅速加大。从需求角度来看，人口的老龄化、城镇水平的提高、生活方式的改变、财富的增长以及全民医保制度的推进都正在驱动医疗服务市场的扩大。我国人口规模大且老龄化的速度有所加快，人口老龄化势必伴随着对医疗服务的更高需求。

提升自主创新能力是未来发展的关键

问：国家有关部门是否应该制定"十四五"生物经济发展规划？如果正在制定，您有哪些建议？

罗奇斌：国家有关部门已经制定了相关的支持生物经济发展的政策和策略，如果能够制定"十四五"生物经济发展规划，将生物经济真正纳入国家发展的大战略层面，对生物产业无疑会是一个重大利好。在政策制定的过程中，将战略发展方向和我国生物技术产业的实际发展情况相匹配，才能制定更加切实可行的可持续发展策略。

第一，技术突破将推动新一轮产业变革。技术是生物技术行业发展最基本的推动力，是生物经济增长的必要条件，持续的技术创新能力是生物技术企业的核心竞争力。中国生物科技自主创新能力不足制约技术产业化进程，提高中国生物科技行业的国际竞争力，加强技术研发，提升行业自主创新能力是行业未来发展的关键。

第二，融资渠道拓宽，资本助力行业持续发展。生物技术研发是一项整合分子生物学、基因组学等学科知识和技术的复杂系统工程，具有高投入、高收益、高风险、长周期的特点，需要生物企业不断加大科研投入，但短时期无法实现营收收入，从而面临融资难的问题。

第三，产业分工日益细化。生物产业链涉及技术面广且复杂，行业壁垒高。随着生物产业规模的扩大，市场竞争日益激烈，生物产业分工会日益细化，逐渐形成一个完整的产业链条。

京津浙深沪等地有希望成为生物经济"高地"

问：在您看来，中国哪些地方有望成为生物经济"高地"？

罗奇斌：要成为生物经济发展"高地"，就必须在政策、技术、人才、创新力等方面脱颖而出，如北京、天津、浙江、深圳、上海等地，都非常有希望成为生物经济"高地"。

美欧等发达经济体纷纷聚焦生物经济

问：放眼人类历史，有哪些抓住"生物经济"而成就一个国家、一个企业的代表性案例？

罗奇斌：近年来，美欧等发达经济体纷纷聚焦生物经济，在促进可持续发展的同时，进一步巩固其领先地位。

比如，美国政府在《国家生物经济蓝图》中，明确将"支持研究以奠定21世纪生物经济基础"作为科技预算的优先重点。欧盟在《持续增长的创新：欧洲生物经济》中，将生物经济作为实施"欧洲2020战略"、实现智慧发展和绿色发展的关键要素。德国在《国家生物经济政策战略》中提出，通过大力发展生物经济，实现经济社会转型，增加就业机会，提高德国在经济和科研领域的全球竞争力。在美欧等政府的引导下，全球资本市场越来越青睐生物领域，风险投资、上市融资、并购重组金额屡创新高。

又如，依托发达国家科研机构和人才密集的优势，波士顿基因城、莱茵河畔生物谷等一批现代生物产业集群，业已成为全球生物产业创新发展的策源地。

新冠肺炎疫情"让生物经济的发展方向变得更加明朗"

问：2020年起肆虐全球的新冠肺炎疫情，给人类以怎样的启示或者说警示？

罗奇斌：新冠肺炎疫情已经在全球引起大流行，疫情态势仍在不断且迅速地演变。从人类的生命健康到经济，再到工作和生活方式，在过去两年多时间里，疫情已影响了社会的方方面面，全球因此陷入了一场人道主义危机。

随着疫情的发展，疫苗和药物治疗方案受到了最为广泛的关注。截至目前，生物制药行业对新冠肺炎疫情做出的响应十分鼓舞人心，令人印象深刻。

生物制药公司能够对疫情迅速做出响应主要归功于其与公共部门（例如：美国生物医学高级研究与发展管理局与再生元制药和杨森制药、美国国防高级研究项目局与美国Moderna制药公司）和非政府组织部门（例如，流行病防范创新联盟与CureVac、Inovio、Novax制药公司、惠康基金会与诺华）的合作伙伴关系，药物治疗手段或疫苗或可从他们的合作开发中产生。

然而，在对于疾病监控和治疗方案研发而言至关重要的诊断领域，类似的合作未能实现。尤其是在美国疫情初期，检测全部由美国疾病控制与预防中心（CDC）负责的那段时间，针对美国患者的核酸检测进程出现了严重滞后，检测能力也受到限制。尽管相关公司（如雅培、Novacyte公司）具有开发快速检测方法及相关设备的能力，但有关部门对私立/民营诊断企业相关测试产品的批准进度非常缓慢，从而导致私营/民营机构不能为病毒检测提供及时的支持。私立/民营机构在疫情暴发伊始就广泛介入疾病诊断、药物研发等过程是十分必要的，只有这样才能够更好地克服此类疫情给公共卫生带来的挑战。

所以，**此次新冠肺炎疫情不仅仅给我们敲了一记警钟，也对生物制药等生物产业进行了一次考验，在一定程度上也让生物经济的发展方向变得更加明朗。**

我们即将迎来生物技术、生物产业等蓬勃发展的新时期

问：新冠肺炎疫情大流行中，北京的经济发展"一枝独秀"，其中一个重要因素是中国新冠疫苗的两家企业——中国生物制药和科兴中维在北京。据报道，北京2020年、2021年两年疫苗收入都超过1000亿元，地方经济被注入活力，这一现象给生物经济的发展以怎样的启迪？

罗奇斌：新冠肺炎疫情期间，除了相关药物和疫苗的研发，另一个让人关注的亮点是公共卫生领域，仿佛一夜之间，这个领域就火起来了。最近，国内各大高校，如清华大学、南方科技大学等纷纷成立了公卫与健康学院或应急医学研究中心。可以想象，对公共卫生的重视和投入，将会是未来世界各国长时间关注的一个话题。

可预见的是，疫情控制后，各国均会在一定程度上加强对公共卫生体系的投资与建设。此外，强化公共卫生体系将成必然趋势，尤其是随着中国加强新型基础设施建设，目前有关部门已逐渐开展关于下一代疾控信息系统的相关课题研究。

由于新型冠状病毒提高了mRNA疫苗的知名度，一度被认为会是一场彻底的胜利。mRNA疫苗在临床开发上有一年多的时间。摩德纳公司最初试图将mRNA疫苗用于预防中东呼吸综合征，阿斯利康（AstraZeneca）疫苗是基于牛津大学对黑猩猩腺病毒疫苗的大量研究。这些说明提前准备要比突然大量投入应急资金来应对疫情危机有更深远的影响，包括建设基础设施来将创新转变为可以进行临床的治疗。

新冠肺炎疫情终将过去，但这次疫情对我国乃至世界的影响才刚刚开始。

站在生物经济发展的角度，我们即将迎来生物技术、生物产业等蓬勃发展的新时期。随着人们对于公共卫生和生命健康的重视，各种资金、资源和人才都会纷纷涌入到生物经济的发展当中来。但任何一项新的产业技术，无不是在国家、人民、企业重视的前提下发展起来的。尤其是生物经济产业是资金密集、科技密集型产业，高投入、高风险和高回报，这就要求我们生物经济的发展必须结合生物技术自身发展的特点和产业化进程的客观规划，实事求是，稳步发展。

基因技术、蛋白质工程技术等高新技术是生物经济的核心驱动力量

问：2012年，美国政府发布《国家生物经济蓝图》，宣布继农业经济、工业经济、信息经济之后，人类已经进入生物经济时代。您怎么看"生物经济时代"？

罗奇斌：在"生物经济时代"，基因技术、蛋白质工程技术、人工智能、大数据技术等高新技术是生物经济的核心驱动力量。要想在生物经济时代站稳脚跟，在核心领域拥有话语权，就必须形成我们自己的产业效应和集群效应，将技术转化为实实在在的产品，形成"研发—产品—消费"的良性循环体系。

同时，生物经济产业作为新兴产业，其发展依赖于良好的创新环境和市场经济土壤。加强知识产权保护，大力培育生物科技领军型人才，形成良好的研发、生产和市场环境，对于我国发展生物经济具有莫大的助力。

全球各国正站在同一起跑线上

问：国际上生物经济发展态势如何？各国重视程度如何？中国重视程度如何？

罗奇斌：近年来，欧美、日韩等发达国家和地区，相继公布了各自的生物经济战略，以及生物技术发展路线图，将生物经济的发展提升到了国家战

略的新高度。例如，美国发布了面向下一代生物经济的路线图，聚焦工程生物学、基因组学、蛋白质组学和人工智能等各种新技术。加拿大推出国家生物经济战略，大力推动建设可持续发展的生态经济系统。欧盟则制定了生物经济发展的远期行动计划。日本在2019年提出，到2030年建设世界最先进的生物经济社会。韩国大力推动生物健康产业的规模化。

我国则在《"十三五"国家战略性新兴产业发展规划》中，明确提出加快生物产业的创新发展，培育新的生物经济产业。当前，生物经济产业发展迅速，世界各国正站在同一起跑线上，这对于中国来说，是一次很好的追赶甚至领先的机会。

DNA测序技术的生命力还没有完全体现出来

问：2021年2月5日，恰逢人类基因组工作框架图（草图）绘制完成20周年纪念日。20年前，各国科学家联合起来，投入30多亿美元，耗时10多年，才获得了第一个人类基因组的草图。20年眨眼过去，您怎么看这20年的变化？变化主要体现在哪些方面？

罗奇斌：目前，不仅DNA测序技术的生命力还没有完全体现出来，基因组学其他技术也还远远没有达到满足实际应用的程度。特别是在基因组学技术进入临床领域打开个体化医疗大门之际，对于技术的实用性、适应性、稳定性等的要求提升到了前所未有的高度。

由于核酸测序技术的发展动力来源于不同学科的交叉融合，愈来愈多的物理学、化学、材料科学的基本原理都被用于对碱基的辨别，并体现出其较传统生物化学原理更为优越的性能优势。

因此，引导和支持不同学科的融合和交流，鼓励源头和原始创新是非常重要的，也是DNA测序技术乃至其他生命科学相关技术发展的必由之路。

基因组学技术成为赶超国际科学前沿的难得机遇

问：基因组学的迅猛发展，对中国来说意味着什么？

罗奇斌： 对于我国来说，在基因组学技术领域有所突破，成为赶超国际科学前沿的难得机遇。

第一，基因组科学与生物信息学等相关领域已成为生命科学发展的主要生长点，这些领域的成果不仅具有广谱性和引领性，而且还可以直接应用到临床实践，各国科学家和政府都想在这个领域有所建树。

第二，多年来的规模化投入已经奠定了一定程度的技术和理论基础，技术原理基本清楚，如何在现有技术的水平上实现更多的原始创新和更广泛的应用，成为这一领域产生突破的核心问题。

第三，由于基因组学研究可规模化的特点，集中力量的大投入，成果明显（比如，人类基因组计划38亿美元的投入为美国社会带来了7960亿美元的经济价值），带动力强。

我们有理由相信，以集成性为特点，以市场和全民健康需求为拉力的基因组技术还会继续高速发展，其巨大的社会效益将在未来的10年到20年里全面显现出来，尤其是在生物经济方面。

基因检测技术的发展会从根本上改变我们的健康理念

问：您怎么看人类基因组图谱绘制20年来生命科学、医学等领域发生的变化？这些变化，主要体现在哪些方面？能否具体讲一讲？

罗奇斌： 这一点，我们从基因组学在临床领域的应用中可见一斑。二代测序技术的飞速发展使得便宜、快速的个人基因组测序成为可能。基因检测行业作为基因医学的重要部分，承载着解码生命、造福人类的重任，承载着中国战略转型、科技兴国的重任，同时也托起了万亿元的大健康市场。基因检测技术的发展会从根本上改变我们的健康理念，现行的医疗模式也会随之发生改变。

一、辅助临床诊断。很多疾病表现出来的症状类似，临床上很难进行鉴别诊断，容易混淆。若是通过基因检测，在基因层面找到致病原因，可以辅助临床医生鉴别诊断甚至纠正临床上的诊断。

二、个体化治疗。治疗的效果与很多因素相关，排除外在的原因，人与人之间治疗的差异主要受遗传因素的影响。通过基因检测可以帮助实现个体化治疗，提高疗效，减少不良反应的发生。

三、携带者筛查。针对具有某些单基因遗传病（尤其是隐性遗传病）家族史的高危人群进行相关致病基因的筛查，可以及时发现该家族中致病基因的携带情况，进而分析后代患病的风险，为家庭成员提供有效的遗传信息，防止缺陷基因向下一代遗传。

四、指导优生优育。根据基因检测结果，结合疾病不同的遗传模式可通过遗传咨询进行生育指导。通过产前诊断（自然怀孕后进行）或是试管婴儿结合胚胎植入前筛查或诊断等技术帮助生育健康的宝宝。

五、提供精准的配型信息。为造血干细胞移植提供精确的配型信息，如地中海贫血、黏多糖贮积症患者、白血病等需要通过移植造血干细胞进行治疗时必须进行 HLA 分型，评估移植后排斥反应的发生率。

海量的生命解码数据库，开启医学从"治疗"到"预防"的时代

问：能否介绍一下基因行业的宏观发展情况？基因产业和生物经济有着怎样的关系？能否讲讲案例和故事？

罗奇斌：把生命数据化，让每一个人通过一个平台能够浏览自己的各种数据，包括基因组数据、医疗记录数据和生理数据等不同维度的数据。这个海量的生命解码数据库，让医疗健康变得更智能，并开启医学从"治疗"到"预防"的时代——这就是我认为的目前基因行业的一个宏观发展方向。接下来分享几个案例以供大家参考。

把生命数据化的第一人克雷格·文特尔曾在奇点大学的医学会议上表示，目前基因组学的发展仍停留在数量上的扩张，这是一件令人遗憾的事情。如果看看截至目前的基因组数据，就会发现全球范围内已经完成了超过22.5万个基因组测序数据。

然而，并不仅仅只有文特尔懂得这些基因信息的价值所在。美国各大互联网巨头也已经开始陆续布局生命数据化领域，包括谷歌、IBM、微软和亚马逊等信息时代的巨头。亚马逊的AWS云服务和基因行业的合作，可以一

直追溯到美国国家生物信息中心（NCBI）提供的全球范围的基因信息比对搜索引擎。2012年，亚马逊的云服务就已经接管了国际千人基因组计划的基因数据存储，当时这是世界上最大的人类遗传学数据库，并且数据是公开和免费的。

另一家信息时代的巨头——谷歌也在悄然布局这个领域。作为一家以搜索引擎发家的企业，谷歌每年在搜索领域的营收超过了600亿美元。这种独特的竞争力，让谷歌在进入生命科学领域时看到了一般传统医疗企业无法看到的关键点，那就是可被挖掘的基因大数据。

近年来的技术进步加速了人类遗传学领域的发展

问：伴随世界各国在高通量测序等技术水平掌握上的差异，基因组学在各国技术领域、临床、公共卫生领域的应用出现了怎样的差异性？会不会进一步导致全球健康状况的不平等？

罗奇斌：这个答案是肯定的，**技术的发展不均衡，势必会对全球健康状况的不平等造成非常大的影响。**

近年来的技术进步加速了人类遗传学领域的发展，可对个人和群体在全基因组范围内鉴定序列变异，这让更多的孟德尔疾病新变异被鉴定到。对于更常见的复杂疾病，通常是多种遗传效应和环境效应相结合起来增加疾病风险，至今已经鉴定了数千个遗传易感性位点。将这些科学发现转化到医疗保健的改进中，实现从信号的鉴定到信号的功能注释，最终到临床治疗，需要通过大规模数据、处理丰富信息的先进计算工具包的开发，并解决道德、法律、社会和经济问题，从而将基因组学有效地整合到常规的临床实践中。

从遗传机制阐释到医疗保健转化的改善，可以在一些应用例子中看到，如精准医学已经在一些罕见的单基因疾病的临床上使用，让一些受益于特定治疗或预防策略的病人获得更精准的预测。

目前，癌症研究正在基于精准医学根据肿瘤的突变来进行靶向治疗，促进了该领域从基因组学到疾病机制和新药开发的深入认知。例如，基因组测序与基于多组学的分子特征分析相结合，加速了个性化干预的发展，如

CAR-T免疫疗法。对于由多种遗传因素和环境因素共同导致的常见疾病，进展则较为缓慢。

生物技术实现了信息化、工程化、系统化的发展

问：伴随信息科技和生物科技的交织，出现了生物信息学、计算医学、算法生物学，这些新的学科以更高的精度描绘并预测我们的身体。怎样看生物科技和信息科技的这种融合？从这个角度看，生物经济时代是否就是建立在生命科学、信息科学融合发展的基础上的？

罗奇斌："人类基因组计划"的开展，引发了基因组、转录组、表观遗传组、蛋白质组、代谢组等生命科学组学数据的急剧增长，推动了信息技术在生命科学领域的大规模应用，驱动生命科学研究进入"**数据密集型科学发现（Data-Intensive Scientific Discovery）**"的第四范式时代。由此，生物技术实现了信息化、工程化、系统化的发展，为"设计—构建—验证（Design-Build-Test）"循环模式的建立奠定了坚实的基础，并朝着可定量、可计算、可调控和可预测的方向跃升。

信息技术的引入，使得生命科学从"实验驱动"向"数据驱动"转型发展，而生物体内的信息处理过程也为信息技术的发展带来了无穷的启迪。随着当前科技逐步逼近香农定律的理论瓶颈、内存墙的冯·诺伊曼瓶颈、摩尔定律的工程瓶颈，科技界和产业界将目光投向了DNA存储、神经形态芯片、生物启发计算等交叉技术领域。

生物技术的研究发展是对信息技术的有力支撑，信息技术的瓶颈解决需要从生物技术发展寻求启示，两者是相辅相成、互相成就的关系；生物技术与信息技术的融合发展进入了相互推动、齐头并进的时代，并成为新一轮科技革命和产业变革的重大推动力和战略制高点。生物技术、信息技术与纳米技术等融合形成的"会聚技术"（Converging Technologies），将产生难以估量的效能——如果认知科学家能够想到它，纳米科学家就能够制造它，生物科学家就能够使用它，信息科学家就能够监视和控制它。从这个角度看，生物技术和信息技术的"1+1"融合发展，或将产生"11"的巨大效能。

基因测序行业正在以惊人的速度发展

问：伴随数据集中度的提升，基因组学领域会不会像互联网时代一样出现垄断的巨头？如何谨防这种现象的出现？

罗奇斌：这个问题，我们从基因测序行业可见一斑。随着"精准医疗"的深化，基因测序逐渐成为科技医疗领域备受瞩目的话题，得益于平台技术的进步、测序应用的拓展、各机构合作的拓宽以及测序成本的下降，行业正在以惊人的速度发展。

随着测序技术的不断成熟以及政策的逐渐放开，基因测序在疾病早筛、微生物、遗传学检测等领域应用前景广阔，整个行业开始高速发展。 而从基因测序的市场上来看，全球最大的测序仪企业Illumina的未来已经到达了一个天花板，仅仅是为了维持超过70%的市场占有率，就不得不付出极高的维护成本和研发费用来阻止其他竞争者的抢夺。如果Illumina的触手伸向产业的下游，会让那些已经购买过其昂贵测序仪的公司咬牙切齿。因为，这些测序服务公司在Illumina专注制造测序仪器的同时，已经悉心孵化出一个稳定的测序服务市场。如果它也要分一杯羹的话，这些公司唯一的出路就是优化和提供更优质的服务和多元化的业务组合，这必将会增加已有的市场维护成本，同时也会让本来已经竞争激烈的测序服务市场上演更激烈的竞争。

与基因测序行业相同的是，基因组学领域也有可能由于发展的不平衡性出现一家或多家独大的情况。

对生命现象的解析进入超微观、连续性、动态化的时代

问：2000年，我和同事编辑出版了一本小书，叫《你还是你吗？——人类基因组报告》，而伴随基因编辑技术的发展、合成生命的出现，您预测未来生命科学将向何处去？合成生命学会有怎样的发展？人类还将会是"人类"吗？

罗奇斌：在未来很长一段时间，由于伦理、技术、国家监管等因素，基因编辑等技术仅会在医疗健康领域应用和出现。总的来说，**生命科学是一门**

发展迅速、多学科交叉的前沿学科，与人民健康、经济建设和社会发展有着密切关系，也被我国学术界视为在国际上最有影响力的学科之一，是最有可能实现从"跟跑"转变为"并跑"和"领跑"的学科。

而近年来，在国家的大力支持下，我国生命科学研究整体水平显著提高，初步实现从跟踪向原始性创新、从量的扩张向质的提高转变。**我国生命科学领域研究不断取得突破，主要体现在基因组学、合成生物学、干细胞和再生医学、脑科学、免疫学等子领域，对生命现象的解析也进入超微观、连续性、动态化的时代。**

目前，全球范围内，美国在生命科学研究领域处于绝对的领先地位。我国和德国、英国、法国、加拿大、日本等处于第二梯队，在生命科学研究的某些子领域有相对优势，但整体水平与美国等发达国家相比还存在较大差距，尤其是颠覆性、"从0到1"、引领领域新方向的原创成果少，重大技术创新也比较弱。

对基因的监测也意味着对我们身体健康和疾病的监测

问：《基因组革命：基因技术如何改变人类的未来》一书提出："追踪'环境DNA'正如同使用烟火报警器一样，警报响起后，我们还需要确认火源、查明危险级别，然后才决定要采取何种措施。'基因监测'也属于这种早期预警系统。"怎么理解这个早期预警系统？

罗奇斌：这个问题其实不难理解，咱们可以从"基因"的概念出发来理解它。基因是什么？它是指携带有遗传信息的一段DNA或RNA序列，是控制性状的基本遗传单位。同时，现代医学研究证明，几乎所有的疾病（外伤除外）都和基因有关系。像血液分不同血型一样，人体中的正常基因也分为不同的基因型，即基因多态型。不同的基因型对环境因素的敏感性不同，敏感基因型在环境因素的作用下可引起疾病。另外，由遗传物质发生改变而引起的或者是由致病基因所控制的疾病，被称为遗传病。因此，对基因的监测也意味着对我们身体健康和疾病的监测，从而达到早期预警的目的。

"多组学"的应用还处于起步阶段

问："'组学'研究的大一统正在进行中，而'生命密码'作为基因合成领域的核心研究，代表了未来10年、甚至是21世纪生物学的研究方向。DNA不仅是生物学刚刚兴起的一门'通用语'，还注定是21世纪生物学编年史上浓墨重彩的主要篇章。"您预测，组学时代还会有哪些亟待去研究的领域？从测序角度看，"生命之树"还有哪些亟待采摘的果实？

罗奇斌：虽然现在我们提到了组学的概念，甚至通过研究明白了"多组学"的应用价值，但是**就目前的技术水平来讲，要真正理解组学，将其联合应用到多领域当中仍有很长的一段路要走，"多组学"的应用还处于起步阶段。**

除了基因组学以外，微生物组学、转录组学、免疫组学、蛋白质组学等领域也亟待我们的关注和研究，同时提高技术水平，从而达到应用的目的。

精准医学只是生物经济的一个重要组成部分

问：您怎么看精准医学和生物经济的关系？下一步，人类将会迈向怎样的未来？会从精准医学时代迈向精准营养、精准健康时代吗？

罗奇斌：在我看来，精准医学只是生物经济的一个重要组成部分或者说必经过程。我借中国基因组学研究奠基人之一的于军老师对精准医学的看法，简单为大家分析一下。**实现精准医学需要在两个大领域——基础生物医学与临床医学——建立实际的转化研究和紧密的接轨机制。**我们已经看到了诸多"转化中心"的成立，我们也看到了各类"转化研究"的启动。尽管目前精准医学还不是一个具体的学科和大项目，但是在这个科学思维框架下的蓝图已经规划好了。《迈向精准医学：建立生物医学与疾病新分类学的知识网络》的报告已直接建议了几个可实施大项目，如"百万美国人基因组计划""糖尿病代谢组计划""暴露组研究计划"等。就百万人基因组测序而言，其单纯的DNA测序价格就应该在10亿美元以上。鉴于英国的医学临床资源规范而且丰富，英国2002年宣布斥资1亿英镑率先启动"10万人基因组测序计划"。可见，只要是可以直接造福国民的科学计划，对谁来讲都是"乐而为之"。

　　然而，尽管精准医学的提出同时给基础研究和临床研究指出了共同发展之路，但是它们面临的挑战和问题却各有不同。基于基因结构和序列变化的基因组学研究无疑已经转入到生物学和医学核心命题的研究。基因组学技术和规模化的特征将会延续并发扬，大数据、复杂信息、新概念和知识等，都在不断地催生新的思维境界和新的思考。从"DNA到RNA再到蛋白质"和各类"组学"研究，最终将是一种整合性、更高层次的消化和理解。20多年前美国科学家胡德提出的"多系统生物学"开辟了新的思维和方法，但是他并没有将其研究内容具体化。

　　从基因组学（以DNA序列为研究主体）到基因组生物学（以生物学命题为研究主体），再到基于谱系的基因组生物学（以生物谱系，如哺乳动物为研究主体），是基因组学的"凤凰涅槃"，也符合生物学的发展规律。

建立和培养自己关于生物安全和数据安全的意识

　　问：生物经济时代，人类应该遵循怎样的"游戏规则"？应该担负起怎样的责任？

　　罗奇斌： 提一点需要大家都非常重视的，就是"生物和数据安全"，我们要建立和培养自己关于生物安全和数据安全的意识。

构成生命的材料仅仅是生命形成的必要条件

　　问：今后究竟应该树立怎样的生命观、生物观、自然观？

　　罗奇斌： 我用一个重要的哲学命题——"存在"与"本质"的关系来讲讲生命、生物以及基因的关系，至于怎样去树立正确的生命观、生物观和自然观，我想会有更专业的人给出一个更中肯的答案。

　　对生命而言，存在先于本质，即作为构成生命的质料，可以在没有生命活动的状态下稳定地存在着，如文特尔教授通过化学方法合成了一个完整的细菌基因组核苷酸序列。但是，构成这个人造基因组的核酸材料本身并没有表现出生命特征，只有当研究者把它放入一个去除了天然基因组的细菌细胞这样一种"活力环境"中，人造基因组才表现出了自我复制和代谢调控等生命特征。据此还可以进一步推导出：生命的存在可与本质相分离，如保存在低温状态下的细胞或者个体仅仅是一种材料，只有在合适的复苏条件之"活力环境"下才能重新呈现出生命的迹象。换句话说，构成生命的材料仅仅是生命形成的必要条件，而特定的"活力环境"则是生命形成的充分条件，缺一不可。

生命科学目前的发现还仅仅是冰山一角

问：我们正处在21世纪第三个10年的起点，从这个时间节点来看，21世纪真的能说是生物世纪吗？

罗奇斌：更准确地表述21世纪，应该说它是生物学的世纪，但我认为21世纪仍旧是计算机的世纪。很多人可能会疑惑说目前生物学的发展可能并没有像20世纪所预言的那样。因为，从目前情况来看，当年因为一句"21世纪是生物学的世纪"而选择学生物的很多学生，最后可能并没有找到如意的对口工作，不得不转行或者继续深造。主要原因一方面在于前期国内生命科学刚刚起步，一切都才刚刚开始，因此就业机会相对较少。另一方面由于前期阶段，整个行业对从业人员要求较高，学历上至少是硕士，大部分都得要求是博士。因此，很多学生物的本科生自然找工作非常困难，最后只能选择读研或读博。

但其实在自然科学里，**我们不能否认生物科学是发展非常好的，前景也是非常广阔的，同时对于任何一个学科来说，总是有一个发展的过程。我们不能用短暂的过程来判定它的发展，尤其对于生命科学这样一个复杂的学科来说，目前的发现还仅仅是冰山一角，如此就在21世纪初期就下定义加以评价尚为时过早。**

一直到20世纪下半叶，我们才开始明白DNA便是薛定谔所说的"密码本"，并且破译了它所携带的复杂信息，进而开始精确无误地搞清楚了它是如何决定生命进程的。在历届生命的历史上，这是一个史诗般的成就，它标志着一个新的科学时代的到来。是的，一个整合了生物学和科技的新的时代已经诞生了。

　　　　——［美］克雷格·文特尔：《生命的未来：从双螺旋到合成生命》

做大做强生物经济是必然趋势
——谢良志访谈录

谢良志

本科和硕士毕业于大连理工大学化工系，1991年赴美国麻省理工学院（MIT）化工系自费留学攻读博士学位，师从MIT学院教授、美国工程院院士、MIT生物技术工程中心主任王义翘博士，从事动物细胞培养流加工工艺开发和优化研究，首创化学计量平衡和控制的动物细胞高密度流加培养工艺技术。

1996年博士毕业后曾就职于全球制药巨头美国默克公司（Merck & Co., Inc），从事人用活病毒疫苗（包括水痘疫苗、带状疱疹疫苗、MMRV四联苗，以及以腺病毒为载体的艾滋病疫苗）的工艺开发和放大研究，成功建立可放大到15000升商业化生产并经过2000升GMP中试规模验证的人用活病毒疫苗PER.C6细胞无血清悬浮培养生产工艺，历任高级工程师和研究员。

2002年回国创办神州细胞工程有限公司及北京神州细胞集团，任董事长和总经理，领导企业建立了具有国际先进水平的生物药研发和生产技术平台，建立了包含重组蛋白药物、单克隆抗体药物和创新疫苗的丰富产品管线，治疗甲型血友病的重组八因子已获批上市。

2007年创办北京义翘神州科技股份有限公司，任董事长，带领团队建立了为生命科学领域科研机构、生物医药企业提供高端生物试剂和技术服务的支撑平台。

担任国家新药创制重大专项"十一五""十二五"和"十三五"规划总体组专家。

导语 生物经济起步 "做大做强"正当时

谢良志是湖南人，身上有一种湖南人的基因：吃得了苦——认准了的事，就一头扎进去，几头牛都拉不回。

本科和研究生学的是传统化工专业，喜欢计算机编程和化工系统工程，没想到"听了一场关于生物药的讲座后认识到了生物医药对人类健康的意义"，"明知道这条路会更难、更漫长，但还是义无反顾从零开始学生物并进入这个充满未知、挑战和风险的起步行业"，一干就是近30年。

回国创业20多年，他在生物医药这条路上，历经了太多坎坷，现在看来，似乎很成功。截至2021年，他创办的企业，已有两家公司——义翘神州、神州细胞成功上市。义翘神州生产的新冠生物试剂中部分已用于支持全球上市的新冠抗原检测试剂的开发。

2021年年中，从事药物研发的神州细胞终于有了第一款被国家药监部门批准上市的新药——用于治疗血友病的注射用重组人凝血因子VIII，成为我国第一款获批上市的国产重组人凝血因子VIII产品，也标志着这家以前从未盈利、一直处于科研投入阶段的上市公司进入商业化阶段，而这家药品研发企业的产品还包括21个创新药、2个生物类似药。2021年7月，神州细胞研制的14价HPV（人乳头瘤疾病）疫苗成为全球首个进入临床研究阶段的14价HPV疫苗。

"很幸运从20世纪90年代初期就进入了这个新兴的行业。从那个时候开始，我的梦想就是能够用毕生的精力，做出能治病救人的好药，'把药做好'是我的使命和梦想。"

在新冠肺炎疫情期间的一次研讨会上，谢良志介绍了企业应对疫情所做的工作，包括疫苗研发、为其他企业提供支持等。他思维反应很快，谈问题，一针见血，提建议，观点鲜明。

在他看来，以生命科学和生物技术为核心的生物经济，在国民经济和人民健康中将发挥越来越重要的作用，已经成为世界各国未来科技竞争的主战场之一。全球生物经济还处在起步阶段，"十四五"时期做大做强生物经济正当其时。

他指出，生物医药、生物育种、生物材料、生物能源四个产业方向都具有非常重要的意义，很有必要。但是，生物医药涉及的领域、资本和从业人员要远远大于其他三个方向，在制定国家政策时要有所区分。

他对中国生物医药产业充满信心——人口众多，市场潜力巨大，大力发展生物医药产业具有人才、成本、市场等天然优势，因此，完全具有超越欧美发达国家的潜能。具体来说，我国在海外留学的人才基数非常庞大，而且从事生物医药相关专业领域学习和研发的比例很高。近年来，我国高速发展的经济形势、不断改进的监管和市场环境，以及大量资本的涌入，为生物医药产业的创业和创新提供了非常好的发展机遇。科创板的设立以及创业板注册制落地，也为生物医药企业融资提供了重要的平台。

他一针见血，坦言瓶颈所在——不能一味追求低价政策，仿制药可以通过带量采购降低价格，但生物药和创新药需要市场化的定价机制，才能使高风险的创新药研发投入能够获得与之对应的高回报，才能吸引人才进入生物医药领域，才能吸引资本进入生物医药行业、支持企业和人才去"冒险创新"。

他发出忠告：生物医药产业的投入和发展不能急功近利，需要有耐心的长期投入和储备。需要加大生物技术和生物医药的研发投入和支持力度，提前为下一个可能的重大传染病的爆发做好技术和产品储备。

他坚信：人类基因组的解码，开启生命科学和医学新时代。现代生命科学和医学的发展和进步是爆发式的，生物技术的发展基本上没有止境，生物经济时代将会长久存在并可能与下一个技术或产业时代并存。

他还坚信：21世纪是生物世纪，现阶段还处在萌芽阶段，可能还会延续很多个世纪。

生物经济，在国民经济和人民健康中将发挥越来越重要的作用

问：《中华人民共和国国民经济和社会发展第十四个五年规划和2035年远景目标纲要》在"构筑产业体系新支柱"中提出"推动生物技术和信息技术融合创新，加快发展生物医药、生物育种、生物材料、生物能源等产业，做大做强生物经济"。您怎么看"做大做强生物经济"被列入国家五年规划？这一举措意味着什么？

谢良志：以生命科学和生物技术为核心的生物经济，在国民经济和人民健康中将发挥越来越重要的作用，也是我国经济发展水平和人均收入不断提高后，人民群众对健康需求的体现。

可以预见，我国未来人口老龄化对生物医药产品的需求会越来越多，因此，加快发展生物医药也是世界各国的发展重点。

我国因为人均耕地面积不足，人口基数大，而且随着生活水平的不断提高，人民对粮食和肉类等食物的消耗和需求逐年提升，缺口较大。生物育种技术是提高农作物产量的重要手段，加快发展生物育种也是十分必要的。

生物材料在医疗器械、医美、可降解高分子材料等领域都有重要意义，未来有比较广阔的应用和市场前景。

生物能源目前还处于可行性研究阶段，生产成本还不足以与传统能源竞争，但随着技术的不断进步，未来有可能成为推动经济发展的重要能源之一。

所以，这四个方向都具有非常重要的意义，很有必要。当然，生物医药涉及的领域、资本和从业人员要远远大于其他三个方向，在制定国家政策时要有所区分。把生物经济列入国家五年规划，对推动这四个领域的发展、推动资本和人才聚集都将起到积极作用，具体能起到多大的作用，要看各主管部门制定的具体政策和力度。

生物经济：世界各国未来科技竞争的主战场之一

问：生物经济为什么要做大做强？您能否介绍一下我国生物经济发展的现状？

谢良志：生物经济要做大做强，主要是因为生物经济将在人类未来发展中发挥重要作用，是世界各国未来科技竞争的主战场之一。

美国已经把50%以上的基础研究经费投入生命科学和生物医药领域，全球生命科学和生物医药相关的科研论文也已经占比超过了50%。尽管如此，**人类对生命和疾病的了解还处在起步阶段，绝大多数重大疾病还无法治愈。因此，做大做强生物经济是人类社会、科技和经济发展的必然趋势，是人民追求更健康、更长寿生活的刚性需求。**

生物医药和大健康这一经济形态已经占发达国家GDP的10%~20%，已经是一个重要的支柱产业，但我国目前占比还较低，因此，发展空间也更大。

制约我国新药研发的关键瓶颈，已不再是人才和资本

问：我国生物经济发展存在哪些问题？您有何建议？

谢良志：在生物医药领域，我国的企业数目非常庞大，从业人员也很多。近些年来，**我国各地地方政府非常重视培育和扶持生物医药企业，也吸引了一大批海外留学人才的回流，并带动资本市场涌向生物医药产业的投资热潮，因此，全国各地涌现了一大批新创的生物医药企业，为我国生物医药产业的未来发展奠定了非常好的基础。**

当然，我国生物医药产业和欧美发达国家相比仍有很大的差距，包括创新能力、临床研究能力、国际市场化能力等，但我国已积累了生物医药产业快速发展所必备的人才、资本和市场环境。如果国家能够进一步优化审评批政策和流程，进一步完善和优化医保谈判政策，消除创新药进入临床应用的各种障碍，大幅缩短从药品获批上市到临床使用的流程和周期，我国生物医药产业将有望维持高速增长态势，未来有可能产生多个具有国际竞争力的

生物医药跨国企业。

由于新药研发、生产和商业化的全流程均严格受政府监管，目前制约我国新药研发的关键瓶颈已不再是人才和资本，而是药品审评、监管，以及流通环节中存在的不合理、不科学、不规范的制度设置。因此，完善审评、监管、定价等政策和市场环境是推动我国生物医药产业发展的重要手段。

新药研发具有投入大、研发周期长、风险高等特点，而最大的研发成本是时间。为鼓励人才和资本进入新药研发领域，建议国家参照美国FDA的人员规模和标准，大幅度扩大药品审评中心的人员规模，提高审评人员的薪酬待遇，尽快落实"尽职免责"原则，进一步完善我国药品审评法规，提高药品审评的科学性，进一步加快药品审评速度，缩短新药审评的行政审评流程。

新药在我国获批上市后，往往要经过国家医保谈判、进入各省医保目录、进入医院等一系列人为设置的流程，有时需要耗时多年才能真正得到临床应用。为保护企业和资本的创新积极性，美国对药品审评和市场环境进行了长期的优化和完善，基本消除了新药获批后进入临床应用的一切不必要流程和障碍，并对新药专利最低保护期限进行了立法。由于美国采用市场定价机制，不存在医保谈判的问题，也不存在进医院的审批，新药获批当天即可在所有医院使用，因此，大大缩短了最新成果进入临床应用的时间。这一方面的政策优化对提高医药企业和资本的积极性和创新原动力，推动生物医药产业发展起到了非常重要的作用。因此，美国已远远超过欧洲和日本，成为制药企业和新兴生物技术企业的聚集地，在前沿生物技术领域具有绝对的领先优势。**如果我国能够充分研究、消化和借鉴美国的合理政策、制度设置和成功经验及教训，包括创新药的医保政策、市场化的定价机制，取消新药进入医院的行政审评制度，尽快落实新药专利补偿机制，并参照美国设立12年的新药上市后最低专利保护期，在我国现有人才基础优势、市场规模优势、研发和生产成本优势以及资本市场的大力支持下，我国生物医药创新企业有望快速完成追赶和超越。**

信息技术只是工具和支撑，主体仍是生物技术

问："推动生物技术和信息技术融合创新"为什么是"做大做强生物经济"的前提？生物技术和信息技术究竟怎样才能"融合创新"？大数据、云计算、人工智能的加速演进，会对生物经济时代带来什么？

谢良志：信息技术，包括计算机运算、储存能力和人工智能技术的不断提升，为生物技术的发展提供了重要的支撑，因此，信息技术将在生物技术和生物医药研发生产中得到越来越多的应用，发挥越来越重要的作用。

因此，我不认为"推动生物技术和信息技术融合创新"是"做大做强生物经济"的前提，而是国家高度重视信息技术在生物技术中的应用和融合。理解生物技术和信息技术"融合创新"首先要区分二者的作用，不要认为信息技术可以替代生物技术，信息技术只是工具和支撑，主体仍是生物技术。生物技术的核心仍是生命科学和疾病机理，充分利用好信息技术的进步可以加快生物技术的创新速度和效率。

因此，**大数据、云计算、人工智能的发展为生物技术和生物医药的发展带来了新的机遇和新的手段**。比如，由于计算速度、数据分析能力的进步，以及蛋白质和小分子晶体结构数据的大量积累，利用人工智能技术和生物技术的融合，可以快速完成复杂蛋白质结构的计算，从而可以通过计算机模拟完成小分子候选药物与大分子蛋白靶点的结合分析测算和候选药物的模拟筛选，极大地推动和加快新药发现能力、研发速度和效率。

生物经济的核心和重点是生物医药

问：您怎么看生物医药、生物育种、生物材料、生物能源成为做大做强生物经济的四大代表性产业？这四大产业之外，还有什么生物产业值得重视？

谢良志：生物经济的本质是生物技术和生命科学，其核心和重点是生物医药。

生物育种、生物材料和生物能源实际上是生物技术在育种、新材料（包

括医用材料）和新能源领域的应用，其体量，包括企业数量、从业人员、经济规模都与生物医药存在数量级的差别。生物育种只是生物农业中的一个重要领域，所以更宽泛地讲，可以用生物农业替代生物育种。

重点是要解决企业、人才和资本的积极性和创新动力问题

问：怎样才能加快发展生物医药、生物育种、生物材料、生物能源等产业？

谢良志：加快发展生物产业的重点是要解决企业、人才和资本的积极性和创新动力问题，需要通过优化和完善制度、政策和市场环境，提高高科技领域高风险、长周期投资的收益和投资回报，缩短投资周期。

在生物医药领域，核心问题是要让新药能够快速上市并快速在全国范围内进入临床应用，在这方面我国与发达国家的差距很大，存在很多历史上人为设置的不必要障碍。同时，不能一味追求低价政策，仿制药可以通过带量采购降低价格，但生物药和创新药需要市场化的定价机制，才能使高风险的创新药研发投入能够获得与之对应的高回报，才能吸引人才进入生物医药领域，才能吸引资本进入生物医药行业、支持企业和人才去"冒险创新"。所以，**我认为最有效的政策措施不是靠政府加大科研经费的投入，而是要靠国家制定有利于行业发展的审评审批政策和优化市场环境。**

将"生物医药"列为"做大做强生物经济"之首是合理的

问："十四五"规划将生物医药列为"做大做强生物经济"之首，您怎么看？是因为生物医药的产业潜力和前景最大吗？

谢良志：生物医药肯定是四大生物产业的重中之重。生物医药涉及的技术领域、产品种类、基础研究人员规模、企业数目以及产业从业人员规模都远远大于其他三个生物产业，当然，生物医药的产业潜力和经济规模更大。更重要的是，生物医药直接关系到人的健康和国家安全，其关注度和意义也更大，因此，"十四五"规划将"生物医药"列为"做大做强生物经济"之

首是合理的。

中国生物医药：完全具有超越欧美发达国家的潜能

问：能否结合实践或思考谈一谈，生物医药应该在生物经济中处于怎样的位置？我国在这一领域面临怎样的挑战和机遇？出现了怎样的苗头和趋势？有什么政策性建议？

谢良志：生物医药不仅应该在生物经济中，而且应该在所有经济活动中占据主导地位。历史上，当经济水平较低时，解决吃、穿、住、行等人的生存最基本的生活需求是重点。而随着经济发展水平和生活水平的不断提升，当大多数人的温饱等基本生活需求已经基本得到满足后，人们会越来越关注健康长寿和生活质量，因此，在大健康领域的支出占比会不断提高。**可以预见，当未来科技和经济水平发展到更高程度后，健康领域将可能成为所有经济领域中最主要的领域，毕竟一切科技进步和经济活动的最终目的是"为人服务"。**

过去40年，生物技术已经不断取得进步，但人类对生命和疾病的了解还处于起步阶段，治愈恶性肿瘤、阿尔兹海默症、帕金森症、艾滋病等重大疾病还只是梦想。**尽管我国生物医药领域和发达国家相比，尤其是与美国相比还有较大的差距，但我国人口众多，市场潜力巨大，大力发展生物医药产业具有人才、成本、市场等天然优势，因此，完全具有超越欧美发达国家的潜能。**

我国在海外留学的人才基数非常庞大，而且从事生物医药相关专业领域学习和研发的比例很高。近年来，我国高速发展的经济形势、不断改进的监管和市场环境，以及大量资本的涌入，为生物医药产业的创业和创新提供了非常好的发展机遇。科创板的设立以及创业板注册制落地，也为生物医药企业融资提供了重要的平台，进一步推动海外人才的回流和国内外资本在我国生物医药行业的聚集，也因此催生了一批具有一定创新能力和基础的生物医药企业，也已有一批创新药品种进入临床或获批上市。我国生物医药产业整体发展态势良好，为未来发展和加入国际竞争奠定了很好的基础。

我国生物医药产业发展面临难得发展机遇

问：全球生物医药产业发展现状和问题如何？中国生物医药产业发展如何？存在哪些问题？出现了哪些新现象、新趋势？

谢良志：以美国为主导的全球生物医药产业不断取得新的进展，生物药在全球制药领域的研发投入占比和市场份额不断提升，肿瘤免疫治疗、细胞治疗和创新疫苗技术在肿瘤治疗和传染病防控方面取得较大突破。

尽管如此，新药研发难度越来越大，投入和风险也越来越高。大型跨国制药企业的内部研发效率和产出也遇到瓶颈，对技术和产品引进以及并购的依赖度越来越高。同时，一大批失去专利保护的生物药受到生物类似药的市场和价格冲击，制药企业还受到美国政府和舆论对新药定价方面的压力，欧美制药企业的市值排名不断下滑。因此，欧美国家的政策环境、市场环境以及资本市场压力，对其制药行业的研发方向和投入均产生较大的不利影响和干扰，为我国生物医药产业发展提供了一个难得的发展机遇。

我国生物医药产业经历了过去10年爆发式增长，大量海外人才回流和大量资本的涌入催生了一大批新兴的生物医药企业。同时，**由于生物医药产业涉及的技术领域多、技术复杂性高，而我国投资机构很多，整体水平和专业判断力与欧美国家投资机构的专业水平仍有差距，重复和同质化投资比较普遍，也因此导致人才、资源、资本的分散，以及同质化竞争的不利局面，同一靶点往往出现数十个甚至上百个产品扎堆研发的现象。**

制定《"十四五"生物经济发展规划》很有必要

问：如果国家有关部门制定《"十四五"生物经济发展规划》，您有何建议？

谢良志：制定《"十四五"生物经济发展规划》很有必要。建议重点解决制约生物医药产业发展的审评审批政策、医保政策、市场准入等主要瓶颈问题，这些问题是不能通过资本或市场机制解决的。

北京地区的优势已不明显

问：您所在的区域或地方生物经济发展状况如何？将如何布局生物医药产业？

谢良志：北京一直是我国高科技产业的集中区，生物医药产业也是如此。北京地区拥有政府资源、临床医院资源、高校资源等天然优势，而且生物医药产业起步比国内其他地区更早，政府前期的重视重度也更高，过去的基础更扎实。

当然，近年来受长三角地区和珠三角地区更优惠和支持力度更大的政策吸引，优质生物医药企业外迁现象比较严重，北京地区的优势已不明显，甚至可能落后于一些快速崛起的地区，如上海和苏州。

生物经济主要集中在三个"高地"

问：在您看来，中国哪些地方有望成为生物经济"高地"？

谢良志：我国北方地区的生物经济整体水平落后于南方地区，目前生物经济主要集中在三个高科技产业的"高地"：京津冀地区、长三角地区和珠三角地区，由于生物经济的长周期效应，未来很长时间内，我国生物经济仍将维持"三强并进"的态势。

美国成为全球生物技术领域绝对"领头羊"的秘密

问：放眼人类历史，有哪些抓住"生物经济"而成就一个国家、一个企业的代表性案例？

谢良志：从历史发展来看，美国在医药产业领域的政策布局是非常成功的。

大型传统制药企业大多数起源于欧洲，如默克、罗氏、阿斯利康、诺华、赛诺菲、葛兰素史克、拜耳等知名跨国企业均起源于欧洲，但由于欧洲对新药实行国家限价谈判机制，导致创新药利润下降，医药企业利润空间受到打压，而美国采取市场定价机制，导致人才和资本向美国医药和生物技术公司聚集，因为传统的欧洲制药企业纷纷将研发、生产和销售逐步转移到了美国，部分企业仅在欧洲维持一个象征性的总部和少量研发生产能力，因而进一步带动了美国生物技术和生物医药产业的蓬勃发展和进一步聚集。因此，在20世纪80年代才新兴的生物技术产业领域，美国已远远领先于欧洲和日本，一枝独大，成为全球生物技术领域绝对的"领头羊"。

近年来，全球制药领域在创新药领域取得的几个重大突破均来源于美国，如肿瘤免疫治疗、CAR-T细胞治疗、治疗阿尔兹海默症的抗体药物等。可见，出台限制新药价格的政策需要慎重，从表面上看可能为医保节省了费用，为患者减轻了负担（可以通过减少患者自付比例等手段），但可能引发一系列的后果，如人才和资本的流失，企业创新动力、积极性和研发投入能力下降，企业和行业的国际竞争力下降等直接后果，进而导致创新药研发减少，对进口药物的依赖加大等风险和问题。

所以，限价是双刃剑，适度控制价格符合我国现阶段的国情和普通百姓的支付能力，但过度限价，一味追求降价幅度对生物医药行业的伤害会比较大，最终受损的是患者的利益和国家的竞争力。

新冠肺炎疫情带来巨大冲击，影响深远

问：2020年起肆虐全球的新冠肺炎疫情，给人类以怎样的启示或者说警示？

谢良志：新冠肺炎疫情对医药行业、全球经济以及日常生活等多方面带来了巨大的冲击，其影响将是深远的。

新冠肺炎疫情的暴发让普通百姓认识到了预防传染病、接种疫苗的意义和重要性，同时，也让大家更深切地体会到重大疾病和重大传染病对健康和日常生活的破坏力和影响。

新冠肺炎疫情也是对世界各国应对重大传染病应急体系和研发能力的全面系统检验。我国在应对新冠肺炎疫情中，充分发挥了制度优势和政府号召力、公信力等方面的优势，取得了榜样性的阶段性胜利，成为全球极个别全

面控制疫情的国家，在新冠疫苗和抗病毒药物方面也取得了重大成果。

但同时，也应该清醒地认识到，在疫苗和研发方面，我们在技术上与国外先进技术仍存在较大差距，仍需全面总结梳理成功经验和教训，仍需意识到我国应对重大传染病的科研能力仍有不足，研发投入力度仍不够，仍需全面加强生物医药研发、生产、流通、监管科学和体系建设以及资源储备。

生物医药产业的投入和发展不能急功近利

问：新冠肺炎疫情大流行中，北京的经济发展"一枝独秀"，其中一个重要因素是中国新冠疫苗的两家企业——中国生物制药和科兴中维在北京。据报道，北京2020年、2021年两年疫苗收入都超过1000亿元，为地方经济注入了活力，这一现象给生物经济的发展以怎样的启迪？

谢良志：由于新冠疫苗接种量大，北京生产的两个新冠疫苗产生了巨额的经济效益，这一现象对生物经济的发展肯定会带来积极的效应。

一方面，新冠疫苗的快速研发和产业化对疫情防控和地方经济发展发挥了重要作用，展现了生物技术产品的巨大社会效益和经济效益，会增强政府、科研机构、研发人员、企业和资本的信心和动力。

另一方面，我们也要认识到**新冠肺炎疫情和疫苗研发是一个特殊事件，不具有可复制性和重复性，生物医药产业的投入和发展不能急功近利，需要有耐心的长期投入和储备。**同时，我们还要认识到我们在生物技术和疫苗研发方面与国外先进水平的差距，不能盲目乐观和自大，需要加大生物技术和生物医药的研发投入和支持力度，提前为下一个可能的重大传染病的暴发做好技术和产品储备。

生物经济时代将会长久存在

问：2012年，美国政府发布《国家生物经济蓝图》，宣布继农业经济、工业经济、信息经济之后，人类已经进入生物经济时代。您怎么看"生物经济时代"？

谢良志：历史上的几个经济时代主要是技术和产业发展和转换的结果，而生物经济则既有生命科学技术进步和行业发展的因素，也有整个经济发展、支付能力和生活水平提高所催生的需求因素。随着经济和生活水平的不断提高，人们对健康的重视和对医药产品的需求会不断提升，而且生物技术的发展基本上没有止境，因此，生物经济时代将会长久存在并可能与下一个技术或产业时代并存。

"十四五"时期做大做强生物经济正当其时

问：国际上生物经济发展态势如何？各国重视程度如何？中国重视程度如何？

谢良志：生物经济来临前，无论是基础研究还是产业发展，欧美等发达国家已经进行了很长时间的技术准备。美国在生命科学和医药领域的科研经费投入以及全球科研论文发表的比例已经预示了生物经济时代的到来。欧美国家由于经济发达程度更高，对健康产品和服务的需求更高。因此，欧美国家的生物经济时代起步更早，发展更快，生物经济在GDP中占比也更高。我国人口基数大，人口老龄化时代到来后对健康产品的需求也在快速增长，而且经过40多年的经济高速发展，我国在健康产业的投入和支出虽然快速增长，但仍有很大的增长空间。"十四五"规划中提出"做大做强生物经济"正当其时。

世界各国都会回归到"以人为本"的认知和发展阶段

问：生物经济时代究竟有着怎样的特点？能说生物经济时代是"已经到来的未来"吗？

谢良志：我个人认为，**生物经济时代的特点是在经济发展到一定阶段后，人们更关注自身健康，在健康领域的投资、消费占比不断提升，生命科学知识得到更广泛的普及，生物技术与更多领域的技术得到融合发展的时代。生**物经济时代的核心还是以生命科学、生物医药和大健康领域为核心，其次才是生物技术在其他领域的应用和融合。

生物经济时代是否已经来临，要取决于每个国家的发展水平和对健康的重视程度。如果温饱问题还没有解决，过多地投入生物技术和医药领域是不现实的。因此，**对生物技术的投入，对健康的重视程度和认识是一个逐步发展的过程，与一个国家、地区的经济发展水平、收入水平、教育水平有较大的关联。随着经济水平的不断提高，最终世界各国都会回归到"以人为本"的认知和发展阶段。**

人们对健康产品的需求，是推动生物经济时代到来的主要因素

问：从历史的角度看，是什么促成生物经济时代的加速到来？

谢良志：生命科学、生物技术和现代医学的发展是生物经济时代的基础和必要条件，而生命科学等技术的进步得益于整体经济水平的发展、工业技术和计算机技术的发展（推动了各种生物分析、检测、诊疗和生产仪器设备的研发和应用），以及政府对生物技术的重视和大力投入，人们对健康产品的需求也是推动生物经济时代到来的主要因素。

全球生物经济还处在起步阶段

问：对于中国来说，在工业经济、信息经济时代苦苦追赶之后，生物经济时代是一次难得的"换道超车"机会吗？

谢良志：生命科学和生物技术、现代医学的发展历史还不长，全球生物经济还处在起步阶段，而我国已经完成了过去40多年的传统经济和制造业的快速发展，在经济体量和14亿多人口对健康产品的刚性需求支撑下，如果国家能够制定符合生物医药产业长期发展的政策和市场环境，利用好自身的市场优势、人才优势、成本优势以及制度优势，完全具备快速完成追赶和超越的潜能。

人类基因组的解码，开启生命科学和医学新时代

问：2021年2月5日，恰逢人类基因组工作框架图（草图）绘制完成20周年纪念日。20年前，各国科学家联合起来，投入30多亿美元，耗时10多年，才获得了第一个人类基因组的草图。20年眨眼过去，您怎么看这20年的变化？基因科技的发展，能说是一场革命吗？

谢良志：人类基因组计划是一项伟大的工程，完成第一份人类基因组测序具有划时代的意义，但更重要的是该计划推动了基因测序技术、算法、仪器设备和配套试剂的高速发展、基因测序成本的快速下降以及基因测序速度和效率的指数性提升，并推动了基因诊断技术发展和临床应用，其影响是十分深远的。

基因科技的发展肯定是一场革命，因为人类基因组的解码开启了生命科学和医学的新时代，是一个开端。当然，真正理解生命、疾病和医学，是一个非常长远，甚至是永久的工作。基因测序已经成为疾病诊断的关键工具，也是生物技术发展的重要支撑。但基因科技只是现代生物学、生物医药中的一个较小的组成部分，是一个重要的工具和技术能力，最终治病救人还是需要更多更好的药品研发、医学技术的发展和医护人员的付出。

基因测序技术的快速发展所产生的影响可能更大

问：您怎么看人类基因组图谱绘制20年来生命科学、医学等领域发生的变化？这些变化主要体现在哪些方面？能否具体讲一讲？

谢良志：人类基因组图谱绘制本身对生命科学和医学研究具有重要意义，而人类基因组计划的实施带动的基因测序技术的快速发展所产生的影响可能更大，对生命科学和生物医药的发展起到了巨大的推动和加速作用。

由于测序技术的进步，完成一份完整的人类基因组测序所需的时间已经从最初的十几年降到几天，成本从30亿美元降低到几千美元，这就是一场技术革命。因此，基因测序和检测已经得到非常广泛的应用，个体化医疗成为可能。在2003年"非典"暴发时，疫情经过几个月得到控制后才完成病毒

基因的测序，而2020年新冠肺炎疫情最初被发现后，我国科学家在几天的时间内就完成了病毒的鉴定和基因测序，为全球快速研制基因检测试剂盒、疫苗研发和抗体药物研发提供了关键的信息和工具，极大地加速了疫情防控产品的研发。

生命科学和医学的发展和进步，确实是爆发式的

问：有人说，伴随技术的突破和发展，现在的生命科学就像寒武纪生命大爆发一样成果不断迸射、爆发，您怎么看这个判断？能这么说吗？

谢良志：现代生命科学和医学的发展和进步确实是爆发式的。生命科学和医学知识的发现、积累和进步不是线性增长，而是指数性增长，具有滚雪球式的效应。

基因产业的作用十分关键

问：能否介绍一下基因行业的宏观发展情况？基因产业和生物经济有着怎样的关系？能否讲讲案例和故事？

谢良志：我认为基因行业是大健康、生物医药或者说生物产业中的一个重要分支，也是重要的基础和工具手段，但生物经济的核心是生物技术、生物医药和现代医学，基因产业可能只占较小的比例。当然，基因产业在生物医药和医学诊疗等领域的作用是十分关键的，也有非常巨大的市场前景。

细胞治疗产业是生物经济中的重要组成部分

问：细胞产业目前发展现状怎样？和生物经济时代有着怎样的关系？

谢良志：细胞治疗是一个还处于较早期的新兴产业，拥有非常广阔的发展前景，但细胞是一个有生命的复杂体，不是一个单一的分子，其挑战性和复杂性要远远超过传统的化学药和大分子生物药，因此需要更长的发展过程。细胞治疗产业将来一定会是生物经济中的重要组成部分。

全基因组测序已成为日常性工作

问："'组学'研究的大一统正在进行中，而'生命密码'作为基因合成领域的核心研究，代表了未来10年、甚至是21世纪生物学的研究方向。DNA不仅是生物学刚刚兴起的一门'通用语'，还注定是21世纪生物学编年史上浓墨重彩的主要篇章。"您预测，从测序角度看，"生命之树"还有哪些亟待采摘的果实？

谢良志：单纯从基因组测序来看，人类基因组计划的主体任务和历史使命已经完成。**随着基因测序技术革命性的进展，全基因组测序已成为日常性工作，基因测序和检测的速度、成本使得更多的临床和医学应用成为可能，也为个体化诊疗技术和产业的发展提供了关键的技术支持和发展空间**。所以，由于技术的进步和成熟，从测序角度看，未来的发展重心是临床应用技术的开发和推广。

一场关于生物药的讲座改变人生之路

问：您在生命健康领域奋斗多年，能否说说您的实践和梦想？

谢良志：我很幸运，在生物制药产业的早期就进入美国麻省理工学院从事生物技术的研究，亲历了全球生物技术和生物医药行业的进步和发展。

我本科和研究生学的是传统化工专业，喜欢的是计算机编程和化工系统工程，所以我的硕士论文是用计算机编程来进行化工厂的工艺优化和节能。之所以决定从事没有任何基础知识的生物医药研究不是因为兴趣和喜好，而是因为听了一场关于生物药的讲座后认识到了生物医药对人类健康的意义，所以明知道这条路会更难、更漫长，但还是义无反顾从零开始学生物并进入这个充满未知、挑战和风险的起步行业。但也因此很幸运从20世纪90年代初期就进入了这个新兴的行业，从那个时候开始，**我的梦想就是能够用毕生的精力，做出能治病救人的好药，"把药做好"是我的使命和梦想**。

精准医学会成为医学诊疗的常态

问：您怎么看精准医学和生物经济的关系？

谢良志：随着分子诊断技术的发展，临床诊疗一定会越来越精准，所以精准医学会成为医学诊疗的常态。当然，分子诊断技术和个体化医疗技术、设备、药品等还处在一个早期起步阶段，还需要很漫长的发展过程。

至于精准医学与生物经济的关系，我想精准医学是生物经济中生物医药产业的一个发展方向，是未来医学和医药发展的一个发展方向，而不是一个产业，因为很难将精准医学与生物医药产业分开来看。

健康和生命无价

问：生物经济时代对国家、组织和个人，分别意味着什么？我们应该怎样改变自己的行为，以适应、追赶这个时代？或者说，在生物经济时代，人类应该遵循怎样的"游戏规则"？应该担负起怎样的责任？

谢良志：生物经济时代对国家来说，就是需要制定和优化适合生物医药产业发展的政策环境、市场环境和资本环境，加大对生命科学、生物技术、生物工程、医学等领域的人才培养和研发投入，不断完善国家医保和商业保险体系建设，加大医疗机构设施和能力建设，加大国家公共卫生和生物安全能力建设和技术储备。

生物经济时代对生物医药企业来说，就是要不断提升企业的创新能力和国际竞争力，做长线投资而不是只顾眼前。对从事生命科学研究、医疗和医药研发的个人来说，意味着大健康领域有很好的发展前途。

生物经济时代对所有人来说，意味着我们未来可以享有更好的医疗保障，拥有更健康、更幸福美好的生活，更长寿的生命。当然，也可能意味着需要更重视健康投入，也可能在收入水平还不够高时需要舍弃一些不必要的需求和消费。

为了适应未来的生物经济时代，我们需要更加重视生命科学和医学常识的学习和科普，鼓励更多的年轻人进入与生物时代相关的学科和专业领域学习。我们还需要充分认识到健康和生命无价，并愿意为更健康的身体和生活方式、治疗手段和药品支付相应的价格，而不是一味追求低价。只有医护人员能够得到全社会充分的尊重、劳动价值得到充分的社会认可、新药的利润有足够保障，才可能推动医学和生物医药产业的长久和更高水平的发展。

建议政府有关部门充分论证生物医药和大健康产业的行业特殊性

问：要想抓住生物经济时代的历史性机遇，您对监管层有什么建议？

谢良志：生物医药产业是一个高度受政府监管的行业，又直接关乎人民的健康和国家安全，也是一个永久的朝阳产业，建议政府有关部门充分论证生物医药和大健康产业的行业特殊性，不断完善药品审评审批制度、国家医保政策，消除历史上遗留的一系列政策瓶颈和障碍（如进医院的限制，"一品双规"的限制等），加大医保投入和使用效率，扩大国家药品审评人员规模和投入，改变创新药的医保谈判机制和单纯追求降价的集采机制和范围（建议集采只适应于仿制药）；建议生物药和创新药采用市场化的定价和竞争机制，从政策层面鼓励生物创新、资本聚集和人才聚集，从保障盈利能力方面提升我国生物医药企业的创新原动力和国际竞争力。

生物世纪：现阶段还处在萌芽阶段

问：我们正处在21世纪第三个10年的起点，从这个时间节点来看，21世纪真的能说是生物世纪吗？

谢良志：人类在解决了基本生活需求后，最难解决或者说最高追求就是健康问题。

全球科技和制造技术的发展推动了生命科学、生物技术和医学的快速发展，进而推动了生物世纪的来临。因此，可以说21世纪是生物世纪。现阶段还处在萌芽阶段，普通百姓的感受可能还不强，生物经济占GDP的比重还很低，生物世纪可能延续多个世纪。

我相信，当经济水平发展到更高程度后，人们的基本生活需求（包括吃、穿、住、行、娱乐等）得到比较充分的满足后，可以将更多的支出投入健康领域，如医疗保险等。届时，大健康领域的经济总量可能达到或超过发达国家18%~20%的水平。随着经济发达程度的继续提升，大健康领域的经济总量最终可能成为GDP中占比最高的行业。

　　总之，我相信以人为本的发展理念和方向，科技进步最终要服务于人类的需求，而人类的最高追求是活得更久，活得更健康快乐。因此，科技进步会推动生物技术和生物医药产业的进步，并最终不断改善人类的健康和生活。

科学家篇

很难想象，在接下来的70年里，这股浪潮会把我们带向何方。但是有一点我非常清楚，无论这个生物学的时代把我们引向何方，这个航程都将会是非常精彩的。

——［美］克雷格·文特尔：《生命的未来：从双螺旋到合成生命》

"做大做强生物经济"是战略性举措
——何川访谈录

美国芝加哥大学讲席教授，美国霍华德·休斯医学研究所研究员，北京大学访问教授。

1989年贵州省凯里一中毕业，1994年中国科学技术大学学士毕业。2000年获得美国麻省理工学院博士，2000—2002年在美国哈佛大学从事博士后研究。2002年起在美国芝加哥大学任教，2012—2017年任芝加哥大学生物物理动态研究所主任，2014年起为霍华德·休斯

何 川

医学研究所（HHMI）研究员，2014年起为芝加哥大学讲席教授。

研究范围包括化学生物学、分子生物学、生物化学、表观遗传学、细胞生物学和基因组学。最近的研究涉及生物调节中的可逆RNA和DNA甲基化。何川教授的实验室在2011年发现了可逆RNA甲基化作为基因表达的一种新的调控机制，为"RNA表观遗传学"这个全新领域的发起人。

导语　将"不可能"变成可能

通过表观遗传编辑技术，将一种特定动物蛋白植入植物体内，植株明显变大，长出更多的根系，光合作用效率提高，水稻、土豆的亩产竟然增加50%！

这看似不可思议、不可能的事情，在芝加哥大学何川教授、北京大学贾桂芳教授手里，历经多年努力，从憧憬变成了现实。

"这是一项非常令人兴奋的技术，它有可能帮助解决全球范围内的贫困和粮食安全问题，同时也可能有助于应对气候变化。"诺贝尔奖得主、哈里斯公共政策学院教授Michael Kremer说。

让人更为期待的是，这一技术具有"一定程度的普遍性"：北京大学昌平校区的实验室内，利用这一技术改造后的橡胶草等多种植物长势良好，让人惊异。

何川是RNA表观遗传学的开创者，主要从事化学生物学、核酸化学和生物学、表观遗传学、分子生物学以及基因组学等方面的研究。和生物领域的专家聊起来，都知道他是"大牛"。

在他看来，"十四五"规划部署"做大做强生物经济"毫无疑问是"战略性的举措，也是造福全人类的重大部署，因为疾病、农业和粮食安全、原材料和能源，都是全球性问题"。

他坦言，中国生物医药过去几年有了长足发展，资本市场也日渐健全，但仍然存在缺乏有国际竞争力的龙头企业、没有大型制药公司收购生物技术公司的成熟体系、人才是最大制约因素尤其是缺乏高端人才等主要问题。

他认为，生物医药、生物育种是当务之急、重中之重，需要聚焦；生物材料、生物能源是未来的发展方向，需要做更多的基础研究。而面向未来，人才成为生物经济发展的"最大制约"，"有策略地加强人才培养可能是关键"。

"做大做强生物经济"是造福全人类的重大部署

问：《中华人民共和国国民经济和社会发展第十四个五年规划和2035年远景目标纲要》在"构筑产业体系新支柱"中提出"推动生物技术和信息技术融合创新，加快发展生物医药、生物育种、生物材料、生物能源等产业，做大做强生物经济"。您怎么看"做大做强生物经济"被列入国家五年规划？这一举措意味着什么？

何川："做大做强生物经济"这个提法，是战略性的举措，也是造福全人类的重大部署，因为疾病、农业和粮食安全、原材料和能源，都是全球性问题，是全人类面临的共同挑战。

第一，在生物医药、生物育种、生物材料、生物能源四个方向里，生物医药、生物育种是当务之急、重中之重，是未来10年到25年现代社会必备的主要要素。生物能源在几十年内不太可能替代石油，目前主要是基础研究，探索和积累，在转化上会有机会，但不能操之过急，盲目投入。生物材料的情况，更是非常复杂。

第二，发达国家在医疗健康上的花费可以达到GDP的18%，有几个原因。随着生活水平的提高，大众肯定会关心健康。此外，人口老龄化也极大地增加了健康成本。老年人的健康成本要高得多。中国的生物医药和健康成本将急剧增加。生物技术和生物医学的发展迫在眉睫。

第三，生物育种是另一个对中国尤为重要的大方向。这个大家都非常清楚。

中国生物医药产业发展：面临四大瓶颈问题

问：中国生物经济尤其是生物医药产业发展，面临怎样的瓶颈问题？

何川：生物医药过去几年有了长足发展，中国生物医药的资本市场日渐健全，但是目前仍然存在几个主要问题。

第一，缺乏有国际竞争力的龙头企业，大的药企基本都是靠做仿制药起家的，创新能力不足。这个问题在海外也比较普遍，欧美大的药企也缺乏创新，但欧美尤其是美国有极其旺盛的生物技术公司系统，这些运作灵活的生物技术公司给大药企提供创新和管道，这一趋势在过去几年进一步发展到在高校实验室做出基础科研发现，在还没有看到商业价值的时候就已经在生物技术公司孵化，做成产品或看得见的产品后通过大药企推广。美国有这么一个非常成熟的体系，大型制药公司依靠生物技术公司来填补其管道和创新，而生物技术公司则依靠大学实验室来做基础发现和创新技术。

第二，中国目前的大型制药公司没有收购生物技术公司的成熟体系，大型制药公司本身就缺乏国际竞争力，**大多数中国生物技术公司都过于关注仿制药物而缺乏创新。而另一个主要问题是，中国大学以前的实验室设置不太注重基础发现。实验室研究目标一般是发表论文，而不是发现新知识或开发有用的方法。**在支持现代生物医学的三个组成部分中，中国生物技术公司有资本市场支持可能还可以，大学实验室模仿能力强大，但创新能力目前是相对薄弱的环节，很难支撑生物技术公司和药企在创新方面的需求。因为这方面积累薄弱，导致中国生物技术公司也严重缺乏高端研发人员，缺乏创新性思维或很难去实现创新性想法。真正有活力的生物技术公司是建立在高校实验室里的基础科研突破上的。中国有这类例子，但是非常稀少。

第三，中国生物技术公司过去几年发展得非常快，但基本靠一大批在海外大公司有实际经验的归国人员作为核心人员创业，资本市场也提供了强大支持。与此同时，**问题也非常明显，高校过去的体制不太能提供支持生物医药未来独立发展的创新能力，生物医药企业严重缺乏高端研发人员和实力，这方面的落后比想象中大很多。真正在国际大药企做过领军人物，或在美国成功创业的非常少，导致模仿多而创新少。**

第四，如果不改变高校研究导向，在人才培养上不"大出（继续鼓励大量人才出国去最好的实验室和生物技术公司工作）大进（引进海外精英）"，未来会面临企业高端人才断层的困境。这个苗头已经出现，如有的高校开始不鼓励出国学习，这是极其短视的行为，其结果是闭门造车，培养的只是单一思维没有创新能力的工匠。高校要创造好的培养创新型人才的学术环境需要很长时间积累，而没有高校的创新教育和人才支持，生物技术公司也没法锻炼真正的高端研发领军人才，要实现这些还需要10年到20年的积累。生物技术和IT等领域差别还挺大，感觉某些方面有点像芯片，需要长期基础科学和转化研发的积累，有自己的发展规律。

中国现代生物育种技术还比较薄弱

问：我国生物育种发展现状如何？存在哪些问题？

何川：中国植物科学研究高度发达，像水稻等方面的研究处于领先地位。但是，现代生物育种技术还相对薄弱，缺乏龙头企业和现代化育种研发基地，没有掌握关键技术和专利，目前需要建立全新的研发基地和龙头企业。

不过，我认为中国的机会也非常大。在欧美，植物学不被关注，几个育种的大公司掌握核心技术，高校在很多方面反而不如公司，这与美国大学实验室在人类疾病医学研究方面往往更先进于生物技术公司不同。中国有大量的植物科学研发人员，有机会发展农业创新中心，并在10年到15年后处于领先地位。

与农业研究相比，技术和概念的进步在生物医学研究中往往快很多。可以借用生物医学研究中开发的新生物技术，通过建立真正的创新中心，将现代生物技术应用于农业。

除了农业，在碳中和上也可以有战略布局，植物的生物材料是未来一大亮点。**用植物蛋白替代动物蛋白，是一个在碳中和与减少粮食耗费（植物蛋白比动物蛋白节约大量粮食）上很有前景的方向。其他植物材料，如用来造纸、生产橡胶和用植物生产药物等在未来都有发展前景。**

用植物替代基本工业原材料还有些早，生物能源目前在世界范围也主要处在探索阶段，生物材料和生物能源替代石油是未来大方向。目前做有意义的基础科研是关键，不过离实际应用可能还早。

基因组学、细胞治疗和大分子药物，是生物医药的未来

问："推动生物技术和信息技术融合创新"为什么是"做大做强生物经济"的前提？生物技术和信息技术究竟怎样才能"融合创新"？

何川：生物信息技术非常重要，是未来生物科学和生物医药的支柱之一，但是要意识到生物科学领域的原始创新和发现，以及颠覆性生物技术，才是重中之重，信息技术是支撑生物创新的重要环节。信息是服务于生物学和生物医学的，它本身是提出创新的方向和辅助创新，它是未来生物医药不可或缺的支撑，但是它替代不了原始创新。

基因组学、细胞治疗和大分子药物，是生物医药的未来，这些手段和小分子药物相比，是加法，是增加我们面对人类疾病的选项。**未来疾病很可能通过基因组学实现早发现，用细胞治疗、大分子药物及小分子药物早治愈，或者遗传疾病发现后用基因疗法改正。老年疾病会以细胞疗法来重生细胞和组织，这肯定是未来的方向，也是很多顶尖实验室的研究方向。**

当前需要聚焦生物医药、生物育种

问：您怎么看生物医药、生物育种、生物材料、生物能源等产业成为"做大做强生物经济"的四大代表性产业？

何川："生物医药、生物育种、生物材料、生物能源"四大产业的提法很好。生物医药、生物育种是急需解决的，是当前需要聚焦的。生物材料、生物能源是未来的发展方向，还需要做更多的基础研究。

高端人才储备是个大问题

问：怎样才能加快发展生物医药、生物育种、生物材料、生物能源等产业？

何川：分清主次，生物医药、生物育种是当前急需的发展方向。要在高校建立真正的创新机制，才能支撑生物医药未来发展，高校和生物技术公司

要真正结合起来。目前，高校仍然缺乏这类学术环境，生物医药企业也严重缺乏高端研发人才。

过去20年到30年，很多有海外工作经验的人已经回国创业，而真正的领军人才相对还是比较稀少。未来，**高端人才储备是个大问题，生物医药、生物育种、生物材料、生物能源等方向，人才是最大制约。其实，中国政策和资本市场都非常好了，缺乏高端人才成为关键，有策略地加强人才培养才是关键。**

我们生活在最不可思议的时代。

在这个日新月异的时代，没有做不到，只有想不到。这是一个能将梦想变为现实的世界。这是一个充满着绝妙的世纪……

我们的挑战在于去探索、了解这个新的世界，以创新的方式去拥抱和把握新的机遇，成为赢家。

——［英］彼得·菲斯克：《变革：重新定义下一个社会》

我们的再生医学梦想正在成为现实
——戴建武访谈录

戴建武

二级教授。中科院遗传与发育生物学研究所再生医学研究中心主任、分子发育生物学国家重点实验室副主任，中科院苏州纳米与仿生技术研究所课题组长（原纳米生物医学部主任），湖南大学讲席教授。

武汉大学生物系细胞生物学专业，学士；北京医科大学生物物理学专业，硕士；美国杜克大学活细胞生物学专业，博士；哈佛大学医学院博士后。2003年至今，中国科学院遗传与发育生物学研究所研究员。中科院"百人计划"杰出人才，国家杰出青年基金获得者。

社会及公益任职有：联合国教科文组织科学伦理委员会中方代表，国家食品药品监督管理局医疗器械审评专家，国家标准化管理委员会委员，全国外科植入物和矫形器械标准化技术委员会委员，组织工程医疗器械产品分技术委员会委员，英国皇家化学学会生物材料咨询委员会委员，中国生物材料学会理事、神经修复材料分会副理事长，英国《Biomedical Materials》杂志主编，中国细胞生物学会干细胞分会副理事长兼秘书长。

主要研究方向：组织器官再生修复产品研发；组织器官制造研究。

曾分别任科技部国家重大科学研究计划项目"调控干细胞自我更新能力的分子网络研究"和"三维培养干细胞自我更新调控网络的研究"首席科学家；国家重点研发计划项目"出生缺陷组织器官再生修复产品的研发"首席科学家。

曾任国家自然科学基金委员会重大科学研究计划培育项目"OCT4异构

体的表达、功能和调节机制研究"负责人；重点项目"神经再生环境的构建"负责人；中加（NSFC-CIHR）健康研究合作计划"胶原结合能力的血管内皮生长因子对猪心肌损伤的治疗作用及安全性评价"项目负责人；重大项目"脊髓损伤再生修复机理及临床转化研究"项目负责人。

曾任中科院系统"干细胞与再生医学"战略性科技先导专项"人工组织器官构建"项目负责人；科研装备研制项目"面向干细胞微环境构建的低温细胞3D重建系统"负责人；重点部署项目"组织器官再生与损伤修复"负责人；"器官重建与制造"战略性科技先导专项"临床研究转化"项目负责人及"脊髓组织制造"课题负责人。

2012年，其领导的心肌梗死再生修复研究获国家科学技术进步二等奖；2014年，被评为中央电视台年度十大科技创新人物；2016年，获第六届中国侨界再生医学创新成果奖；2017年，获中国细胞生物学学会干细胞生物学分会干细胞成果转化奖；2018年，其领导的子宫内膜再生研究获江苏省科学技术进步一等奖。

其领导的脊髓损伤再生修复、子宫内膜再生及卵巢再生等成果，入选国家改革开放40周年成果展。

导语 "从0到1"：创造多项"不可能"的人

戴建武是国际著名的生物医用材料与再生医学领域的领军科学家，在再生医学基础和转化研究中取得了杰出成就。

他领导的再生医学团队发明了能与组织再生因子特异结合以及与干细胞特异结合的两大类智能生物材料核心技术，解决了组织器官再生微环境构建中的"再生因子空间定位、浓度维持"和"细胞空间定位、干细胞选择性利用"两大技术难题。提出了组织器官内源干细胞的激活与分化是组织再生的重要机理。国际期刊发表科研论文260余篇；申请国内外发明专利100余项。

戴建武领导了包括子脊髓损伤再生修复、子宫内膜再生、卵巢再生、生物人工肝、心肌再生、声带再生、生物人工肝及肺纤维化再生修复等多个人体组织器官再生修复的临床研究。这些原创性成果受到广泛关注、引领了再生医学的发展。

在一次健康领域的聚会上，戴建武作了一个报告，介绍了利用生物材料和干细胞技术实现患者脊髓损伤再生修复、子宫内膜再生等方面的研究和临床工作，如他们同南京鼓楼医院胡娅莉教授合作，证明智能胶原生物材料产品成功引导了人体子宫内膜的再生，第一位子宫内膜再生宝宝2014年7月17日在南京鼓楼医院诞生，至今已有近百名健康的"再生医学宝宝"诞生。这让与会的临床医生大为惊讶、佩服不已，会后戴建武顿时被人们围了起来，交流、探讨合作的可能。

他和合作者不仅在临床上取得突破，在产业化上也走在了前列。比如，引导骨组织再生的活性骨产品，即具有适宜孔径和孔隙率，有利于细胞和血管长入及新骨形成、用于骨缺损的再生修复产品（三类医疗器械）已成功上市；具有胶原结合能力的骨形态发生蛋白与含胶原的骨材料构成活性骨材料产品已完成临床试验，正在进行产品申报工作。这类活性骨产品填补了国际此类产品的空白，实现了从0到1的突破。

又如，脊髓损伤修复是世界医学难题。戴建武团队研发了智能化有序胶原蛋白支架产品NeuroRegen®，可以有效抑制脊髓损伤后瘢痕的产生，引导神经有序再生，实现了大动物大段脊髓缺损后神经再生和功能恢复。临床研究表明，部分急性完全性脊髓损伤患者术后出现较明显的运动功能和大小便感觉的改善，实现急性完全性脊髓损伤患者的站立行走。在完全性陈旧性损伤患者中，同样发现部分患者出现感觉功能或运动功能的改善以及神经传导的恢复。到目前为止已入组完全性脊髓损伤病例100余例，成为目前世界上最大样本量的生物材料支架移植再生修复脊髓损伤的临床研究，从而为脊髓损伤难以修复这一世界性难题提供了解决方案，显示了良好的临床应用前景。

可注射胶原心肌再生支架引导心肌再生、可注射智能生物支架结合干细胞修复早衰卵巢……多个临床研究取得成功，昭示了再生医学的巨大前景，也从一个侧面为"做大做强生物经济"增添了注脚。

生物经济时代来了

问：您怎么看生物经济时代？

戴建武：随着20世纪末生物技术及其产品的广泛应用，国民经济总产值生物技术比重愈来愈大，标志着生物经济时代的来临。

问：生物经济时代，究竟有着怎样的特点？彼得·F. 德鲁克在《已经发生的未来》中指出："所有这些作品都涉及社会基础的根本变化，力图完成本书最初想要尝试的事情，那就是展现已经发生的未来。"能说生物经济时代是"已经到来的未来"吗？

戴建武：当然可以说生物经济时代是"已经到来的未来"。

问：在您看来，是什么促成或导致了生物经济时代的加速到来？

戴建武：生物经济时代加速到来的因素有几个，包括社会需求的提升，以及生物技术研究的不断突破与高效转化。

生命科技走向功能蛋白质应用的新时代

问：2021年2月5日，恰逢人类基因组工作框架图（草图）绘制完成20周年纪念日。20年前，各国科学家联合起来，投入30多亿美元，耗时10多年，才获得了第一个人类基因组的草图。20年眨眼过去，您怎么看这20年的变化？基因科技的发展，能说是一场革命吗？

戴建武：生物技术的发展和影响告诉世人：基因科技是一场革命。按照中心法则，基因科技的发展必将引导生命科技走向功能蛋白质应用的新时代。

近20年基因行业蓬勃发展

问：您怎么看人类基因组图谱绘制20年来生命科学、医学等领域发生的变化？这些变化主要体现在哪些方面？

戴建武：在医学领域的主要体现是促进了大量新药靶点及新药的发现。

问：有人说，伴随技术的突破和发展，现在的生命科学就像寒武纪生命大爆发一样成果不断迸射、爆发。您怎么看这个判断？

戴建武：现代生命科学的发展将带来一场产业革命。

问：能否介绍一下基因行业的宏观发展情况？

戴建武：近20年里，基因行业获得蓬勃发展，从基因测序技术到基因合成技术、基因治疗技术，这些技术的突破在不断改变我们的生活。

学科的交叉点将产生新的技术增长点

问：基因技术、细胞科学的发展，与生物经济时代有着怎样的密切关系？

戴建武：基因技术、细胞科学的发展，已经成为生物医药、生物育种、生物材料、生物能源四大代表性产业的发展基础，成为生物经济的基础。

问：伴随世界各国在高通量测序等技术水平掌握上的差异，基因组学在各国技术领域、临床、公共卫生领域的应用出现了怎样的差异性？会不会进一步导致全球健康状况的不平等？

戴建武：是的。生物技术发展的不平衡会导致经济发展的不平衡，进而会导致全球健康状况的不平衡。

问：伴随信息科技和生物科技的交织，出现了生物信息学、计算医学、算法生物学，这些新的学科以更高的精度描绘并预测我们的身体，怎样看生物科技和信息科技的这种融合？从这个角度看，生物经济时代是否能说就是建立在生命科学、信息科学融合发展的基础上的？

戴建武：生命科学会和很多领域融合，学科的交叉点将产生新的技术增长点。生物经济时代来了，它建立在生命科学和信息科学等的不断发展和融合延伸的过程中。

防止出现互联网时代一样的垄断巨头

问：伴随数据集中度的提升，基因组学领域会不会像互联网时代一样出现垄断巨头？如何谨防这种现象的出现？

戴建武：会的。要防止出现互联网时代一样的垄断巨头，急需国家出台政策，确保生命科学大数据实现共享。

问：2000年，我和同事编辑出版了一本小书，叫《你还是你吗？——人类基因组报告》，伴随基因编辑技术的发展、合成生命的出现，您预测未来生命科学将向何处去？合成生命学会有怎样的发展？人类还将会是"人类"吗？

戴建武：合成生物学是未来生物制造的重要部分。如果有相应法规，可以限制生物技术改变人类基因组，这样基因编辑技术便可以为人类服务。

生物基因组多样性在减少

问："作为一个星球，地球正在失去基因多样性吗？对于这个问题，只有一整套标准的全球性纵向数据集才能给出答案。我们能看到温室气体的浓度正在全世界范围内不断升高，但基因组多样性的降低、抗生素耐药性的传播，或是新型传染病的出现——这些我们也能探测到吗？我们急需建立起一个全球性的、能收集世界各地观测结果的基因组观测网络，这样才能给出这些问题的答案。"在《基因组革命：基因技术如何改变人类的未来》一书中，共同致力于"生物多样性基因组学"的两位作者——牛津大学的道恩·菲尔德和加州大学的尼尔·戴维斯呼吁。在新冠肺炎疫情仍然在全球蔓延的今天，您怎么看这一呼吁？

戴建武：随着经济开发和全球工业化进程的加快，全球气候变暖加快，这些变化促使物种灭绝现象正在不断发生，生物基因组多样性在减少。

问:《基因组革命：基因技术如何改变人类的未来》还提出："追踪'环境DNA'正如同使用烟火报警器一样，警报响起后，我们还需要确认火源、查明危险级别，然后才决定要采取何种措施。'基因监测'也属于这种早期预警系统。"怎么理解这个早期预警系统？

戴建武：分子多样性分析，不如物种多样性分析直接。分子多样性可能起不到预警作用。

"生命之树"都值得研究

问："'组学'研究的大一统正在进行中，而'生命密码'作为基因合成领域的核心研究，代表了未来10年甚至21世纪生物学的研究方向。DNA不仅是生物学刚刚兴起的一门'通用语'，还注定是21世纪生物学编年史上浓墨重彩的主要篇章。"您预测，组学时代还会有哪些亟待去研究的领域？从测序角度看，"生命之树"还有哪些亟待采摘的果实？

戴建武：按照生命中心法则，DNA之后是RNA、蛋白质，这些领域都亟待研究；"生命之树"按照物质分，有核酸、蛋白质、糖类、脂类，都值得研究。

梦想是通过再生医学产品修复人类自身长不好的组织缺损

问：您在生命健康领域奋斗多年，能否说说您的实践和梦想？

戴建武：我的梦想是通过再生医学产品修复人类自身长不好的组织缺损：通过人体组织器官制造可以替换人体不能修复的组织器官；人类可以像汽车一样享受4S店服务，人体组织器官可以护理、维修乃至更换。这个梦想有20

年了，还在坚持，有了阶段性成果（产品），也看到了曙光。

心肌与中枢神经系统是人体中被认为不能再生的两种组织。最近我们在心肌再生和脊髓再生研究上有了阶段性突破。

心肌梗死是人类重大疾病。我国每年心梗导致的死亡人数有数十万人。这些年科学研究证明心肌里没有干细胞，人们更加认为心梗之后坏死的心肌不能再生。目前干细胞治疗心肌梗死临床研究在 Clinical Trails 网站注册的研究有 300 多项，但干细胞移植后容易扩散，很难在损伤部位定植存活，影响治疗效果。如何促进干细胞在损伤部位的定植是干细胞治疗心肌梗死需要解决的关键问题。我们团队的再生医学理论是引导损伤部位血管再生，有了血管组织，人体其他部位的干细胞可以被动员和运输到损伤部位帮助组织再生。我们设计了一款可以引导血管再生的液体支架，注射到梗死的心肌部位，可有效限制干细胞从损伤部位扩散，有助于重塑心肌再生微环境，让梗死后纤维化的心肌瘢痕组织再生形成有功能的心肌。我们在猪的陈旧性心梗坏死部位注射该液体支架之后，发现坏死的心肌可以再生，心脏功能也有显著提升。2016 年开始在南京鼓楼医院进行针对心衰病人的临床研究。我们入组了 60 例心衰病人，历时 5 年时间，超过 1 年的随访结果证明该促进血管再生的液体支架可以促进病人的心肌再生，可以显著提升严重心衰病人的射血分数。该研究是国际上第一个可注射心脏支架结合干细胞的临床研究，临床研究结果发表在著名的医学期刊《美国医学会》杂志（JAMA）子刊上。该成果给心梗病人的治疗带来了希望。这是一个心肌再生领域从"0 到 1"的突破。

脊髓损伤修复是临床医学的珠穆朗玛峰。我们团队在 2001 年建立实验室之初就把这个疾病作为我们的主要研究目标。20 年来，我们团队在脊髓损伤微环境解析、脊髓损伤动物模型、脊髓损伤再生微环境重建及脊髓损伤再生机理等方面做了大量研究，设计了脊髓损伤修复产品神经再生胶原支架（NeuroRegen），这是全球脊髓损伤修复领域产品的从"0 到 1"的突破。我们团队完成了近 500 只大动物试验，证明脊髓组织大段缺损后，NeuroRegen 支架可以引导脊髓神经再生，并可以其恢复运动功能。2014 年开始组织临床研究。从 2015 年 1 月 16 日第一例病人入组至今，NeuroRegen 支架被用来治疗80余例陈旧性完全性脊髓损伤病人，20余例急性完全性脊髓损伤病人。最近发表的SCI论文中长达5年的临床研究随访结果表明：NeuroRegen支架的移植是安全的，对于陈旧性完全性脊髓损伤有60%的病例有感觉部分恢复，对于急性完全性脊髓损伤病人有近35%患者有运动功能部分恢复。这个初步有效性结论，让我们感觉我们离"珠穆朗玛峰"峰顶越来越近，也给脊髓损伤这个不治之症带来了无限的希望。

卵巢功能早衰是指女性曾有自然的月经周期，而在40岁之前由于多种病因出现卵巢萎缩性持续闭经，近年来发病率呈上升和年轻化趋势。卵巢早衰被认为是导致不孕的"不治之症"。我们研制了可注射智能型胶原材料支架，通过前期大量动物试验论证后，与临床生殖中心合作开展卵巢早衰再生治疗的临床研究，2018年1月12日，诞生了世界首个利用再生医学技术治疗卵巢早衰临床研究诞生的婴儿，让罹患卵巢早衰的女性重获生育能力。这一原创成果实现了从0到1的突破，也入选中国科学院改革开放四十年代表性成果。

回国20年，我们团队组织了多个卓有成效的原创性再生医学临床研究，如脊髓损伤再生修复、子宫内膜再生修复、心肌再生修复、卵巢早衰的再生修复、肺纤维化的再生修复、声带的再生修复等，这些再生医学技术的成功应用，让我们相信我们的再生医学梦想正在成为现实。

人类需求是市场的源泉

问：2020年，因为有两家企业成功研发灭活新冠疫苗并有条件获批上市，北京疫苗产业产值达上千亿元，为地方经济注入强劲动力，这个案例给人以怎样的启示？

戴建武：人类需求是市场的源泉。

高通量测序等技术的发展对生物制药发挥巨大作用

问：2012年，美国政府《国家生物经济蓝图》指出，高通量测序等三大技术的发展，打开了一扇通向未来的大门。八九年过去了，您怎么看这扇"未来之门"?

戴建武：高通量测序等技术的发展，导致了大量药物靶点发现及加快了新药的筛选，对生物制药发挥了巨大作用。

人类之外的生命及非生命，都是人类生存的环境

问：如果说18—19世纪人类更多在探讨物理世界之谜，能否说20世纪至今更多地将目光聚焦生命本身，探讨生命之谜、探讨生命和环境的关系？而这也将成为长期持续的趋势？

戴建武：是的。除人类之外的生命及非生命，都是人类生存的环境。对人类生存环境的研究与利用，将是人类赖以生存和发展的前提。

下一步人类将迈向精准预防医学时代

问：伴随精准医学时代的到来，下一步人类将迈向哪个时代，是精准营养、精准健康时代？

戴建武：应该说是精准预防医学时代。

问：对于中国来说，在工业经济、信息经济时代苦苦追赶之后，生物经济时代是一次难得的"换道超车"机会吗？

戴建武：当然。

问：这个时代究竟处于一个怎样的发展阶段，是小荷才露尖尖角吗？或者说是刚刚在远方地平线露出桅杆的一角，能说现在处于互联网大爆发前夕那样类似的场景吗？

戴建武：小荷才露尖尖角。未来的发展可能超越我们现在的想象力。

高度重视原创技术，也就是"从0到1"这样核心技术的研究

问：生物经济时代对国家、组织和个人，分别意味着什么？我们应该怎样改变自己的行为，以适应、追赶这个时代？或者说，在生物经济时代，人类应该遵循怎样的"游戏规则"？

戴建武： 人和自然和谐，是经济发展的"游戏规则"，人类应该遵守这样的"游戏规则"。

问：要想抓住生物经济时代的历史性机遇，您对决策层有什么建议？"做大做强生物经济"，路在何方？

戴建武： 建议高度重视原创技术，也就是"从0到1"这样核心技术的研究。鼓励真正的原始创新，而不是仿制乃至填补国内空白借口的仿制。未来生物技术竞争是全球化的，模仿或只做"从1到100"的事情终究缺乏核心竞争力。

21世纪真的能说是生物世纪

问：究竟应该怎样认识人在这个星球上的"位置"？就像《小宇宙：细菌主演的地球生命史》一书提出的那样，地球生命史究竟是人类主宰，还是细菌主演？

戴建武： 随着生物技术的发展，随着人类对于我们生存环境的研究的深入，人类将成为地球的霸主。

问：在一次次疫情中，是什么帮助人类快速、精准识别新的未知的包括病毒在内的生物体？

戴建武： 基因技术。

问：今后究竟应该树立怎样的生命观、生物观、自然观？

戴建武： 人和自然和谐相处。

问：我们正处在21世纪第三个10年的起点，从这个时间节点来看，21世纪真的能说是生物世纪吗？

戴建武：21世纪真的能说是生物世纪。

也许几百年后人类不只是生活在地球上

问：从月球到火星，伴随人类对星际、深空的进一步探索，您对未来的世界有着怎样的想象或预测？

戴建武：人类为了未来生存要努力寻找资源，也许几百年后人类不只是生活在地球上，也可能生活在其他星球上，乃至太空中，如人造星球上。

生物物质时代正式开始于1973年，当年两名科学家赫伯特·博耶与斯坦利·科恩成功地将两个有机体的脱氧核糖核酸（DNA）重新组合。这项"魔术"显示，事实上每一个细胞都有能力自我复制数百万次。其经济力量开始令人瞩目。

　　生物物质时代的新法则显示，其经济力量将比工业科技或信息科技更为重要。生物物质时代无远弗届的力量，将改变由细胞到原子的所有事物。

——［美］理查德·W.奥利弗：《即将到来的生物科技时代——全面揭示生物物质时代的新经济法则》

生物技术的快速进步，
孕育着未来生物经济发展的新动能
——马俊才访谈录

马俊才

现任中国科学院微生物研究所微生物资源与大数据中心主任、国家微生物科学数据中心主任、科技部人类遗传资源管理专家委员会委员、世界微生物数据中心（WDCM）主任、世界微生物菌种保藏联合会理事。

在微生物大数据领域具有长期的工作经验，主持全球微生物资源数据合作计划，目前已有50个国家133个国际微生物资源中心正式加入。作为ISO TC276国际标准中"微生物资源中心数据管理和数据发布标准（DIS 21710）"工作组主席，牵头制定ISO TC276中微生物数据资源的管理和发布国际标准，促进微生物资源保藏中心的数据获取、保存、分发、认证和全球数据集成与共享。

与国家疾控中心国家病原微生物资源库合作，共同建设新型冠状病毒国家科技资源服务系统。作为科技部重点研发项目首席，主持国家食源性致病微生物全基因组数据库及溯源网络建设。

与国际生物多样性公约秘书处及国际菌种保藏中心合作，构建《名古屋议定书》的惠益共享框架内的微生物资源信息平台。

导语 让小小微生物真正焕发"大作为"

人，大量微生物寄居；地球，自古以来就是微生物的天下。正如《消失的微生物：滥用抗生素引发的健康危机》一书所说，在陆地上，微生物主宰着我们最珍贵的资源之一——土壤。目前，多项对世界各地土壤微生物取样的计划正在进行之中，有专家称之为"探寻地球上的暗物质"，将其与探索宇宙中的暗物质相提并论。微生物使地球变得适宜人类栖居。它们分解死尸残骸——这对其他生物来讲相当重要。它们可以将空气中惰性的氮元素转化或者"固定"成活细胞可以利用的游离氮的形式，造福于所有的动植物。

确确实实，从面包、臭豆腐的发酵，到酿制米酒和醋，再到利用现代生物工程技术生产现代药物，人类的生产生活离不开微生物。

近些年来，伴随组学研究的深入，人们进一步发现，微生物，尤其是肠道菌群在生命进化、在生命—自然的关系中扮演着重要角色。

"据估算，人的身体由30万亿个细胞组成，但是它却容纳了超过100万亿个细菌与真菌细胞，这些微生物朋友们与我们协同演化……"《消失的微生物：滥用抗生素引发的健康危机》一书这样指出。

作为人体第二基因组，人类微生物组成为近年来特别活跃的研究前沿，一个个微生物计划相继推出，各国科学家纷纷投入微生物的研究之中。"目前已测序的微生物基因组虽然已有8000多条，但绝大多数是各实验室进行的零散的测序，不仅物种覆盖度不均匀，未覆盖大量模式菌株，同时数据质量参差不齐，难以作为参考。这就造成在对微生物进行系统分类、基因组注释等分析时，还存在大量的空缺，难以完成。因此，我的梦想是完成对全球所有模式微生物基因组的全测序，并进行深度的功能解析。"

微生物组数据浩如烟海，机理解析、规律发现刚刚起步……近年来，以马俊才研究员为代表的中国科学家，本着共建共享的原则，发起全球微生物资源数据合作计划，目前已有50个国家133个国际微生物资源中心正式加入，已经初步实现了在国际微生物资源领域的引领。他还牵头启动全球模式微生物基因组测序计划，制定ISO TC276中微生物数据资源的管理和发布国际标准，促进微生物资源保藏中心的数据获取、保存、分发、认证和全球数据集成与共享。

作为这样一位始终活跃在微生物大数据前沿领域的科学家，对微生物资源、微生物大数据乃至生物产业、生物经济发展，有着自己独到独特的思考。

他说，生命科学研究已经进入"数据密集型科学发现"时代，生物技术与信息技术融合发展已成为人类社会演化的新特征，同时也正在改变我们对生命与人类本身的认识，是对社会有重大影响的变革性力量，也是影响产业发展的巨大推动力，对未来社会图景有颠覆性影响。

他指出，从显著提高操控和改造生命的效率和准确性的基因编辑技术，到将变革人类物质生产加工方式的合成生物技术，从有望为解决人类面临的能源、生态环境、工农业生产和人体健康等重大问题带来新思路的微生物组技术，到有望有效修复人体重要组织器官损伤及治愈心血管疾病等重要疾病提供新途径的干细胞技术，生命科学已成为自然科学中发展最迅速的前沿领域和带头学科，生物技术的快速进步则孕育着未来生物经济发展的新动能。

他认为，微生物资源是生物技术和产业发展的重要基石，全球主要经济体将微生物产业定位为战略性新兴产业，并制定相关产业政策规划促进微生物产业发展，微生物技术在社会经济中的地位不断凸显，微生物产业日益成为新一轮科技革命和产业变革的核心。

他信心满满：国家微生物科学数据中心依托世界微生物数据中心倡导的全球微生物模式菌株基因组和微生物组测序合作计划，将在5年内完成超过10000种的细菌、真菌、古生菌模式菌株基因组测序，覆盖目前已知的全部细菌、古菌模式菌株以及重要的真菌模式菌株，完成超过总体90%的微生物模式菌株的基因组测序。

他雄心勃勃，计划研究中华传统膳食结构下的肠道微生态变化规律，发现健康促进效应明显的中华传统膳食结构，从膳食结构的角度为疾病预防和控制提供依据，建立适合不同人群的合理膳食结构方案；建立和利用中国人肠道益生菌菌种资源库，筛选、开发和生产适合中国人肠道特点并具有特定健康效应的益生菌制品……

新型冠状病毒国家科技资源服务系统数据引起国内外广泛关注

问：听说您的团队和北京大学、中科院计算机网络信息中心合作发布了"新型冠状病毒变异评估和预警系统"，能否介绍一下这个系统？为什么要发布这个系统？

马俊才：新型冠状病毒COVID-19疫情在全世界范围暴发，疫情迅速蔓延，正在引发一场肆虐全球的疫情危机。新发和再发病毒是对公共卫生的全球性挑战，直接威胁着全球卫生安全。世界卫生组织2020年3月11日宣布，新冠肺炎疫情已具备"大流行"特征。疫情发生后，中国公共卫生和科研机构与病毒"全速赛跑"。自2020年1月3日起，中国定期向世界卫生组织、有关国家和地区等及时主动通报疫情信息并共享科研数据。

由中国科学院微生物研究所牵头的国家微生物科学数据中心联合由中国疾病预防控制中心牵头的国家病原微生物资源库等单位共同建设的新型冠状病毒国家科技资源服务系统于2020年1月24日正式启动，第一时间建立了全球科学数据发布及共享平台，并在后疫情时代为全球重大新发、突发传染病防控和科研工作提供重要支撑。

该服务系统的重点是权威发布此次疫情相关的可供公开的毒株资源及其科学数据，包括毒株资源保藏、电镜照片、检测方法、基因组、科学文献等综合信息。该系统第一时间权威发布新型冠状病毒电镜照片、核酸序列信息和引物设计建议等信息，为全球新冠肺炎疫情防控和科研工作提供重要支撑，为全球177个国家和地区58.4万名用户提供了2135万次数据浏览和检索，其中境外176个国家14万名国际用户访问439.8万次，下载次数2900万次，下载文件总量约50TB。新型冠状病毒国家科技资源服务系统在对科学数据资源进行管理和发布的基础上，将进一步发挥在微生物领域长期的大数据积累和分析模型开发经验的优势，加强对微生物数据分析与挖掘的支撑，从基因组学和结构生物学角度入手，建立新型冠状病毒变异评估和预警系统，采用人工智能分类器算法，实现基于病毒序列的风险评估和预警。

新型冠状病毒国家科技资源服务系统数据对外发布后，引起国内外广泛关注。系统开通3小时后，美国有线电视新闻网（CNN）就报道了该系统公布的新型冠状病毒毒株信息和电镜照片。国务院联防联控四次发布会和《抗击新冠肺炎疫情的中国行动》白皮书都介绍了该系统的工作。系统通过发布基因组序列数据、蛋白质晶体结构数据，支持我国科学家在《自然》《科学》《柳叶刀》等国际著名期刊上发表文章。**2020年11月23日，新型冠状病毒国家科技资源服务系统从全球263项候选科技成果中脱颖而出，入选乌镇世界互联网大会全球15项世界互联网领先科技成果。**

我的梦想是完成对全球所有模式微生物基因组的全测序

问：您长期从事微生物研究，您的梦想是什么？能否再具体介绍一下您的工作？

马俊才：微生物在自然界分布广泛，对于微生物的研究，不仅利于推动地球化学物质循环，也利于维护生态平衡及人类健康。**随着大数据时代的发展，梳理模式微生物基因组构建高质量的数据库，是现代生物技术发展的重要基石，也是生物技术创新的重要"基础设施"，更是各国在生物资源领域竞争的重要战略途径，且能服务于构建国家战略生物资源体系的整体构想。**

目前已测序的微生物基因组虽然已有8000多条，但绝大多数是各实验室进行的零散的测序，不仅物种覆盖度不均匀，未覆盖大量模式菌株；同时数据质量参差不齐，难以作为参考。这就造成在对微生物进行系统分类、基因组注释等分析时，还存在大量的空缺，难以完成。因此，我的梦想是完成对全球所有模式微生物基因组的全测序，并进行深度的功能解析。

作为国家微生物科学数据中心主任及世界微生物数据中心主席，我以WDCM为平台，坚持开展"以我为主"的国际合作，通过倡导全球微生物菌种保藏目录数据合作计划，已经初步实现了在国际微生物资源领域的引领。WDCM目前与亚洲微生物资源保藏联盟（ACM），亚洲生物资源网络

（ANRRC）、欧洲微生物资源中心联盟（EMbaRC）等区域性网络和俄罗斯、泰国、葡萄牙等国家网络均建立了实质性合作。

2018年3月，团队在《GigaScience》杂志上发表文章，正式宣布全球模式微生物基因组测序计划（GCM 2.0）启动。随后，3月30日《科学》杂志的新闻版块以 "New effort to sequence microbes" 为题跟踪报道了该计划，这充分体现了国际学术界对我国牵头的模式微生物基因组测序工作的关注，新闻报道也获得了时任中国科学院院长白春礼的批示。目前，我们已经与日本、美国、荷兰、俄罗斯等国家就该项目正式签署了合作协议，并从2017年10月起，开展了试运行。在试运行阶段，正式建立了菌种筛选、数据挖掘、知识产权等五个由国际专家共同组成的工作组，并从美国、日本等地已经搜集了超过800个样本，完成了测序和数据分析的工作，建立了示范性的工作平台，制定并发布了国际微生物领域的第一个ISO级别的数据标准——ISO 21710:2020 Biotechnology — Specification on data management and publication in microbial resource centers（微生物资源中心数据管理和数据发布规范），获得了参与方的高度认可。

生物医药行业已成为全球增长最快的行业之一

问：能否介绍一下世界微生物数据中心的情况？为什么要建立这个中心？其宗旨和发展现状怎样？

马俊才：世界微生物数据中心（World Data Centre for Microorganisms，以下简称WDCM）于20世纪60年代建立，是全球微生物领域最重要的实物资源数据平台。2010年，WDCM落户中国科学院微生物研究所，这是我国生命科学领域第一个世界数据中心。中科院微生物研究所以WDCM为平台，坚持开展"以我为主"的国际合作，倡导全球微生物菌种保藏目录（Global Catalogue of Microorganisms，以下简称GCM）重大微生物数据资源国际合作计划。

GCM计划旨在为分散于全球各保藏中心和科学家手中宝贵的微生物资源提供全球统一的数据仓库，目前已有46个国家和地区151个微生物资源保藏机构正式参加这一计划，对于微生物实物资源从采集、保藏、跨国转移、学术和商业应用以及利益分享的各个环节提供有效的数据支持，为生物多样性公约在微生物领域的实施和执行提供最重要的支撑。以 GCM 国际合作计划为基础，WDCM 发起了 GCM2.0 微生物基因组全覆盖国际合作计划，建立覆盖超过 20 个国家 30 个主要保藏中心的微生物资源基因组测序和功能挖掘合作网络，预计完成超过 10000 株的微生物模式菌株基因组测序，在微生物资源共享和挖掘方面建立一套国际标准体系，建立全球权威的微生物组学参考数据库和数据分析平台。

生物医药行业起步较晚但发展迅速

问："十四五"规划将"生物医药"列为"做大做强生物经济"之首，您怎么看？是因为生物医药的产业潜力和前景最大吗？

马俊才：随着我国经济的发展、生活环境的变化、人们健康观念的转变，以及人口老龄化进程的加快，与人类生活质量密切相关的生物医药行业近年来一直保持持续增长的趋势，目前该行业已经成为全球增长最快的行业之一。

我国作为世界第二大经济体，在生物医药行业起步较晚但发展迅速。国内生物医药产业从 20 世纪 80 年代开始起步发展，经历 2005——2017 年的快速发展阶段后，从 2017 年开始进入爆发增长阶段。目前，中国已有 80 多个地区(城市)已经建设了一批医药科技园、生物园、药谷。随着众多生物医药产业园区取得丰硕成果，生物医药产业已经成为国内园区经济增长的新亮点。

根据弗若斯特沙利文（美国一家全球的企业增长咨询公司）报告，2019 年，中国生物药市场规模达 3172 亿元。随着可支付能力提高、患者群体增长以及医保覆盖范围扩大，预计至 2020 年中国生物药市场规模将进一步扩大至 3870 亿元。随着医药研发投入增加，预计 2021 年生物药市场将会达到 4644 亿元。**生物医药产业已经成为中国一个具有极强生命力和成长性的新兴产业，也是医药行业中最具投资价值的子行业之一。随着行业整体技术水平的提升以及整个医药行业的快速发展，生物医药行业仍具备较大的发展空间。**

生物技术与信息技术融合发展，已成为人类社会演化的新特征

问：放眼世界，生物技术和信息技术的"融合创新"将带来哪些突破？这种融合创新将怎样继续发展？其影响力有多大？

马俊才：信息技术有着采集、处理、储存、整合、挖掘、解析等功能，在与生物技术不断融合的过程中，促使生物技术向可计算、可调控、可定量、可预测的方向发展，驱动生物科学的研究进入了更新的范畴。同时，生物体中神经元的信息交换和处理、基因的表达与调控为信息技术的发展提供了更多的思路。**生物技术与信息技术融合发展已成为人类社会演化的新特征，同时也正在改变我们对生命与人类本身的认识，是对社会有重大影响的变革性力量，也是影响产业发展的巨大推动力，对未来社会图景有颠覆性影响。**

早在20世纪80年代，信息技术已经实现了在生命科学研究和生物技术开发方面的规模化应用，其中生物信息学已经成为生命科学研究的重要工具，发达国家建立了美国国立生物技术信息中心（NCBI）数据库、欧洲生物信息学研究所（EBI）数据库和日本DNA数据库（DDBJ）三大知名数据库，推动了信息技术在生命科学领域的大规模应用，驱动生命科学研究进入"数据密集型科学发现"时代。

生物技术与信息技术的融合发展，有其学科内涵的本质、工程发展的规律、时代和社会的要求，带来了日新月异的研究范式、日益月滋的创新突破和日益广泛的应用场景。展望未来，生物技术与信息技术的融合发展至少将带来科学研究新范式、科学新发现、技术新发明和产业新模式。①

发展新模式：利用大数据、云技术，全面促进从资源到产业的科研创新价值链

问：现在是人工智能时代，大数据、云计算、人工智能的加速演进，

---

① 参见刘晓、王跃、毛开云等：《生物技术与信息技术的融合发展》，《中国科学院院刊》2020年第35卷第1期。

将对生物产业、生物经济带来什么样的影响？

马俊才：随着微生物研究系统性和复杂性的不断提高，大规模组学数据与传统研究方法、高通量培养、单细胞分析等新兴技术的深度融合，从各种信息化资源的无缝获取、数据的存储和分析、高通量计算模型和可视化、跨区域的协同工作等各方面对信息化支撑提出了新的要求。针对微生物资源挖掘、微生物技术开发和生物产业应用价值链中各环节，得益于大数据、云计算、人工智能等技术建立的新型智能化微生物和生物技术环境，充分利用超级计算、存储、高速网等技术，整合科学数据、文献、国际生物学数据、生物信息学软件等多种资源，可为微生物资源及其应用的研究人员和产业开发人员提供基于云环境的综合服务，进而发展成为一条利用大数据、云技术全面促进从资源到产业的科研创新价值链的新模式。

生命科学已成为自然科学中发展最迅速的前沿领域和带头学科

问：在您看来，有哪些新趋势、新技术，已经或还将给生命科学、生物产业、生物经济带来巨大可能？

马俊才：**生命科学已成为自然科学中发展最迅速的前沿领域和带头学科，生物技术的快速进步则孕育着未来生物经济发展的新动能。**

——基因编辑技术成为改写人类未来的"创世纪引擎"，显著提高操控和改造生命的效率和准确性，在癌症和遗传性疾病治疗、气候变化缓解、农作物性状改良、病虫害防治、新材料与化学品合成方面展现巨大潜力。2004年美国麻省理工科技评论（MIT Technology Review）把合成生物学选为将改变世界的十大技术之一。

——合成生物技术将变革人类物质生产加工方式，颠覆性农业生物技术创新有望重构人类食物链，生态环境治理和气候变化缓解也将迎来创新解决方案。

——微生物组技术将全面系统地解析微生物组的结构和功能，为解决人类面临的能源、生态环境、工农业生产和人体健康等重大问题带来新思路。

——干细胞被誉为"人类医疗史上的第三次革命"。干细胞及其分化产品为有效修复人体重要组织器官损伤及治愈心血管疾病、代谢性疾病、神经系统疾病、血液系统疾病、自身免疫性疾病等重要疾病提供了新的途径。以干细胞治疗为核心的再生医学，将成为继药物治疗、手术治疗后的另一种疾病治疗途径，从而成为新医学革命的核心。

——mRNA是一种全新的疫苗技术，具有通用度高、效力高、构建快、易扩大生产和不需冷链运输等优点。mRNA疫苗较传统疫苗，在设计、构建和生产上的应变性和快速性，可以迅速应对和解决突发的大范围流行传染病与有效疫苗供应之间的矛盾，在各种疾病治疗方面具有广阔的应用前景。

从疾病流行到生态恶化、气候变暖等复杂系统病态问题，几乎都有微生物失调的影响

问：您对生命科学、生物产业乃至生物经济有怎样的判断和预测？

马俊才：微生物是一门古老且现代的学科，并且跨越基础研究到产业应用。微生物是整个地球生态系统的基石之一，从人到地球生态系统的各种生态位中，几乎无处不在，且互相紧密结合，形成完整的复杂系统。微生物的正常状态与运行，是保证系统健康的重要因素，一旦出现结构失衡和功能失调，系统就会出现病态。因此，目前人类面临的从疾病流行到生态恶化、气候变暖等复杂系统的病态问题，背后几乎都有微生物失调的影响。

微生物研究，自开展分子微生物生态学和微生物宏基因组学的探索以来，已经革新了人类对微生物在自然界中作用方式和程度的认知，并且未来将促使人类重新认识微生物群体与个体，以及微生物群体与生态环境（包括自然环境、人类和其他生物）的关系，带来大规模高速度的知识井喷。

从应用需求看，全面系统地解析微生物的结构和功能，搞清相关的调控机制，将为解决人类社会面临的健康、农业和环境等重大系统问题带来革命性的新思路，而相关的微生物技术革新又能带来颠覆性手段，提供不同寻常的解决方案。这样一种从基础研究、转化研究到技术创新和应用产业化的微生物创新链和服务链正在迅速形成，拓展到了工业、农业、医学和环境等各个方面。

微生物技术在社会经济中的地位不断凸显

问：您长期从事微生物资源和大数据研究，能否结合实践或思考谈一谈，微生物资源和相关产业在生物经济中处于怎样的位置？

马俊才：微生物资源是生物技术和产业发展的重要基石，全球主要经济体将微生物产业定位为战略性新兴产业，并制定相关产业政策规划促进微生物产业发展，微生物技术在社会经济中的地位不断凸显，微生物产业日益成为新一轮科技革命和产业变革的核心。 全球主要国家纷纷出台政策抢占生物经济的制高点。自2000年以来，已有40多个国家、地区及国际组织制定了微生物资源开发与产业发展相关的战略规划和政策措施，加速发展生物经济的步伐。2019年，日本通过了《生物战略2019——面向国际共鸣的生物社区的形成》，提出到"2030年建成世界最先进的生物经济社会"的总体目标。2020年，美国发布了《护航生物经济》，提出了保护美国生物经济的相关战略。德国发布《国家生物经济政策战略》，提出了德国未来生物经济发展的指导方针、战略目标及优先领域。

微生物组成为与人的大脑并列的、尚未被充分认识的复杂生物系统

问：当代生命科技的发展，如多组学的发展，给微生物领域的研究和产业化带来了怎样的影响？给生物医药产业将带来怎样的影响？

马俊才：长期以来，受制于技术发展水平，且组成复杂多变、分布广泛莫测，微生物组成为与人的大脑并列的、尚未被充分认识的复杂生物系统。

近20年来，"组学"与大数据等技术创新，系统与合成生物学等研究思路创新，研究中更加注重技术发展和学科交叉会聚。技术发展的重点，由传统微生物学技术向以培养组学、高通量测序、成像技术和生物信息技术等为代表的新一代微生物学技术转变，强调通过在检测（定量/实时、"组学"技术、单细胞/高通量）、统计（研究设计/生态学指导、生物信息+大数据分析）、验证（模型体系+合成生物学技术）等方面的创新，驱动微生物学深

度发展，为攻克微生物的复杂性带来的巨大挑战提供了机遇，即将为生物医药产业带来长足的发展。精准医学大数据应用将以科学的角度缓解或解决人类的健康问题，以更精确的治疗方式为患病人群提供医疗服务。

国家微生物科学数据中心计划5年内完成超过1万种细菌、真菌、古生菌模式菌株基因组测序

问：全球微生物测序情况如何？微生物组相关产业现状如何？处于什么阶段？有哪些代表性企业和研究机构？

马俊才：1996年，由美国国家科学基金会（NSF）发起的全球植物基因测序计划，欧盟和日本参与资助，全球2500个博物馆参与。2009年，史无前例的"Genome10K"计划启航，测定万种脊椎动物基因组图谱，5个国家的43个研究机构参与其中。2009年，美国能源部联合基因组研究所（DOE JGI）牵头启动了细菌与古菌基因组百科全书计划（GEBA），截至2017年，共完成1003个模式基因组测序。目前，该计划已将重点转为测序具有重要土壤、植物相关功能的微生物基因组。同时，美国能源部还开展了为期5年对1000个真菌基因组进行测序的项目。在微生物组学研究方面，美国一直在国家规划下引领世界，相继启动了地球微生物组计划和人体微生物组计划。2017年，美国政府牵头启动"国家微生物组计划"，将在未来几年投入超4亿美元，以深入揭示微生物组的行为规律。目前，国际上已陆续启动了由NIH等支持的人类微生物组计划、人肠道微生物组等多个国际合作计划。

目前，国际上模式菌株长期以来分散在全球超过100余个保藏中心，是各个保藏中心甚为珍贵的资源。发达国家的保藏中心如美国ATCC、德国DSMZ、日本JCM等，由于多年的储备和长期的技术优势，积累了大量的模式菌株资源。在此基础上，基于在组学方面的研究优势，都已经开展了长期的基因组测序工作。目前，德国DSMZ已经完成了超过6000个模式基因组测序。英国NCTC也在惠康基金的支持下，对1000个模式基因组完成了测序。为支撑本国的科研和产业发展做出了巨大的贡献。其他国际知名保藏中心NCTC、NBRC等也在政府的资助下开展了相应菌种资源测序项目。2019

年 4 月，《美国科学院院刊》发表文章，正式公布"地球生物基因组计划"（EBP）。该项目计划耗资 47 亿美元，在未来 10 年，测出所有已知的 150 万种真核生物的基因组序列。美国农业部也将正式加入"地球生物基因组计划"（EBP）的合作研究，认为通过加入这个生物学领域的"登月计划"，必将给未来农业发展带来数百万个强大的、全新的应对挑战解决方案。

国家微生物科学数据中心依托世界微生物数据中心倡导的全球微生物模式菌株基因组和微生物组测序合作计划，将在 5 年内完成超过 1 万种的细菌、真菌、古生菌模式菌株基因组测序，覆盖目前已知的全部细菌、古菌模式菌株以及重要的真菌模式菌株，建立全球微生物模式菌株基因组和微生物组测序合作网络，覆盖超过 20 个国家的 30 个主要保藏中心，从全球微生物资源保藏中心选择目前未进行测序的模式微生物菌株（包括细菌、古菌和可培养真菌），完成超过总体 90% 以上的微生物模式菌株的基因组测序。

建立肠道微生态变化与人类健康状况之间的关系

问：伴随人类第二基因组——宏基因组的进展，肠道菌群成为研究和产业化热点。您怎么看肠道微生物的产业化前景？

马俊才：肠道微生物对人类健康有重大影响，对其进行研究，明确饮食结构及其组分对肠道微生态影响，建立肠道微生态变化与人类健康状况之间的关系，确定其机制，既是迫切要解决的科学问题，也能通过精准调整我国居民健康饮食结构，达到实现我国人民健康的目的。

——研究中华传统膳食结构下的肠道微生态变化规律，发现健康促进效应明显的中华传统膳食结构，从膳食结构的角度为疾病预防和控制提供依据；建立适合不同人群的合理膳食结构方案，以减少患病风险，降低国家和民众医疗负担，提高老年人生存质量，提高人群寿命，具有巨大的社会和经济效益。

——建立和利用中国人肠道益生菌菌种资源库，筛选、开发和生产适合中国人肠道特点并具有特定健康效应的益生菌制品，优化益生菌发酵生产条件，研究益生菌与膳食功能因子复配和益生菌发酵传统食材的生产工艺，利用现代食品加工技术开发新型营养健康食品，将带来巨大的经济效益。

——解析肠道微生物对我国特色食材中的膳食组分和代谢产物，阐明特色食材及其组分调控肠道菌群微生态变化的规律，并解析肠道菌群和其代谢产物在宿主糖脂代谢等生理过程中的调节作用，以及对个体免疫系统的影响及作用机制，为我国特色食材的规模开发奠定基础，助力地方经济发展。

——依据膳食功能因子对不同饮食结构人群及其哺乳的婴幼儿、老年性疾病和代谢综合征等人群的肠道微生态影响以及健康作用的分子机制，提出通过膳食功能因子作用对肠道菌群微生态进行靶向调节和健康干预的方案，指导开发新型营养健康食品，为民众关心的重大健康问题提供解决方案。

病毒传播是有规律的，抗击病毒必须依靠科学技术

问：2020年起肆虐全球的新冠肺炎疫情，是病毒引起的，病毒属于微生物吗？这场疫情给人类以怎样的启示或者说警示？疫情给生物经济带来了怎样的变化？

马俊才：病毒是微生物。2020年2月，国际病毒分类委员会（International Committee on Taxonomy of Viruses, ICTV）将新型冠状病毒（2019-nCoV）的正式分类名为严重急性呼吸综合征冠状病毒2号（severe acute respiratory syndrome coronavirus 2，SARS-CoV-2）。冠状病毒是一类具有囊膜的正链单股RNA病毒，其遗传物质是所有RNA病毒中最大的，也是自然界广泛存在的一大类病毒。

至2021年，全球抗疫一年多以来得出的经验是：病毒传播是有规律的，抗击病毒必须依靠科学技术。疫苗是新冠肺炎疫情防控的最终解决方案。全球正在以前所未有的速度和力度研发新冠疫苗，疫苗研发时间也大幅缩短。据统计，截至2021年11月2日，目前全球共有322个候选疫苗，其中128个进入临床试验。据国务院联防联控机制新闻发布会介绍，从全球第一个新冠疫苗获批开展一、二期临床试验，到全球第一个启动三期临床试验，再到第一个疫苗附条件上市，我国新冠疫苗研发工作始终处于全球第一方阵。目前，我国已有5款新型冠状病毒疫苗获批使用，按技术路线划分，五款疫苗

分为三类：灭活疫苗、腺病毒载体疫苗、重组亚单位疫苗。

2020年，在疫情影响下，国际形势严峻，全球经济下滑，众多行业都面临着极大的挑战与压力，而生物医药行业则受益于医疗物资、检疫检测、疫苗等相关领域的需求增长，迎来了发展机遇。数据显示，截至2020年12月底，医药生物指数整体上涨超50%，244家该行业上市公司实现股价上涨，其中41家股价翻倍。在疫情冲击下，医药生物行业成为抗疫先锋，为全球抗疫做出了突出贡献。

模式菌株测序将成为微生物组研究的重要切入点

问：有人说，伴随技术的突破和发展，现在的生命科学就像寒武纪生命大爆发一样成果不断迸射、爆发，您怎么看这个判断？当代生命科学的发展，给您所在的研究或产业领域带来怎样的影响？

马俊才：微生物作为地球上分布最为广泛、生物量最大、生物多样性最为丰富的生命形式，推动地球化学物质循环，影响人类健康乃至地球的整个生态系统。模式菌株是在给微生物定名和发表时作为分类概念的准则，对于微生物的分类、鉴定、功能研究具有重要意义。

由于难以培养，大量有价值的微生物并未研究和开发利用，对环境和人类相关微生物组的组成和功能研究方式亟待开发。利用元基因组的方法来解析微生物组的关键，是获得高质量的基因组参考数据，因此，模式菌株测序将成为微生物组研究的一个重要切入点。

随着微生物分类学进入基因组学时代，利用模式基因组测序并进行基于大数据分析的功能研究，是解决地球演化等大量基础科学问题的重要手段。研究微生物固碳机制，有助于我们解释地球碳循环的演化机制，减少二氧化碳净排放，缓解全球能源和环境危机。

中国面临的生物安全形势更加严峻复杂

问：从核技术到信息技术，再到生物技术，任何技术都是双刃剑。生物技术在造福人类、带来经济发展新动能的同时，也带来了生物技术滥用、生物数据和资源遗失、生物恐怖主义等一系列传统生物安全、新型生物安全问题，我国也颁布施行了《生物安全法》，您怎么看我国生物安全所面临的形势？究竟应该怎样规范生物技术的研究应用？怎样处理好促进生物技术发展、确保生物安全之间的关系？

马俊才：当前，生物安全问题已经成为全人类面临的重大生存和发展威胁之一。**特别是新冠肺炎疫情的发生，更加凸显了生物安全问题的复杂性和重要性，而中国面临的生物安全形势更加严峻复杂。**例如，新发和再发传染病、转基因生物安全问题、实验室生物安全事件、以基因编辑胚胎为首的生物技术成果被误用和滥用、人类遗传资源流失和剽窃现象、抗生素滥用、外来物种入侵等生物安全风险不断呈现出多样化和复杂化的趋势。

为了避免其生物技术被应用于危险用途或发生意外事故，发达国家注重加强对两用性生物技术研究的监管。美国出台了《生命科学两用性研究监管政策》和《科研机构生命科学两用性研究监管政策》。我国在生物技术的开发利用方面加强了监管，2017年，科技部制定了《生物技术研究开发安全管理办法》，提出生物技术研究开发安全管理实行分级管理。2020年，《生物安全法》规定了开展生物技术研究、开发与应用活动的主体的义务。例如，应符合伦理原则，强化过程管理，购买或者引进列入管控清单的重要设备和特殊生物因子应进行登记及备案，生物技术研究、开发活动实行分类管理等。相较于发达国家，我国尚未形成系统的生物安全防御战略和完善的生物威胁管控体系，在两用性技术的监管方面亟待高度重视。

模式菌株测序项目具有重大的科学和战略意义

问：请您谈一谈模式菌株测试项目有哪些重大科学和战略意义？

马俊才：目前，生物资源跨国使用之后的惠益分享问题，是《生物多样性公约》和《名古屋议定书》中的一个热点问题。对于目前《生物多样性公约》履约及《名古屋议定书》所主张的惠益分享，需要完整的基因组序列作为参考。而目前已测序的微生物物种还有大量缺失，且存在覆盖度不均匀、数据质量参差不齐等问题，难以作为参考。因此，模式菌株测序将成为《生物多样性公约》履约及《名古屋议定书》履约的重要支撑。

因此，模式菌株测序项目具有重大的科学和战略意义：一是提出基于基因组序列的遗传资源惠益分享方案，建立微生物遗传资源跨国转移和惠益分享的信息平台，支持我国履约并在国际合作中发挥我国的大国影响；二是开展基于组学数据的功能挖掘研究，建立国际权威组学参考数据库，帮助解决目前制约大规模微生物组数据分析缺乏参考数据的瓶颈问题；三是在全球尺度系统研究微生物生理功能，在其参与地球活动的演化机制、生物固碳、重大传染病预警等方向实现基础前沿和产业技术突破。

生物物质经济将以爆炸性的态势在短时间内为全球经济带来革命性的发展，它会像基因一样从内部展开从而带来根本的改变，其力量已经相当明显。

——［美］理查德·W.奥利弗：《即将到来的生物科技时代——全面
揭示生物物质时代的新经济法则》

生物经济时代是一次难得的"超车"机会
——张兴栋访谈录

张兴栋

1938年4月7日出生于四川南充，男，汉族，中共党员，材料科学与工程学家。1960年毕业于四川大学固体物理专业。曾任四川大学分析测试中心、材料科学技术研究所、国家生物医学材料工程技术研究中心、中国生物材料学会首任主任、所长、理事长，日本国家材料研究所研究顾问，国际生物材料科学与工程学会联合会主席等。

现为四川大学教授，中国工程院院士，美国国家工程院外籍院士，国家食品药品监督管理总局医疗器械分类技术委员会执委会主任委员、国家药品监督管理局医疗器械监管科学研究基地专家顾问委员会主任、中国生物材料学会名誉理事长等。

20世纪70年代主持四川省超硬材料协作组，研发出立方氮化硼、高强度人造聚晶金刚石及其磨具、刀具以及等离子喷涂超深井硬地层人造金刚石钻头，获1978年全国科学大会奖四项。20世纪80年代初开始从事生物活性材料研究，研发出生物活性人工骨、涂层牙种植体和人工髋关节等，获国家科技进步二等奖；20世纪90年代发现材料可诱导骨形成，建立理论雏形，首创骨诱导人工骨并推广临床应用；21世纪初发现材料亦可诱导软骨等形成，提出"组织诱导性生物材料"（Tissue Inducing Biomaterials），即无生命的生物材料通过自身优化设计，可诱导有生命的组织或器官再生，开拓了生物材料发展的新方向，获国家自然科学二等奖。

研发的产品已获药监局产品注册证6项，授权国家发明专利38项。基于对"骨骼—肌肉系统的治疗和生物材料产品研发的贡献",2014年当选为美国国家工程院外籍院士;获美国生物材料学会克莱姆森奖、何梁何利基金科技进步奖、四川省科技杰出贡献奖、全国首届创新争先奖、Acta Biomaterialia金奖等。

导语　进一步确立生物经济的战略地位

如果不是一位专家推荐，还真不知道我国在生物材料领域占据一席之地，而且中国人在2016年第一次成为国际生物材料科学与工程学会联合会主席。这位中国人，就是四川大学教授张兴栋院士。

交叉产生火花，需求产生动力。一次偶然机会，在口腔专家提出牙科生物材料的需求后，原本学固体物理专业的张兴栋开始研究生物医学材料，并且"一发不可收"，一干就是40多年。

在国内率先开展生物活性磷酸钙陶瓷、涂层及植入器械研究，研发出羟基磷灰石人工骨、涂层和牙种植体、人工关节等生物材料产品，取得了国家药监局（NMPA）首批注册证，并广泛应用于临床；率先发现并确证无生命的生物材料可诱导有生命的组织或器官再生或形成，提出组织诱导性生物材料新概念，于国际首（独）创新一代人工骨——骨诱导人工骨及其工程化技术，开拓了生物材料科学和产业发展的新方向……一次次率先，一次次临床应用，使张兴栋领导的团队已经悄然站在了世界前沿……他不仅先后当选为中国工程院院士、美国国家工程院外籍院士、美国医学与生物工程院Fellow，还荣获美国生物材料学会Clemson应用研究奖，成为获此奖的第一位中国人，2016年又被选为国际生物材料科学与工程学会联合会主席。

身在其中，张兴栋对生物经济产业颇有见地，他认为，《中华人民共和国国民经济和社会发展第十四个五年规划和2035年远景目标纲要》提出"做大做强生物经济"更加说明国家已经意识到发展生物经济的重要性。"做大做强生物经济"成为祖国繁荣富强的必经之路。

他介绍道，我国生物医用材料及其制品已成为世界第三大市场，生物材料科学与工程研究已进入国际先进水平。但是，总体而言，我国目前生物材料产业规模小，大量产品仍停留于跟踪仿制，缺乏国际市场竞争力；技术创新能力弱，大多数高端产品的关键核心技术基本上为外商所控制，70%以上依靠进口；创新体系不完善，产学研医结合不紧密，产业体制机制与现代医疗器械产业要求不适应。

他同时发出警告，美国商务部将"生物材料"列入对华管制产品目录，对我国生物材料的发展提出了挑战。自主发展生物材料及制品已是国家社会经济发展的重大需求。

他指出，当代生物材料科学与产业正在发生革命性变革，可再生人体组织或器官的生物材料已成为生物材料的发展方向和前沿，常规材料的时代正在过去，为我国生物材料的发展提供了良好的机遇。我们应该基于国家对生物材料的战略需求，前瞻生物材料的发展方向，立足生物材料科学与产业前沿，创新驱动，跨越式发展，才能使我国生物材料加速跨入国际先进水平，满足临床需求。

他坚信，生物经济时代是一次难得的"超车"机会，建议我国应进一步确立生物经济的战略地位，将其列入未来重点发展规划；设立高规格全局性的领导和协调机构；提高生物科学创新水平，促进产学研深度融合发展；优化生物产业发展结构，加快生物产业高质量发展；加强生物产业资金支持；制定和完善一系列保护和鼓励生物经济发展的法律和政策；完善生物材料监管体系，提高生物产业国际竞争力。

令人惊喜的是，张院士还清晰指出了我国生物材料研发的七大突破口：组织诱导性生物材料、具有重大疾病防治功能的生物材料、生物分子材料……

对生物材料科学的研究便一发不可收

问：能说说您和生物技术的缘分吗？听说您是40多岁才转而从事生物材料的研究，是什么促使您做出如此巨大的转变？

张兴栋：1960年，我从四川大学固体物理专业毕业后留校任教，"本业"理所当然是固体物理，最初我从事立方氮化硼和人造多晶金刚石及其磨具、刀具及钻具研究，后来又利用世界银行贷款创建了综合性大型精密仪器分析测试中心。1983年，在筹建分析测试中心的过程中，华西医科大学口腔系（现四川大学华西口腔医学院）陈治清教授就一些口腔材料向我求助。当时，我认为陈治清团队的材料问题并不难解决，虽然我不懂医学，但是如果医学和材料科学结合起来，就可能萌发出重大成果。当时，四川大学缺少重大科研项目，想要在全国高校中崭露头角，生物医学材料说不定就是一个突破口。于是，我立即自筹资金组织人员开始研究。大半年后我的研究小组就在国内率先制备出高纯度医用羟基磷灰石粉料，这是我在生物材料学术道路上迈出的第一步。从此，对生物材料科学的研究便一发不可收，此后专攻生物材料研究。研究的起点就是医工结合解决临床中的一些实际问题，因此后来的研究都是围绕国家重大需求，面向临床实际应用问题展开的。

"做大做强生物经济"是实现祖国繁荣富强必经之路

问：《中华人民共和国国民经济和社会发展第十四个五年规划和2035年远景目标纲要》在"构筑产业体系新支柱"中提出，"推动生物技术和信息技术融合创新，加快发展生物医药、生物育种、生物材料、生物能源等产业，做大做强生物经济"。您怎么看"做大做强生物经济"被列入国家五年规划？这一举措意味着什么？

张兴栋：中国经过多年发展，已经从经济建设大国向经济强国转变，党的十九届五中全会明确了创新在我国现代化建设全局中的核心地位，提出了四个面向——"面向世界科技前沿、面向经济主战场、面向国家重大需求、面向人民生命健康"，意味着国家对健康中国、国民健康的高度关注和重视。生物医药和生物材料产业是健康产业的物质基础，是生物经济最重要的组成部分，"十四五"规划提出"做大做强生物经济"，更加说明国家已经意识到发展生物经济的重要性。现在正在面临新一轮的产业革命，生物经济的崛起本身就可带来巨大的经济效益，成为新的经济增长点。据报道，全球生物经济总量每5年翻一番，增长率为25%~30%，是世界经济增长率的10倍，已成为世界上最有潜力的经济增长点，与国家利益、国家经济安全息息相关，同时也会强烈影响医学、人工智能、机器人及其他领域的发展。"做大做强生物经济"是实现祖国繁荣富强的必经之路。

生物材料正在面临爆发式增长

问："十四五"规划中，作为加快发展的产业之一，您怎么看生物材料产业与"做大做强生物经济"的关系？

张兴栋：生物医用材料，又称生物材料，是用于诊断、治疗、修复或替换机体组织或器官，或增进其功能的一类高技术新材料及其终端产品，是医疗保健和健康产业的重要物质基础、保障人类健康的必需品。**全球数以亿计的患者已植入一件以上的生物材料产品，其应用挽救了千万计危重病人的生命，显著降低了心脏病、癌症等重大疾病的死亡率，促进了医疗技术的革新，降低了患者和社会医疗费用的负担，极大地提高了人类的健康水平和生命质量，其本身就是生物经济的重要组成部分。**

由于人口老龄化、中青年创伤增加、经济高速发展等导致的自我保健意识增强，以及高新技术的投入，当代生物材料产业正在发生革命性变革，为再生医学提供可诱导组织或器官再生或重建的生物医学材料和植入器械的新产业将成为生物医学材料产业的主体，表面改性的常规材料和植入器械将成为其重要的补充。保守估计，到2035年，两者可能导致世界高技术生物材料市场增长至1万余亿美元，与此相应，带动生物经济相关产业如疫苗、生物医药等新增间接经济效益可达3万余亿美元。**生物材料正在面临爆发式增长，为我国生物产业实现跨越式发展提供了难得的机遇，发展生物材料与做大做强生物经济直接相关，是做大做强生物经济一个必要条件和因素。**

我国生物材料事业高速发展

问：您是国际生物材料科学与工程学会联合会主席，也是中国第一个成为这一组织主要负责人的科学家，您是何以成为这一组织主要负责人的？

张兴栋：一是因为我对生物材料科学发展做出的贡献。我和我的团队于20世纪90年代初发现无生命的生物材料可以诱导有生命的骨再生或形成，并首创骨诱导人工骨取证用于临床，继而陆续发现材料可诱导软骨、神经、韧带等非骨组织再生，提出"组织诱导性生物材料"的新学说，并于2018年列入"21世纪生物材料定义"，国际学术界评价为"打破材料不可诱导组织再生的教条""是再生复杂组织的革命性途径""引领了中国和国际生物材料的研发"，先后获国家科技进步和自然科学二等奖各一项，美国生物材料学会Clemson奖，Acta Biomaterilia金奖等国内外科技奖多项。我也被澳门科技大学和罗马尼亚布加勒斯特理工大学授予名誉博士学位，被美国东北大学授予杰出教授，被国际生物材料科学与工程学会联合会授予"生物材料科学与工程Fellow"等多个荣誉。2007年和2014年先后被选为中国工程院院士和美国国家工程院外籍院士。

二是对国际生物材料界取得了卓有成效的专业服务，促进了国际生物材料界的交流和合作。早在1988年，我就参加了第三次世界生物材料大会，1989年在成都主办了由中国、德国、荷兰、日本等国专家参加的第一次口腔种植国际会议，并于1993年起发起并主办或参与主办了系列化（两年一次）的中—欧、中—美的双边生物材料大会，以及中—日、中—韩等生物材料大会。作为中国代表，从1993年起，我出席并参与了国际生物材料科学与工程学会联合会工作；从2016年起，当选为该联合会主席，特别是作为联合会主席成功地在华举办了第九次世界生物材料大会。此外，我还曾任世界生物材料陶瓷学会主席、荷兰莱顿大学博士研究生指导教师（外籍）、日本国家材料研究所研究顾问等。

最根本的原因是国家的强大和我国生物材料事业的高速发展，中国已成为世界医疗器械的第三大市场，中国生物材料注册会员已逾5000人，成为世界上最大的生物材料学会，是国际生物材料舞台上不可缺少的角色。

生物医用材料是医疗器械产业的基础

问：能否介绍一下全球生物材料产业发展现状？

张兴栋： 生物医用材料是保障人类健康的必需品，其产业是一类高技术附加值、低原材料消耗和低能耗的高技术新兴产业，属医疗器械范畴，是医疗器械产业的基础，一直未受世界经济环境变化影响而持续增长。

2019年，医疗器械的全球市场已达4500亿美元，预计2024年可达近6000亿美元，且带动相关产业及医疗增收分别达其直接产值的2倍和5倍以上，已成为世界经济的一个支柱性产业，对于转变经济发展方式和保障国家经济安全也具有重要意义。生物材料是医疗器械产业的基础，占医疗器械市场的大部分。

中国已成世界第三大市场，生物材料科学与工程研究进入国际先进水平

问：我国生物材料产业发展现状如何？存在哪些问题？您有哪些政策性建议？

张兴栋： 这10余年，由于人口老龄化、疾病及偶然事故导致的骨骼－肌肉、心血管系统、口腔、皮肤及神经等硬、软组织损伤患者高达数亿人，加之人口老龄化，我国生物医用材料及其制品以15%~20%的复合增长率持续增长，已成为世界第三大市场，生物材料科学与工程研究已进入国际先进水平。但是，**总体而言，我国目前生物材料产业规模小，大量产品仍停留于**

跟踪仿制，缺乏国际市场竞争力；技术创新能力弱，大多数高端产品的关键核心技术基本上为外商所控制，70% 以上依靠进口；创新体系不完善，产学研医结合不紧密，产业体制机制与现代医疗器械产业要求不适应。近两年来，中美贸易摩擦升级，美国商务部将生物材料列入对华管制产品目录，对我国生物材料的发展提出了挑战。自主发展生物材料及制品已是国家社会经济发展的重大需求。

当代生物材料科学与产业正在发生革命性变革，可再生人体组织或器官的生物材料已成为生物材料的发展方向和前沿，常规材料的时代正在过去，为我国生物材料的发展提供了良好的机遇。我们应该基于国家对生物材料的战略需求，前瞻生物材料的发展方向，立足生物材料科学与产业前沿，创新驱动，跨越式发展，才能使我国生物材料加速跨入国际先进水平，满足临床需求。

中国生物材料产业有七大突破口

问：我国生物材料产业有哪些亮点和突破口？

张兴栋：我国生物材料科学与产业有以下亮点或突破口：

一、组织诱导性生物材料。一类可通过材料自身优化设计，而不是外加活体细胞和/或生长因子，诱导被损坏或缺失的组织或器官再生的生物材料。**基于生物材料诱导骨再生的发现，系统研究并揭示材料诱导组织再生的关键材料学因素，首创骨诱导人工骨取证推广临床应用。先是发现材料可诱导软骨再生且临床试验疗效良好，已通过国药局创新医疗器械特别审批后，进一步研究发现材料可诱导中枢神经、韧带、心脏组织再生，引领了当代生物材料科学与产业发展**

二、具有重大疾病防治功能的生物材料。突破生物材料通常不具备药物治疗功能的传统观念，发现一定化学组成的羟基磷灰石纳米粒子可以选择性地抑制或促进细胞增殖，用于恶性骨肿瘤切除后骨缺损腔填充，术后近三年80% 的病例未发现骨肿瘤复发；用于局部骨质疏松治疗的动物实验疗效良好，开启了可防治重大疾病的生物材料研究新方向，为临床病理性骨缺损治疗难题提供新途径。

三、生物分子材料——基因重组技术合成生物材料。利用基因重组技术合成的人源化胶原蛋白无免疫原性及病毒污染，不仅可合成不同类型的胶原，还可筛选出胶原分子上的特定功能区，并根据需要进行组合定制以满足不同组织修复和性能的要求。目前，在国际上我国已率先利用基因研发出重组人源化胶原蛋白，还研发出基于人源化胶原蛋白抗凝血支架涂层、心脏组织再生、软骨、口腔等修复材料并进入临床试验。

四、医用微电子植入器械。

五、疾病早期诊断材料及器械：分子探针、新型液体活检技术等。

六、生物3D打印、活体组织及器官的体外构建。

七、评价新一代生物材料及植入器械长期生物安全性和可靠性的科学基础和新方法。

我国生物经济发展已初具规模

问：在您看来，我国生物经济发展现状怎样？存在哪些问题？您有何建议？

张兴栋：我国政府非常重视生物经济，2005年就正式成立了"国家生物技术研究开发及促进产业化"领导小组。2010年，国务院把生物产业列为国家重点发展的七大战略性新兴产业之一。

2011年，十一届全国人大四次会议通过的《中华人民共和国国民经济和社会发展第十二个五年规划纲要》明确指出，发展生物产业的重点应在生物医药、生物医学工程产品、生物农业、生物制造、生物质能，建立医药、重要动植物、工业微生物菌种等基因资源信息库，建设生物药物和生物医学工程产品研发与产业化基地，建设生物育种研发、试验、检测及良种繁育基地，搭建生物制造应用示范平台。

《国家中长期科学和技术发展规划纲要(2006—2020年)》要求，实现生物技术的跨越发展，推进新的科技革命，使我国生物技术研发水平位居世界先进行列。发展重点是：生命科学前沿基础研究、农业生物技术、医药生物技术、工业生物技术、能源生物技术、环境生物技术、海洋生物技术、生物能源开发与生物多样化保护、中医药、生物安全等10个重点领域，重点支持转基因技术、干细胞与组织工程、生物催化与转化技术等35类关键技术。这些措施，有利于我们把握中国经济未来发展趋势。从规模上看，我国生物经济发展已初具规模，并且还保持着稳定的增长，其中医药生物技术企业占一半以上。同时，生物技术产品销售额大幅度上涨，仅"863计划"（国家高技术研究发展计划）中的现代生物产业，2003年产值达540亿元，2005年达到900亿元。特别是在医药工业方面，据MS公司预测，2020年中国医药市场的规模将仅次于美国。到2020年，全国生物产业增加值将突破2万亿元，生物产业将成为高技术领域的支柱产业和国民经济的主导产业。但是，目前全球生物技术产业市场以美国为主，欧盟和日本排在其后。

我国生物技术领域的突破不能很好地应用到实际生产中，存在理论与实践脱节的问题。我国生物产业的发展结构不甚合理，各细分产业发展比例不协调、各地区生物产业发展不均衡现象较为严重。生物产业发展以制造加工为主，在全球生物产业价值链中处于弱势地位，生物产业市场满意度较低，生物技术产品质量不高。我国作为世界新兴经济体，资本市场成熟度与欧美等发达国家相比存在一定差距，而研发风险较高的生物产业需要政府的大力支持，这导致我国中小型生物技术企业融资困难、产品创新能力差，从而限制了我国生物产业的发展。我国在生物产业市场准入方面的相关政策和机制的不完善是目前制约生物产业发展的障碍之一。目前，我国在生物制药、生物能源、生物农业、生物基材料等方面采用规范的国际标准不足，是导致我国生物技术产品国际认可度还不够高，生物产业缺乏国际竞争力，缺乏世界龙头生物技术公司品牌的重要原因之一。

因此，我认为我国应该进一步确立生物经济的战略地位，将其列入未来重点发展规划；设立高规格全局性的领导和协调机构；提高生物科学创新水平，促进产学研深度融合发展；优化生物产业发展结构，加快生物产业高质量发展；加强生物产业资金支持；制定和完善一系列保护和鼓励生物经济发展的法律和政策；瞄准生物产业国际标准，提高生物产业国际竞争力。

生物科技和信息科技的融合发展，已成为新一轮科技革命的重要驱动力

问：伴随信息科技和生物科技的交织，出现了生物信息学、计算医学、算法生物学，这些新的学科以更高的精度描绘并预测我们的身体。"十四五"规划指出，要"推动生物技术和信息技术融合创新"，具体应该怎么推动？生物技术和信息技术的融合创新目前呈现怎样的态势？

张兴栋："人类基因组计划"的开展，引发了生命科学领域组学数据的急剧增长，推动了信息技术在生命科学领域的大规模应用，驱动生命科学研究进入数据密集型科学发现时代。由此，生物技术实现了信息化、工程化、系统化的发展，为"设计—构建—验证"循环模式的建立奠定了坚实的基础，并朝着可定量、可计算、可调控和可预测的方向跃升。**生物科技和信息科技的融合发展，已成为新一轮科技革命的重要驱动力，并可能催生诸多的新兴产业。**以生物医药为例，生命组学与通信领域的交叉融合，将带来移动医疗、可穿戴设备、电子处方、AI辅助诊断、医药研发、材料基因组研究等的发展；与互联网领域的交叉融合，将带来远程医疗、人机交互等的发展。国家应当在这些交叉新型领域优先布局，鼓励科研和成果转化，及时应用于临床和市场，并且在实际的应用过程中得到反馈不断改进。同时，鼓励科研解决现实应用中存在的问题，以需求为导向，面向实际应用展开技术攻关。

与发达国家相比，我国在生物技术和信息技术的基础性、先导性、颠覆性布局上仍存在短板，主要表现为生命科学信息的采集和分析所需的仪器、工具以及平台严重依赖国外；在生物技术和信息技术融合发展方面的前沿技术布局系统性不够；在融合发展带来的范式和模式转变等方面的认知有待进一步深入等。因此，我建议在以下领域率先布局，推动我国高新技术向质量效能型和科技密集型转变。

——开发关键共性工具，支持发展"所需"。针对高维度、跨尺度和多模态的生命信息采集工具、分析仪器、设计软件、模拟环境和验证体系，仿生感知、通信、计算和控制所需的基础元件、器件和模块等方面，面向战略

制高点率先布局关键共性工具的开发，在工具的"设计—构建—测试—应用—学习"循环中驱动工具开发能力的"螺旋式"上升。

——布局前沿引领技术，实现自主"所有"。针对 DNA 存储与计算技术、细胞半导体界面、3D 生物学分析和仿真技术、人机智能交互技术等前沿技术领域，以类似"摩尔定律"的性能升级路径为导向，制定关键技术战略发展路线图，并依据路线图采取工程化的模式加以布局实施。

——以构建生命健康数据平台、智能化细胞构建与制造平台、基于大数据和人工智能的使能技术平台为切入点，推动理念融合、技术集成和工程协同，实现高效的协同创新发展。

环境生物技术也值得重视

问：生物医药、生物育种、生物材料、生物能源四大产业之外，还有什么生物产业值得重视？

张兴栋：环境生物技术也值得重视，将生物技术与环境工程结合，处理环境污染的问题，具有速度快、消耗低、效率高、成本低、反应条件温和以及无二次污染等优点。例如，利用生物处理水污染物，净化土壤中重金属，处理白色污染物，消除农药对土地的伤害等。同时也可以将生物检测用于环境监测，如用发光细菌的发光强度检测水质污染程度等。

人类开始从"改造客体"时代进入"改造主体"时代

问：在您看来，生物经济有哪些特征、内涵？和生物产业有何不同？作为一种经济形态，和信息经济等有何异同？

张兴栋：从生物技术上来看，我认为生物经济是以生命科学技术研究开发与应用为基础，建立在生物技术产品和产业之上的经济形态。其特征主要包括：（1）技术依赖性强，科技含量高，并且创新速度逐渐加快，生命科学技术的创新是其主要的发展动力。（2）领域涵盖广，其产品和产业多元，可以从农业、工业制造、医药、能源等多方面促进经济的绿色可持续发展。

（3）资源依赖性强，理论上谁拥有资源，谁就有发展生物产业的基础。（4）高收益也伴随着高风险，生物产业尤其是生物医药产业存在着研发资金量大、产品研发周期长、技术创新成功率低等特点。（5）产业聚集现象明显，产业聚集能够有效促进技术创新，增加资金、人才、物资、技术和管理的高效交流，有利于生物产业的发展。

生物经济是生命科学和生物技术的发展给人类生产和生活方式带来根本变革形成的经济形态，人类开始从"改造客体"时代进入"改造主体"时代；信息经济是以信息技术为代表的现代科技改变人类生产和生活方式后形成的经济形态，信息社会的到来使组织的社会化程度提高。相对于工业经济而言，生物经济、信息经济两者都更加注重可持续发展，更加注重生态友好和绿色环保。

生物经济发展尚处于起步阶段

问：您所在的区域或地方生物经济发展状况如何？将如何布局生物经济？

张兴栋：2020年，四川省生物经济规模约1.24万亿元，"十三五"期间平均每年增长4.7%。但同时仍存在一些短板和问题，如生物产业规模不大，生物技术原创性重大突破缺乏，生物科技服务体系不健全，新技术、新产品成果转化应用不充分，领军龙头企业偏少，生物技术与其他领域融合不够，生物资源保护开发体系不完备等，生物经济发展尚处于起步阶段。

2021年10月，四川省正式发布《四川省"十四五"生物经济发展规划》，提出五大任务：一是提升生物领域自主创新能力，二是构建现代生物产业体系，三是培育生物经济新模式新业态，四是优化生物经济区域布局，五是提升生物安全治理能力。

四大区域有望成为生物经济"高地"

问：在您看来，中国哪些地方有望成为生物经济"高地"？

张兴栋：长三角地区、京津冀地区、粤港澳大湾区、成渝双城经济圈有望成为生物经济"高地"。

抗击新冠肺炎疫情中，生物材料发挥了重要作用

问：2020年起肆虐全球的新冠肺炎疫情，给人类以怎样的启示或者说警示？疫情给包括生物材料在内的生物经济带来了怎样的变化？对您的研究和产业化工作，带来怎样的变化？

张兴栋：战胜新冠肺炎疫情离不开科技支撑，全国科技战线积极响应党中央号召，组织跨学科、跨领域的科研团队，科研、临床、防控一线相互协同，产学研各方紧密配合。**在抗击新冠肺炎疫情的战斗中，生物材料发挥了重要作用，无论是常规的口罩、专用防护装备，甚至昂贵稀少的体外膜肺氧合（Extracorporeal Membrane Oxygenation, ECMO），随处可见生物材料的身影。**

疫情的突然来袭和相关材料的供应紧缺，再次提醒我们要加强关键生物材料研发过程中相关科学问题的深入研究。2020年疫情暴发之初，我及团队多次参加相关抗疫工作会议，为有关决策机构草拟抗疫方案。我中心王云兵教授团队与西安交通大学附属医院合作开发国产ECMO，主要负责设备的设计和核心关键技术——抗凝血涂层的突破，西安交通大学主要负责临床试验和设备加工。在无国家项目资助下突破了制约ECMO国产化的关键卡脖子技术——可用于离心泵头、插管、管路、膜氧合器等全套血液接触耗材的长效稳定抗凝涂层技术。同时，对比国内外产品，创新性地研发了流场分布均匀、对血液破坏更小的无轴磁悬浮离心泵头；开发了集氧合与变温功能于一体的氧合器以及集成芯片化控制体系；研发出具有自主知识产权的便携式ECMO系统，技术指标已达德国、美国等公司水平。2020年7月，开展了大动物实验，2021年11月在国内实现了首例临床应用。后期将继续优化设备，扩大临床试验，加速耗材研发，并取证投入临床应用。

生物经济时代是难得"超车"机会有五大理由

问：对于中国来说，在工业经济、信息经济时代苦苦追赶之后，生物经济时代是一次难得的"换道超车"或者"直道超车"的机会吗？

张兴栋：我认为是的。有五点理由：一是因为生物经济资源依赖性强。基因是现代生物技术产业依赖的基础，是从现有生物体中"找来的"。因此，理论上谁拥有资源，谁就有发展生物产业的基础。二是因为生物经济领域产品多样性强、垄断性差。**生物技术产品不会像网络经济一样形成"胜者全得"的垄断局面。生物技术产品的多样性，为资源丰富的发展中国家提供了一次难得的发展机遇。**三是因为生物经济领域技术通用性强。生物技术在许多方面具有通用性，如基因组技术、克隆技术、干细胞技术等，在不同动物、植物与微生物方面有通用性。四是因为生物经济涵盖范围广，生物医药关系到人民健康和生活水平，生物质能源关系到碳达峰、碳中和。五是我国近年来生物技术产业初具规模，而且发展迅速，一些生物技术已经由原来跟跑阶段进入现在的并跑甚至是领跑阶段。国家应对生物产业布局进行重点规划，并且大力支持。

基因组图谱的绘制带来认识生命科学、医学研究的新观念新方法新途径

问：2021年2月5日，恰逢人类基因组工作框架图（草图）绘制完成20周年纪念日，您怎么看人类基因组图谱绘制20年来生命科学、医学等领域发生的变化？这些变化主要体现在哪些方面？

张兴栋：人类基因组图谱的绘制带来认识生命科学、医学研究的新观念新方法新途径，也给其他的科学研究领域带来了新的思路。它不再是联系某个疾病同某个基因或某个基因同某个生命现象的关系，而是研究这些相关基因网络的作用，从方法学上更注重网络作用的研究，人类基因组研究由过去单一的线性思维向综合性分析思维转变。在方法学上，专业的说法叫高通量，即批量生产、大规模、网络化。这种方法学的改变，启发了一系列生物学上

组学的研究，如蛋白组学、代谢组学、转录组学、免疫组学、糖组学等。同时也与信息技术结合，引发了生物信息学、材料基因组工程等新兴学科和技术的发展。生物信息学是以计算机信息学方法分析组学所产生的大量数据。而材料基因组工程是借鉴人类基因组图谱研究思路，融合多尺度集成化高通量计算方法与计算软件、高通量材料制备技术、高通量表征与服役行为评价技术、面向材料基因工程的材料大数据技术，增强新材料领域的知识和技术储备，提升应对高性能新材料需求的快速反应和生产能力。生物材料基因组工程增强我国在新材料领域的知识和技术储备，提升应对高性能新材料需求的快速响应和生产能力，大幅提高新材料的研发效率，为促进高端制造业和高新技术的发展做出贡献。国家生物材料工程技术研究中心也在2019年成立了四川省生物材料基因工程研究中心，致力于构建生物材料数据库，缩短其开发的周期，为生物材料的长期发展提供动力。

生命科学的发展极大促进了生物材料研究和产业的发展

问：有人说，伴随技术的突破和发展，现在的生命科学就像寒武纪生命大爆发一样成果不断迸射、爆发，您怎么看这个判断？当代生命科学的发展，给您所在的研究或产业领域带来怎样的影响？

张兴栋：生物材料和生命科学是密切相关的，生物材料的发展基于对人体结构和功能的认识，材料和机体相互作用。只有对人体自身了解深入，才能实现生物材料的发展。当代生命科学的发展极大促进了生物材料研究和产业的发展。

希望中国生物医用材料2035年达到国际先进水平

问：您在生命健康领域奋斗多年，能否说说您的实践和梦想？

张兴栋：我和我的研究团队于20世纪90年代首次发现并确证无生命的生物材料可诱导骨再生形成，引起学界长达10余年的争议；再用十几年时间，研发出骨诱导人工骨及其工程化技术，被誉为"划时代地在再生医学中宣告骨诱导性生物材料的到来""开拓了世界生物材料科学和产业发展新方向";并进一步提出组织诱导性生物材料新概念,即生物材料不仅可诱导骨,亦可诱导非骨组织形成。

与此同时,我们创办产学研结合研究机构,为全国 10 余万病人提供骨诱导材料。近年来,我与四川大学华西医院骨科屠重棋教授团队合作,在抗肿瘤/骨修复材料研究方面取得了新突破。一定材料学特征的羟基磷灰石纳米粒子（nHA）不但能够抑制肿瘤细胞增殖,而且可以促进成骨细胞生长,具备作为骨肿瘤术后骨替代材料的潜能,目前动物实验效果良好,临床试验骨肿瘤切除后植入 nHA 粒子 1 年后,80% 的病例未观察到肿瘤复发;用于局部骨质疏松治疗的动物实验也有较好的疗效,开启了可防治重大疾病的生物材料研究新方向。

我希望,未来我国能继续保持生物材料科学与工程研究的国际先进水平,同时立足生物医用材料科学与产业前沿,充分利用我国在前沿研究方面的优势,全链条地展开研究,跨越式地以发展和建立新一代生物材料产业体系为重点,使我国生物医用材料在 2035 年达到国际先进水平。

生物安全法治体系建设应该注重时效性

问:从核技术到信息技术,再到生物技术,任何技术都是双刃剑。生物技术在造福人类、带来经济发展新动能的同时,也带来了生物技术滥用、生物数据和资源遗失、生物恐怖主义等一系列传统生物安全、新型生物安全问题,我国也颁布施行了《中华人民共和国生物安全法》。您怎么看我国生物安全所面临的形势?究竟应该怎样规范生物技术的研究应用?怎样处理好促进生物技术发展、确保生物安全之间的关系?

张兴栋:正如您所说的,任何技术都是一把双刃剑,生物经济的快速发展在造福社会的同时也带来了生物安全问题。我国是一个法治社会,保障人民的健康安全和经济的稳步发展是国家的重要职责。我国已颁布施行了一些相关法律法规,包括《中华人民共和国生物安全法》,各类生物制品的管理办法,相关行业的监督管理条例,相关事故、安全管理办法等。但是,**由**

于生命科学技术正在迅速发展，新产品、新技术和新行业层出不穷，由此带来的新问题和潜在危险也在不断更新。因此，在生物安全的法治体系建设上，应该注重时效性。同时，应该根据生物经济的发展布局与阶段，建立健全法律体系；确立生物技术产业的准入制度，并对生物技术及其产品做到全程的监督管理；加强对生物技术安全事件评价和防范制度的建设。同时，生物安全问题多涉及生命伦理问题，因此，加强对于从业者和相关人员的伦理教育也不可或缺。

21世纪以来生命科学与生物技术的爆发式增长，推动生物产业及生物经济迅速发展

问：我们正处在21世纪第三个10年的起点，从这个时间节点来看，21世纪真的能说是生物世纪吗？

张兴栋：我认为21世纪能够成为生物世纪。"20世纪是物理学和化学的世纪，而21世纪则是生物学的世纪"这句话，最早由1996年诺贝尔化学奖得主罗伯特·柯尔提出。

一方面，生命科学与生物技术的发展，特别是21世纪以来的爆发式增长推动了生物产业及生物经济的迅速发展。例如，生物技术方面，分子生物学、基因组学、蛋白质组学等生命科学不断突破，促进了药物递送、单分子测序、蛋白质工程等生物技术的进步，进而驱动了药物研发、高效基因测序平台、CAR-T、融合蛋白等产业领域的发展；另一方面，传统生命科学领域正在与包括3D打印、人工智能、云计算、大数据、物联网、区块链、智能制造、机器人等在内的新技术交叉融合，开拓了再生医疗、数字医疗、智慧医疗等产业，为未来生物医药产业发展提供了广阔前景：

——生物材料方面，可诱导被损坏的组织或器官再生的材料和植入器械、组织工程化制品、兼具防治重大疾病功能的生物材料、智能化微电子植入器械、药物和生物活性物质靶向控释载体和系统、生物材料和植入器械监管科学、生物材料基因组研究等正在根据临床需求的改变，不断地发展和提高。

——生物农业方面，同时具备抗逆、抗虫、抗除草剂的复合性状转基因农作物种子成为研发热点并正在得到推广应用。此外，第二代转基因作物以基因工程特别是植物代谢工程为基础，重点改良了产品品质、增加了营养、提高了食品的医疗保健功能，或用于工业原料，增加农副产品的附加值。

——生物基化学品产业方面，微生物、酶等卓越生物催化剂的功能研发与改进更加智能高效，有望带来化学品和材料绿色制造的新变革。

——生物能源产业方面，人类不断在探索新型生物质能源以及提高生物能源转化率的方法，以期在未来完全替代化石能源，实现绿色发展。当然，**我们在享受生物经济带来的进步与成果的同时，也应当高度警惕其可能带来的生物安全问题、生物战、生物恐怖主义等。**

地方实践

"生物技术世纪"也可能是中国人的世纪。世界各地的政策制定者、商界领导人、学者和非政府组织，正越来越多地寄希望于中国，盼望中国能在世界历史的新纪元中发挥领导作用。

——［美］杰里米·里夫金：《生物技术世纪——用基因重塑世界》

生命科学进入大数据、大平台、大发现时代
——胥伟华访谈录

胥伟华

现任浙江省杭州市委常委，杭州市政府党组成员、副市长（挂职）。

1976年11月生，汉族，江苏盐城人，工学博士。曾任南京大学研究生会主席、南京大学校务委员会委员、第二十三届全国学联副主席、中国科学院系统团委书记、中国科学院机关党委副书记、中国科学院党组办副主任等。第十届、十一届、十二届全国青联委员、常委。中国科学院遗传与发育生物学研究所党委书记。

曾在材料物理与材料力学领域从事微机械系统（MEMS）材料与器件、小尺度材料的尺寸效应及表面效应、生物烟草病毒（TMV）纳米管及碳纳米管的力学性能、小尺度材料分子动力学模拟、生物材料等领域的研究工作。曾获"华为"技术创新奖、第三届香港青年科学家提名奖、香港科技大学"杰出校友奖"。提出了多层薄膜的微/纳桥测试方法，称为Xu-Zhang模型，被MEMS工程手册收录。美国工程院Nix院士、中科院郑哲敏院士等在国际力学性能研讨会议上，对该模型做出高度评价。

牵头编著《驱动科技创新》《筑梦科学》等书籍，参与编著《国家创新生态系统研究》等书籍。近年撰写《国家实验室建设的镜鉴与前瞻》《基因编辑的技术分析与思考》《区域创新体系建设的典范》《积极推动"四位一体"研究所管理，努力实现"四个率先"科技强国梦》《科研院所标准化管理的探讨》《在攻坚克难中提升国家科研机构组织力》等文章。

导语　让生物经济成为高质量发展的重要支撑

众所周知，杭州是数字经济名城。

众所不知的是，杭州也是国内比较早布局生命健康产业、发展生物经济的城市。

早在20多年前——2000年，杭州就部署实施"一号工程"，建设"天堂硅谷"，核心是打造"两港"，即"信息港"和"新药港"。

20多年过去，作为"信息港"核心承载的数字经济，已成为杭州的"产业金名片"，而生物医药产业也颇有斩获——仅医药领域上市企业就有16家！产业集群成型，既有年产值超百亿的赛诺菲（杭州）、华东医药、默沙东等医药制造企业，更形成了以贝达药业、泰格医药、迪安诊断、启明医疗等为代表的上市企业群体，还聚焦生命健康前沿领域形成了微医、丁香园、健培等独角兽企业，培育了中肽生化、联川生物、康基医疗、领业医药等一批行业新锐。科技型龙头骨干企业对杭州生命健康产业引领推动作用不断增强。而进入新发展阶段，杭州再次聚焦"新药港"，重装上阵，高规格谋划发展生物经济。

值此之际，75后的胥伟华在2021年4月底从我国自然科学战略国家队——中科院挂职出任杭州市委常委、副市长，而且分工联系高科技产业等领域，在材料物理与材料力学领域的研究经历、科技管理经历和对包括区域创新体系在内的科技创新规律的探索，尤其是在中科院遗传与发育生物学研究所8年多的工作经历，都使他对科技发展，尤其是对生命科技发展有着自己的判断和认识："未来谁引领生物经济时代，谁将引领未来世界经济发展。"

这是胥伟华对生物经济发展趋势的判断——合成生物技术、精准医疗、干细胞技术、蛋白质组学技术、基因组编辑技术以及光遗传学技术等取得一系列重大突破和成果，生命科学进入大数据、大平台、大发现时代。

这是胥伟华对新冠肺炎疫情席卷全球产生影响的认知——**突如其来的新冠肺炎疫情，给人类的生命健康造成严重威胁，同时对生物技术提出了更高、更迫切的要求，战胜新冠肺炎疫情靠科学、靠技术突破，客观上会加速生物经济的发展。**

2020年起新冠肺炎疫情席卷全球，疫情进入防控常态化之际，也就是2020年3月底4月初，习近平总书记来到浙江考察，提出要"抓紧布局数字经济、生命健康、新材料等战略性新兴产业、未来产业"，"生命健康"成为三大"战略性新兴产业、未来产业"之一。包括杭州在内，浙江成为中国国家最高领导人发出进军"未来产业"号召的首倡地。

财政拨款1亿元支持建设西湖基因编辑及应用中心，建设西湖实验室（生命科学和生物医学浙江省实验室）和良渚实验室（系统医学与精准诊治浙江省实验室），成立200亿元生物医药产业专项发展基金，出台《关于加快生物医药产业高质量发展的若干意见》，目标之一是到2030年生物医药与健康产业总规模达到1万亿元……

2020年，杭州市生物医药与健康产业主营业务收入（总产值）达2000余亿元，并且增速强劲，期待杭州市甚至浙江省在生命健康等未来产业更有建树，更加硕果满枝头。

很荣幸与生物科技结下了很深的渊源

问：能否讲讲您和生物科技的缘分？

胥伟华：随着现代生物技术突飞猛进的发展，生物科技包括基因工程、细胞工程、蛋白质工程、酶工程等为更多人熟知，利用生物转化特点的化工产品，有助于解决长期被困扰的能源危机和环境污染等棘手问题，取得了良好的经济和社会效益。

生物科学是一门复杂的综合性学科，综合了基因工程、分子生物学、遗传学、细胞学、物理化学、信息学等多学科领域，生物科技的发展程度和安全水平，体现了人类文明的发展程度。

我很荣幸与生物科技结下了很深的渊源，从本科到研究生阶段分别横跨材料、物理和工程等专业领域，2012年进入中科院遗传所（后更名为遗传与发育所）工作，为开展生物综合学科研究打下了良好基础。进入遗传所后，开展了生物烟草病毒（TMV）纳米管及碳纳米管的力学性能、小尺度材料分子动力学模拟、生物材料等领域的研究工作，曾获"华为"技术创新奖、第三届香港青年科学家提名奖。提出的多层薄膜的微/纳桥测试方法，被称为Xu-Zhang模型，被MEMS工程手册收录，得到该领域专家的高度评价。

未来谁引领生物经济时代，谁将引领未来世界经济发展

问：《中华人民共和国国民经济和社会发展第十四个五年规划和2035年远景目标纲要》在"构筑产业体系新支柱"中提出"推动生物技术和信息技术融合创新，加快发展生物医药、生物育种、生物材料、生物能源等产业，做大做强生物经济"。将"做大做强生物经济"列入国家五年规划，

这一举措意味着什么？

胥伟华： 2000年，科技部中国生物技术发展中心提出："生物技术将引领信息技术之后的新科技革命，生物经济是下一个经济增长点。"生物经济已经成为当今国家科技和产业竞争的前沿阵地，并且在相当程度上影响着国家和地区的可持续发展和人民福祉。

生物经济是交叉经济、融合经济，具有高科技、高附加值的特性，生物技术与基因技术、蛋白质工程技术、信息技术、大数据技术、人工智能技术等交叉融合，带来新的技术突破，可应用于医疗健康、资源环境、能源、食品等众多行业，推动行业的革命性变化。未来谁引领生物经济时代，谁将引领未来世界经济发展。

布局生物经济，是充满远见和智慧的重大布局

问：您怎么看这一重大部署？

胥伟华： 2021年9月29日，中共中央政治局就加强我国生物安全建设进行第三十三次集体学习。习近平总书记在主持学习时强调，生物安全关乎人民生命健康，关乎国家长治久安，关乎中华民族永续发展，是国家总体安全的重要组成部分，也是影响乃至重塑世界格局的重要力量。[1]生物经济和生物安全是一体两翼，新冠肺炎疫情对全球经济生活和生命健康造成的巨大影响和破坏，使世界各国高度重视生物安全，关注生物科技，推动生物经济发展，这三者是互为基础，相辅相成。

《中华人民共和国国民经济和社会发展第十四个五年规划和2035年远景目标纲要》提出做大做强生物经济，我们从三个层面来认识。

一是预示着生物经济时代已经到来。我们正在经历生物经济快速发展时期，生命科学领域的技术进步和应用正在改变医疗、制造、农业、能源等各行各业，迫切需要我国以全新的视野，从供需两端系统甄别我国建设生物经

---

[1] 参见《习近平在中共中央政治局第三十三次集体学习时强调 加强国家生物安全风险防控和治理体系建设 提高国家生物安全治理能力》，《人民日报》2021年9月30日。

济强国的条件和潜力，坚持创新驱动，以需求为牵引明确创新主攻方向和突破口，集中力量攻坚克难，激发强大内需潜力，拥抱生物经济新时代。

二是全面把握生物经济，实现重点突破。一般来讲，生物经济包括生物医药、生物农业、生物能源和生物材料等四大方面，其中各个地区都非常重视生物医药发展，一些城市在一些领域取得了进展和突破，但总体来讲化学药领域都被国外制药企业垄断，我们应积极在生物制药领域取得突破，培育一批领军企业。

三是突破谈生物经济就谈生物制药的局限，向生物能源、生物基材料拓展。要立足基础研究突破带动产业发展思路，开辟新蓝海，为解决人类能源问题和环境问题寻找新路径。

党中央在"十四五"期间布局生物经济，是充满远见和智慧的重大布局，发展生物经济寻找可持续的能源和环境解决方案，是为解决人类问题贡献中国智慧和中国方案。

力争在生物经济时代取得新发展、实现新跨越

问：在您看来，我国生物经济发展的现状如何？存在哪些问题？您有何建议？

胥伟华：我国具备生物资源禀赋好、市场空间大、人才储备足、产业体系相对完善、新型举国体制等优势，但生命科学技术实力不强、产业整体竞争力偏弱、制度设计滞后等掣肘突出，迫切需要夯实科技基础，提升创新能力，积极改革探索，发挥内需市场优势，用好资源禀赋保障，力争在生物经济时代取得新发展、实现新跨越。

科技自立自强是领航生物经济发展的引擎。从过去几年全球生物经济发展的轨迹看，当前生物经济发展的驱动力仍是源于前几十年生命科学领域发生的系列重大技术进步。生物技术具有知识、资本密集度高等特征，生物经济发展取决于生命科学、生物技术、专业人才和资金以及生物资源等要素的供给数量与质量。这就要求我们必须坚持科技自立自强，夯实基础研究底座，最大程度汇聚各类创新资源。一是以需求为牵引明确突破口和主攻

方向。"四个面向"为生物经济领域的科技创新指明了方向。二是要集中力量攻坚克难，勇挑重担主动作为。**我一直认为，基础研究的突破是生物经济发展的基础。这就要求我国生物领域的科研机构、研究型大学和科学家，能够更加投入地开展生命科学基础研究、应用研究，为生物经济发展打下坚实的科研底座。**三是要推动产业集群和先行区建设。推动生物经济产业集群发展，在部分有条件的区域大胆尝试制度改革突破，在准入、监管、定价、保险、税收、安全、重大问题争端解决机制等方面，允许突破现有的法规和政策，积极探索体制机制和政策的先行先试，给予政策支持。

发达国家和国际组织纷纷绘制生物经济发展蓝图

问：国际上生物经济发展态势如何？各国重视程度如何？

胥伟华：美国政府2012年发布的《国家生物经济蓝图》包括基因工程、DNA测序和生物分子的自动化高通量操作。同年，欧盟委员会通过的"欧洲的生物经济"战略，提出发展生物农业、生命健康产业（生物制药、新分子实体、生物标志物和基因检测），以及生物工业（生物燃料、生物化学品、原料生产工业用酶、生物传感器、生物修复、资源提取和生物精炼）。

2014年，经济合作和发展组织（OECD）确定生物基产品的三个主要分支：生物燃料、生物基化学品、生物塑料。

2020年，德国通过的新版《国家生物经济战略》提出了研究资助的五个优先领域。一是拓展生物知识（获取生命科学领域的新知识）；二是通过生物知识推进以生物为基础的创新（推动基础研究向应用导向研究）；三是通过生物创新保护自然资源（保护生物多样性、提供清洁饮水和健康土壤等）；四是通过资源节约实现生态与经济的结合；五是通过生物经济解决方案确保可持续发展。德国实施七项有助于改善可持续生物经济基础条件的战略行动：减轻土地压力；确保生物原料的可持续生产和共赢；建立发展生物经济价值链和网络；完善生物基产品、技术和服务的市场引入和支持机制；建立向更以生物为基础的经济过渡的连贯政策框架；利用生物经济潜力发展农村地区；推动数字化在生物经济中的应用。

德国在生物经济领域"深谋远虑"

问：能否进一步再具体讲讲德国的做法？

胥伟华：德国在生物经济发展领域的行动，展现了其深谋远虑。2020年1月15日，德国联邦政府通过了《国家生物经济战略》，致力于推进生物经济发展，促进生活方式和经济发展方式转变，为应对气候变化和加强环境保护，以及为经济社会可持续发展奠定基础。该战略的核心目标是发展可持续的、以循环为导向的创新型经济，从而在保护和更好利用资源的前提下推行不影响生活质量的可持续的生产和生活方式。德国联邦政府教研部对《国家生物经济战略》投入的研究资金，将主要用于开发联合国可持续发展议程框架内的生物经济解决方案、发掘生态系统内生物经济的潜力、扩展和应用生物学知识、持续调整经济资源基础、把德国打造成为领先的创新基地以及强化社会参与和国内国际合作等六项重点。与此同时，大力推进生物原料在工业生产领域的应用，更多替代化石原料，创造有利于可持续发展的新产品。

从德国前瞻布局生物经济研究，持续推进国家生物经济战略，有以下几方面启示。

第一，德国在推进国家生物经济方面有非常前瞻的战略布局和推进。德国联邦政府早在2007年11月就颁布了国家生物多样性战略，其目的是遏制生物多样性的丧失，同时也允许对生物多样性的可持续利用。2010年，德国联邦政府教研部启动了"2030年国家生物经济研究战略——通向生物经济之路"（National Research StrategyBioeconomy 2030）科研项目，从2011年至2016年投入了24亿欧元用于生物经济的研发应用。2013年7月，德国政府发布生物经济战略，以此摆脱对化石能源的依赖、增加就业机会、实现可持续发展、提高德国在经济和科研领域的全球竞争力。时隔7年，2020年发布了《国家生物经济战略》，确定更大的野心和可持续发展目标。**通过10多年的战略性布局和推动，德国国家生物多样性战略已经融入整个社会经济运行中，成为企业和社会组织的行动指南，也为发展生物经济提供了战略指引和支撑。**

第二，德国国家生物经济战略有明确的阶段目标和协调机制。对生物经济的战略部署首先是由德国联邦教育研究部牵头发起，设立为期6年的长期研究发展目标和资金投入，整合国内有关大学、研究机构开展生物经济领域的前瞻研究，协调德国联邦政府经济部、粮食和农业部等部门，进一步通过政策协调带动企业开展紧密的产学研对接和合作。通过扎实推进基础研究，进而以"研究和技术驱动"的模式促进产学研合作。在此基础之上再进一步滚动实施更高阶段的国家生物经济战略，服务于国家总体的"可持续发展战略"和"高技术战略2025"（High-Tech Strategy 2025）。

第三，德国国家生物经济战略与公众科普相呼应。通过科普的形式进一步培育公众意识、推动科学对话，促进2020年科学年的生物经济主题与国家面向未来的产业战略规划（如人工智能）系统整合，在科普中提升公众科学素养、推进人才储备；同时，通过促进科学研究机构与社会（包括商业机构和公民组织）的对话和交流，推进国家产业目标和社会发展目标的对接与融合，营造合力发展生物经济的良好氛围。这也是德国联邦政府推进国家生物经济战略的重要举措之一。

生物经济时代：下一个革命性产业经济时代

问：生物经济有着怎样的发展潜力和前景？

昝伟华：《时代》周刊曾指出，生物经济时代将成为人类继信息经济时代后迈入的下一个革命性产业经济时代。**生物经济将是产生智能增长和包容性增长，减少对化石燃料的依赖，减少能源和资源消耗，创造绿色就业机会和促进可持续发展的主要动力。**经济合作和发展组织（OECD）指出，到2030年，将会有35%的化学品由生物基化学品替代。

目前，全球经济和技术上重要的石油化合物尚无明显替代品。但是，我们需要深层探究：未来从哪里获得所有复杂的化合物，即以石油化工和原料形式存在的原子，来建设我们复杂的经济？

答案是生物学。

石油是建立20世纪的技术基础，生物学则是21世纪的技术基础。生物技术在美国已经是一个巨大的产业，2017年产值约为3880亿美元，贡献了超过

2%的GDP。该行业最大的组成部分是工业生物技术，产值约为1470亿美元，包括材料、酶和相关工具的开发。其中，生物化学领域创造了920亿美元的收入，并占到美国精细化学品收入的1/6到1/4。换言之，生物化学产品在某些类别上已经超过了石化产品。这种替代现象清楚地表明，全球经济正从石油化工转向其他行业。但是，在生物技术能够在6500亿美元的石化产品收入中占据更多份额之前，还有大量工作要做。

随着代谢工程和生物制造的成熟，越来越多公司获得成功。以Bioeconomy Capital投资的公司Arzeda、Zymergen和Synthace为例，这些公司可以设计、构建和优化新的代谢途径，以直接生产来自石油的任何分子。Arzeda是一家蛋白质发现和设计公司，正在通过生物制造的方式寻求甲基丙烯酸酯化合物的大规模生产，以显著改善有机玻璃的性能，这种新材料不久将进入挡风玻璃、耐冲击玻璃和飞机机盖等产品。Zymergen利用生物学与机器学习来找到新的化学构建模块，以克服石油化工和传统工艺在创造新材料方面的短板。公司目前正在开发一系列具有合成化学无法实现的特性的膜和涂层，这些膜和涂层将用于生产柔性电子产品和显示器。Synthace正在构建一个计算机辅助生物学的软件平台，可以让生物学家对实验室硬件进行精密、灵活和综合的控制，能够使实验和实验室工作流程实现快速自动化。

生物技术的吸引力显而易见：高价值石化产品的价格在每升10美元至1000美元之间。石油产品的边际生产成本约为200亿美元（即新建炼油厂的成本），但生物生产的边际生产成本看起来像是啤酒厂，其成本在10万美元至1000万美元之间，这具体取决于规模。Bioeconomy Capital预测，到2030年，大部分新的化学品供应将由生物技术提供；到2040年，生物化学品将在各个竞争领域超越石化产品。未来10年，生物化学制造带来的经济影响还会大大增加，使用生物学方法生产的新材料将对广泛的行业和产品带来影响，并远远超出传统上的生物技术的范畴。

生命科学：很多基础研究成果和技术尚未转化为产品和服务

问：国家"十四五"规划将生物医药列为"做大做强生物经济"之

首，您怎么看？我国在这一领域面临怎样的挑战和机遇？

胥伟华：生物医药是生物经济最重要的领域，与人民生命健康息息相关，也是各地发展生物经济的最直接切入点。随着生物技术的突破，以及生物制品、疫苗、制剂等广泛应用于疾病预防、治疗和检测，为保障人民生命健康发挥了重要作用。从我国生物医药发展的整体来看，我们的发展速度非常快，正向世界一流水平看齐。但是，我们也要看到，虽然我国的生命基础研究不断取得突破和创新，但是我们的很多基础研究成果和技术尚未转化为产品和服务，重大疾病治疗的药物还是被国外产品垄断，距离人们的期待还有很大距离。发展生物医药是个庞大的系统工程，需要多个体系的支撑。杭州目前已经充分认识到了这一点，正在不断补足短板，包括实验室动物、高等级生物实验室等。

在生物经济时代，我们有着比以往更为优越的条件

问：对于中国来说，在工业经济、信息经济时代苦苦追赶之后，生物经济时代是一次难得的"换道超车"机会吗？

胥伟华：每一次技术革命都是基于长期而深厚的基础研究积累和突破，中国在工业经济和信息经济时代起步较晚，在底层架构和基础构建方面没有占据有利位置，但是经过卓越的顶层谋划、几代人加倍努力和付出，我们从慢进者不断向前超越，走到了第一阵营。从工业来看，目前中国有全世界最全的工业体系，是最大的工业制造国；从信息经济来看，我们已经整体处于前列，局部处于领先位置。我认为，**无论是工业经济、信息经济还是生物经济，就像跑马拉松，不在于起步是否领先，重要的是能否持之以恒跑下去，跟强者跑、跟时间跑、跟自己跑，最后成为领先者。**

从生物经济来讲，我们有着更好的条件，国家重视战略科技力量打造，各地高度重视高层次人才，大力发展新型研发机构和高水平研究型大学，大型科技基础设施和大科学装置建设不断取得进展。我相信在生物经济时代，我们有着比以往更为优越的条件，我们会从跟跑转变为并跑，并最终成为领跑者，但这不是一朝一夕的事情，需要我们几代人不懈的努力。

中国基因组测序产业规模与创新研究正"比翼齐飞"

问：2021年2月5日，恰逢人类基因组工作框架图（草图）绘制完成20周年纪念日，您怎么看人类基因组图谱绘制20多年来生命科学、医学等领域发生的变化？

胥伟华："人类基因组计划"发布人类基因组草图20年来，相关科学研究突飞猛进，不仅促进生物学和生物医学的发展，而且正在积极深化遗传学、生物化学、分子生物学和信息科学等多学科合作的"大科学"融合，共同构建生命科学的"大数据"时代。

中国基因组测序产业规模与创新研究正"比翼齐飞"：产业方面，华大基因等以测序为主的公司在全球市场占有一席之地；研究方面，中科院遗传发育所、北京基因组所和中国农科院基因组所等，成为中国基因组学原始创新研究、创新人才培养重要基地。

研究不会出现垄断，成果应用和产业化领域会出现领先公司

问：伴随数据集中度的提升，基因组学领域会不会像互联网时代一样出现垄断的巨头？如何谨防这种现象的出现？

胥伟华：美国麻省理工学院—哈佛大学 broad 研究所所长 lander 说："已完成的人类基因组序列在准确率、完整性和连续性方面远远超过了我们的预期目标。它反映出全球数百名科学家为了一个共同目标——为21世纪的生物医学奠定扎实的基础——而进行大协作的奉献精神。"

人类基因组测序是一项全世界科学家开放协作完成的系统工程，成果已经载入了公用数据库，全球科学家都可以基于这些成果开展研究，这是一项好的开端。

科学和科学研究不会出现垄断，基于科学的成果应用和产业化领域会出现领先的公司，取得巨大的市场份额。我想要通过不断的技术创新、产品研发和市场竞争，共同推进技术进步，为人类健康造福。

杭州在国内较早布局生命健康产业、发展生物经济

问：杭州在生物经济发展上有哪些实践？取得了怎样的进展？

膏伟华：2019年11月，浙江省发布了《浙江省生物经济发展行动计划（2019—2022年）》，确立了以生物医药、生物数字服务业、生物农业、生物基材料、生物环保、生物能源、海洋生物等领域为重点的生物经济发展格局，实施七大工程，聚焦结构生物学、合成生物学、微生物组学、基因编辑技术、单细胞图谱技术、仿生医药技术、分子靶向医药研发、干细胞与再生医学、医学人工智能等前沿领域，开展一批前沿学科交叉研究，到2022年，力争突破10项左右原创性、颠覆性和前沿关键技术。

国家发展改革委智库学者认为，生物产业包括生物医药产业、转基因作物种植产业、生物能源产业、生物基化学品产业。杭州首先从生物医药入手推进生物产业发展，随着技术的发展和龙头企业产品迭代，不断向生物能源、生物基化学品等新领域迈进。

杭州是国内较早布局生命健康产业、发展生物经济的城市。早在2000年，杭州就部署实施了"一号工程"，建设"天堂硅谷"，核心是打造"两港"，即"信息港"和"新药港"。杭州提出"新药港"的时间点与科技部中国生物技术发展中心提出发展"生物经济"的时间点是同步的。经过20多年的发展，作为"信息港"核心承载的数字经济已成为杭州的"产业金名片"。进入新发展阶段，杭州再次聚焦"新药港"，重装上阵，高规格谋划发展生物经济。

杭州市生物经济发展呈现良好势头

问：能否具体说说杭州市生物产业或者生物经济的发展情况？

膏伟华：好的。杭州以生物医药为主体的生物经济发展呈现良好势头。

一、产业增速强劲。2020年，杭州市生物医药与健康产业主营业务收入（总产值）达2000余亿元，其中医药制造业产值达800亿元，医药流通产业为817亿元，医疗服务及康养服务产业为700余亿元。生物医药产业工

业产值连年保持10%以上的高增长速度。杭州现有生物医药规模以上企业150余家，2020年实现总产值772亿元，年均增长16%左右。

二、产业集群成型。杭州有赛诺菲（杭州）、华东医药、默沙东等医药制造企业，年产值超百亿元，康莱特、贝达等产值超10亿元，形成了以贝达药业、泰格医药、迪安诊断、启明医疗等为代表的上市企业群体，聚焦生命健康前沿领域形成了微医、丁香园、健培等独角兽企业，培育了中肽生化、联川生物、康基医疗、领业医药等一批行业新锐。杭州有医药领域上市企业16家。生命健康领域高新技术企业529家，科技型龙头骨干企业对杭州生命健康产业引领推动作用不断增强。

表1 杭州市生命健康领域上市企业

序号	公司名称	交易市场	板块	总市值（亿元）
1	浙江英特集团股份有限公司	深交所	主板	30.29599009
2	华东医药股份有限公司	深交所	主板	426.6035678
3	杭州天目山药业股份有限公司	上交所	主板	15.00315863
4	通策医疗股份有限公司	上交所	主板	328.752192
5	亿帆医药股份有限公司	深交所	中小板	200.9969938
6	歌礼生物制药（杭州）有限公司	港交所	港股	29.43369976
7	杭州启明医疗器械股份有限公司	港交所	港股	135.8681962
8	浙江新锐医药有限公司	港交所	港股	6.364828893
9	银江股份有限公司	深交所	创业板	55.08628322
10	思创医惠科技股份有限公司	深交所	创业板	105.5190272
11	迪安诊断技术集团股份有限公司	深交所	创业板	137.3074209
12	杭州泰格医药科技股份有限公司	深交所	创业板	473.3453251
13	创业慧康科技股份有限公司	深交所	创业板	132.7114056
14	浙江和仁科技股份有限公司	深交所	创业板	32.6931822
15	贝达药业股份有限公司	深交所	创业板	263.457
16	万马科技股份有限公司	深交所	创业板	21.7884

三、布局"一核四园多点"。"一核"：以钱塘区为核心，打造要素最齐全、环节最完备、发展速度最快的生物医药高端产品研发制造流通核心区。"四园"：余杭区以"数字+健康"为主攻方向，聚焦创新药物、高端医疗器

械、"AI+"健康服务，着力打造药品器械研发和数字技术深度融合的创新型产业园；临平区以聚焦生物技术药、小分子创新药、高端医疗器械等重点领域，打造以"CXO+MAH"为主攻方向的浙江省生命健康科创高地示范园；滨江区以建设智慧健康为重点，加快建设以高端医疗器械、生物医药研发外包（CRO）专业服务为特色的生命健康产业园；萧山区以生物创新药研发、生产制造（含CDMO）、智慧医疗为方向，打造生物医药产业园。

四、建立七大体系推进生物医药与健康产业发展。杭州市为发展以生物医药与健康为主体的生物经济，按照部门职责谋划了七大工作体系，即药研体系、临床体系、注册体系、招引体系、制造业提升体系、流通体系、康养体系。由科技部门牵头的药研体系的任务包括两部分：一是抢抓基因编辑等生命科学领域的制高点，补齐杭州生命健康领域的科研短板，杭州市联合西湖大学建设西湖基因编辑及应用中心，已在西湖大学揭牌成立，由黄志伟博士任中心主任，财政拨款1亿元给予支持；二是推进由西湖大学牵头建设西湖实验室（生命科学和生物医学浙江省实验室），由浙江大学牵头建设良渚实验室（系统医学与精准诊治浙江省实验室）。

五、形成良好政策环境。杭州市出台了《关于加快生物医药产业高质量发展的若干意见》，同时成立了200亿元的生物医药产业专项发展基金，对全市生物医药产业的空间、资金、推动举措进行了新的明确，全市上下发展共识进一步统一，发展氛围进一步浓厚。

人工智能已经进入基因科学和生物科学领域

问：国家"十四五"规划提出"推动生物技术和信息技术融合创新"，作为数字经济相对发达的城市，杭州市在"融合创新"上做了哪些尝试？大数据、云计算、人工智能的加速演进，会对生物经济时代带来什么？

胥伟华：生物技术未来将与信息技术并行成为支撑经济社会发展的底层共性技术。未来生物领域基础研究的突破可能依赖于信息技术的支撑，最先的突破领域或者来源于两者的结合。近期，媒体报道谷歌最新人工智能AlphaFold，成功根据基因序列预测了生命基本分子——蛋白质的三维结构，就是实例，人工智能已经进入了基因科学和生物科学领域。

杭州市非常重视生物技术与信息技术融合创新，在重点发展生物医药产业的基础上，支持和鼓励人工智能医疗的发展，发挥杭州在数字经济领域的传统优势，以新一代信息技术推动医疗健康产业变革，培育涌现了一批医疗信息化领域的头部企业，如微医集团、和仁科技、创业惠康、银江科技、医惠科技等。新冠肺炎疫情期间，医疗信息化迎来重大发展机遇，如微医"新冠肺炎实时救助平台"集结全国医生6.6万余名，累计提供免费服务211.9万人次，累计访问量近1.5亿次，单日最高访问人次超过1100万。医疗信息化、生物数字服务业等正成长为杭州市生命健康产业的新兴优势特色领域。

2021年7月，杭州市出台了《关于加快生物医药产业高质量发展的若干意见》，从两个方面推进生物技术和信息技术的融合发展：一是支持生物医药制造业企业数字化、智能化改造，建设生物医药产业"未来工厂"新体系。二是推进数字健康融合发展。推动数据向企业有序开放。鼓励医学人工智能应用、数字健康新服务，支持本地医疗机构参与数字疗法产品购买服务试点。三是实施生物医药与健康产业"156行动"，即打造1个生物医药与健康产业全领域生态体系；聚焦创新药物、医疗器械、生物+数字技术、医药流通和医药康养5个领域，打造研发创新、生态服务、企业引育、数字赋能、现代流通和要素保障6个体系，打造万亿级产业集群。

生物医药产业：发展生物经济的主引擎

问：能否说说杭州市发展生物经济的思路和探索？

胥伟华：生物经济是继农业经济、工业经济和信息经济之后的第四种经济形态。杭州市抓住了信息经济的战略机遇，实现跨越式发展，成为数字经济推动城市全面发展的受益者。进入新发展阶段，杭州聚焦生物经济，重装打造"新药港"，成为高质量发展的重要支撑。

杭州发展生物经济的总体考虑是：一是推进生物技术研究，包括将人工智能、大数据、机器人、自动化等技术应用于生物经济发展；发展新型农业和工业有机生产原料；建设生物领域的科研体系和基础设施。二是构建生物亲和的可持续经济体系，包括可持续的生产和提供生物原料，保护农业用地和保持土壤肥力，降低对化石原料的依赖，利用生物经济促进乡村共同富裕，发展循环经济。三是成为生物经济创新的区域，包括全力聚焦重点发展生物医药与健康产业，培育孵化生物领域的科技型初创企业和制造业企业，打造生物技术和产业集群，打造生物经济示范区域，构建以生物技术为核心的价值创造链。

杭州已确定将生物医药产业作为发展生物经济的主引擎，加快构建生物医药创新高地，制定了生物医药高质量发展的意见。

一、明确目标定位。2022年浙江省医药产值力争突破1000亿元，2025年达到2000亿元，2030年达到5000亿元。2030年，杭州市生物医药与健康产业总规模达到1万亿元。

二、明确"4+1"方向。优先发展生物制药，重点发展抗体药物、重组蛋白药物、新型疫苗等新型生物技术类药物，加快免疫细胞治疗、干细胞、基因治疗相关技术研究。提升发展医疗器械，充分发挥仿生医学、基因诊断、手术器械、诊断试剂等医疗器械细分领域的既有优势，大力发展高性能诊疗设备和试剂，高附加值植介入材料和智能化手术治疗康复和急救设备。创新发展化学制药，大力研制基于新机制、新靶点和新适应证的高端制剂和新型辅料。传承发展中药产业，发挥中药传统老字号品牌的特色优势，不断挖掘经典名方，加大以单方、验方、医院制剂等为基础的中药新药研发和名优中成药大品种二次开发。加快数字经济与生物医药产业的深度融合，一方面加快人工智能、大数据等产业赋能生物医药产业，另一方面利用数字技术在智能诊疗、医疗等方面有所突破。

三、落实五项举措。针对生物医药产业特点，围绕全链路产业生态体系建设，重点打造"四链"。一是加快主平台建设，完善空间链。按照"一核四园多点"布局加快推进，加快推进钱塘区医药港核心区西扩和大江东生物医药产业园3平方公里规划落地，适度布局M3用地。推进滨江区浦沿区块5.6平方公里的智慧医健小镇、余杭海创园智慧·健康等新平台建设，完善产业空间链。二是加快成果转化，完善创新链。加快推进CRO、CMO等公共服务平台研发服务平台建设，聚焦打造生物医药创新资源协同运营中心、省医疗器械产业技术创新中心、市医药注册申报服务中心、市医学转化中心等产业配套中心，完善产业创新链。三是加快项目招引，做强产业链。坚持"强链、补链"式招商，重点引进行业旗舰项目，围绕重点发展方向，力争5年内引入具有突破性技术项目5—10项；大力招引龙头企业及总部，力争5年内引入具有世界影响力企业5—10家。四是加大人才引育，做优服务链。充分利用人才新政37条，积极招引产业领军人才、管理人才和专业技术人才来我市创新创业，从人才认定、职称评定、人才贡献奖励等方面建立生物医药产业人才专项扶持"杭州计划"，做好人才精准服务。探索建立医院、院所、企业、金融机构融合的产业发展共同体，充分发挥在杭医院和人才的作用，尤其是市属医院的产业支撑作用。

生物技术、生物经济可以作为"面向人民生命健康"的重要内容

问：我国发展生物经济还有哪些问题和建议？

胥伟华：有以下几点思考和想法：从世界各国发展生物经济的实践来看，国家层面牵头制定生物经济发展规划，进行总体谋划和顶层布局，对于推进生物经济发展是非常有利的。习近平总书记在主持召开科学家座谈会时提出，希望广大科学家和科技工作者肩负起历史责任，坚持面向世界科技前沿、面向经济主战场、面向国家重大需求、面向人民生命健康，不断向科学技术广度和深度进军。生物技术、生物经济作为"面向人民生命健康"的重要内容，已经进入国家战略层面。

从生物经济发展的趋势来看，合成生物技术、精准医疗、干细胞技术、蛋白质组学技术、基因组编辑技术以及光遗传学技术等取得一系列重大突破和成果，生命科学进入大数据、大平台、大发现时代。建议建立基于人工智能的医药研发和临床模拟大科学装置，加快生物医药研发和临床研究。

新冠肺炎疫情：倒逼生物经济引领的新产业革命加速到来

问：2020年起席卷全球的新冠肺炎疫情，给人类以怎样的启示或者

说警示？疫情给生物经济带来了怎样的变化？对企业投资行为带来怎样的变化？

胥伟华：突如其来的新冠肺炎疫情，给人类的生命健康造成严重威胁，同时对生物技术提出了更高、更迫切的要求，战胜新冠肺炎疫情靠科学、靠技术突破，客观上会加速生物经济的发展。

新冠肺炎疫情势必会倒逼生物技术引领的新科技革命、生物经济引领的新产业革命加速到来。新冠肺炎疫情对全球治理带来的巨大压力，促使世界各国更加重视生物经济发展，相继制定和发布了生物经济战略、生物技术路线图等，中国在新冠肺炎疫情领域的技术突破和治理的有效做法，是中国生物经济领域实现赶超的机遇。

让百岁老人处处可见

问：您在科技领域奋斗10多年，尤其从事生命科学管理工作8年，能否说说您的梦想？

胥伟华：我想通过我们这一代人在生命科学领域的不懈奋斗，在治疗重大疾病方面取得若干突破，让百岁老人处处可见，让80岁以上的老人还保持良好的健康，保持很高的生活质量。

生物安全是全世界面临的巨大挑战

问：生物技术在造福人类、带来经济发展新动能的同时，也带来了生物技术滥用、生物数据和资源遗失、生物恐怖主义等一系列传统生物安全、新型生物安全问题，我国也颁布实行了《中华人民共和国生物安全法》。您怎么看我国生物安全所面临的形势？究竟应该怎样规范生物技术的研究应用？怎样处理好促进生物技术发展、确保生物安全之间的关系？

胥伟华：习近平总书记在中央政治局第三十三次集体学习时强调，现在，传统生物安全问题和新型生物安全风险相互叠加，境外生物威胁和内部生物风险交织并存，生物安全风险呈现出许多新特点，我国生物安全风险防控和治理体系还存在短板弱项。[①]

生物安全是全世界面临的巨大挑战。近20年来，全球先后出现了"非典"疫情、登革热疫情、甲型H1N1流感疫情、埃博拉出血热疫情，以及新冠肺炎疫情等，给世界各国人民健康和经济社会发展造成巨大危害，也严重影响了我们人民生命健康和经济社会发展。同时，外来物种入侵造成了遗传多样性丧失、生态环境破坏等问题。**事实一再证明，生物安全的篱笆不扎好，生物安全危险就会以意想不到的方式突然袭来，严重威胁国家安全和社会发展。**

目前，我们面临的生物安全形势是非常严峻的。我们要从两个层面做好工作：一是做好科学研究，储备更多的技术和解决方案，特别是共性平台技术研究，面对突发生物安全有平台支撑；二是做好生物安全治理，面对外来物种、实验室安全和科研道德失序，建立有效的制度和规范。

---

① 参见《习近平在中共中央政治局第三十三次集体学习时强调 加强国家生物安全风险防控和治理体系建设 提高国家生物安全治理能力》，《人民日报》2021年9月30日。

100年前，物理学和工程学的结合彻底改变了这个世界，现在生物学和工程学也准备以同样的方式深刻改变我们的未来。

——［美］苏珊·霍克菲尔德：《生命科学：无尽的前沿》

这场产业革命，和以往不同

李 斌

人类迄今的历史，已经发生多次科技革命和产业革命。那么，许多人都会问：生物经济时代，究竟是一场变革，还是一场革命？和以往的科技革命和产业革命有何异同？

一、人类经济社会从"改造客体"时代进入"改造主体"时代

从社会发展史看，人类经历了农业革命、工业革命，正在经历信息革命，并且站在了生命科学革命或者说"基因革命"的门槛上。

——农业革命增强了人类生存能力，使人类从采食捕猎走向栽种畜养，从野蛮时代走向文明社会。

——工业革命拓展了人类体力，以机器取代了人力，以大规模工厂化生产取代了个体工场手工生产。

——信息革命增强了人类脑力，带来生产力又一次质的飞跃，对国际政治、经济、文化、社会、生态、军事等领域发展产生了深刻影响。

继农业革命、工业革命、信息革命之后，伴随对DNA"读""存""写"能力的提高，人类在20世纪末、21世纪初迎来了生命科学革命或者说"基因革命"。

农业革命、工业革命、信息革命分别拓展或增强了人类的生存能力、体力、脑力，那么生命科学革命或者说"基因革命"，则增强了人类"内力"，拓展了人类乃至生命世界的高质量发展的能力。

正如英国演化生物学家亚当·卢瑟福所说："人类的DNA造就了复杂的大脑，让我们得以问询自己的起源，制造工具来探究自己的进化过程。这些分子层面的变化日渐积累，并被记录下来，静静等待着人类的解读。就这样过了几千年，我们终于有了这种能力。"

每一场科技革命和产业革命都有动力源。在中国农业大学生物经济发展研究中心主任邓心安看来：

——在狩猎与采集经济时代，引发科技产业重大革命的基本因子是人力、动植物自然性状；代表性重大革命是石器革命、弓箭发明。

——在农业经济时代，引发科技产业重大革命的基本因子是人力与畜力、物种遗传；代表性重大革命是由"攫取"过渡到"生产"、传统生物学革命。

——在工业经济时代，引发科技产业重大革命的基本因子是原子与元素；代表性重大革命是化学革命、机械革命、工业革命。

——在信息经济时代，引发科技产业重大革命的基本因子是比特、量子比特；代表性重大革命是信息革命即数字革命、"互联网+"革命、量子革命。

——在生物经济时代，引发科技产业重大革命的基本因子就是基因；代表性重大革命是分子生物学革命、医学革命、农业革命、第二次绿色革命、生物制造革命。

"基因科技的发展，是推动生物经济众多领域快速发展的重大革命原动力，是生物经济发展的内生动力。事实正在证明，生物经济不仅能够改变人类生产生活方式，而且能够改变人类及其他生物自身，标志着人类经济社会从千万年来的'改造客体'时代进入'改造主体'时代。推动主客体改造时代进程的动力源，便是基因。"邓心安说。

二、凭什么说生物经济时代是"一个革命性时代"？

生命科学革命或者说"基因革命"，究竟怎样增强人类的"内力"，拓展人类乃至生命世界的高质量发展的能力？美国《国家生物经济蓝图》所说

"无法想象的未来之门"，门后究竟是什么？

站在巨人的肩膀上，才能看得更远，让我们先一起看看外国科学家是怎么"回答"的。

——未来学家约翰·奈斯比特曾说："Internet只是允许我们更方便地做我们已经做过的事，而基因工程则会改变人类及其进化过程。"

——理查德·W.奥利弗在《即将到来的生物科技时代——全面揭示生物物质时代的新经济法则》一书中预言，生物物质经济将以爆炸性的态势在短时间内为全球经济带来革命性的发展，它会像基因一样从内部展开从而带来根本的改变，其力量已经相当明显。

——1998年，美国未来学家、Biotechonomy LLC公司董事长胡安·恩里克斯发文指出：基因组学等新的发现与应用，将导致分子—基因革命，使医药、健康、农业、食品、营养、能源、环境等产业发生重组和融合，进而导致世界经济发生深刻变化。

——20多年前即20世纪末，杰里米·里夫金在《生物技术世纪——用基因重塑世界》一书中鲜明指出："我们正处在世界历史的伟大变革中，一场从物理学和化学时代转变到生物学时代、从工业革命转变到'生物技术世纪'的伟大变革。化石燃料、金属和矿藏这些工业时代的原始资源正在被基因所取代。"

——牛津大学讲座教授、《自私的基因》《盲眼钟表匠》等书作者理查德·道金斯在《未来50年》一书中发问："'最伟大的'东西到头来是谁也说不清的，但分子生物学革命无疑是20世纪——也是人类有史以来——最伟大的科学贡献之一。在未来50年里，我们能把它引向何方？或者，它将把我们带向哪里？"

——心血管专家、基因科学家埃里克·托普在《颠覆医疗：大数据时代的个人健康革命》一书中指出："人类对人类自身进行数字化处理，是改变我们生存质量的终极手段。这远比变革本身更为宏大，是熊彼特定义的创造性破坏的精华所在。如今的卫生保健和医学领域中的方方面面，都将受到影响。医生、医院、生命科学产业、政府及其监管部门，都是彻底变革的目标。"

......

凭什么说生物经济时代是"一个革命性时代"？

因为，在生物经济时代，基因编辑、合成生命、DNA存储等一系列人们难以想象的新技术、新变化，不断涌现、迅速发展，给经济社会、给人们的生产生活尤其是给生命本身带来巨大变化。在细胞治疗领域耕耘十多年、在全世界率先突破细胞规模化制备的深圳赛动生物自动化有限公司总经理刘沐芸博士预言，步入21世纪的第三个10年，5P医学将有望实现，不仅是准确预测疾病风险以及精准治疗，还有望能通过基因编辑技术治愈一些重大病或消除一些遗传病。

以DNA存储为例。DNA存储极其稳定、存储密度高且可以超长期存储，是BT和IT的融合，被相关专家认为是变革性技术之一。编码、合成及测序是DNA存储的核心技术，2021年微软连同全球最大的测序仪公司Illumina等机构成立了DNA存储联盟。据IDC预测，2020年到2025年，全球数据量每年增加23%，而2025年全球数据量将达到180ZB（1ZB=1024EB，1EB相当于一部可以播放36000年的高清视频）。

随着现代生命科学快速发展，以及生物技术与信息、材料、能源等技术加速融合，高通量测序、基因组编辑和生物信息分析等现代生物技术突破与产业化快速演进，生物经济正加速成为继信息经济后新的经济形态，将对人类生产生活产生深远影响。

春江水暖鸭先知，一些走在前列的国家率先认识到这一轮科技革命乃至产业革命。以克林顿签发的第13134号总统令——《开发和推进生物基产品和生物能源》为标志，1999年美国政府提出"以生物为基础的经济"的概念和计划。2000年，美国联邦政府提出《促进生物经济革命：基于生物的产品和生物能源》报告。美国《时代》周刊2000年5月刊文指出："我们现在正处在信息经济时代的中期，从开始到完成，它大约将持续75年到80年，到21世纪20年代晚期结束。接着人们将迎接下一个经济时代：生物经济时代。"2001年11月，在日内瓦联合国贸易与发展会议上，哈佛大学肯尼迪政府学院科学与国际事务中心研究人员C Juma和V Konde提交的"新生物经济"报告指出，新生物经济是指现代生物技术的影响及其所占据的市场。

中国专家也比较早地关注到生物经济这种经济形态。中国生物技术发展中心原主任王宏广在2000年提出"生物技术将取代信息技术引领新科技革命"这一判断，兰德公司在2006年才做出相同的判断。邓心安教授2002年发文提出：生物经济是以生命科学和生物技术的研发与应用为基础的、建立在生物技术产品和产业之上的经济，是一个与农业经济、工业经济、信息经济相对应的新的经济形态。该定义包含主体内涵和拓展解释两部分，是迄今发现的最早发表的生物经济规范定义。

目前，全球已有60多个国家、地区及国际组织制定了生物经济战略政策或部门与重点领域的生物经济政策，从国家安全、经济、产业、科研、创新以及可持续发展等不同方面布局生物经济的发展。美国、欧盟、英国、德国等世界主要经济体生物经济的发展进入新一轮战略调整，各国在发展生物经济方面已形成了自己的特色。

三、生物经济引领的新产业革命加速到来

生物经济时代，究竟是一场变革，还是一场革命？我请教和访谈的嘉宾，或者是长期关注、研究生物科技、生物产业和生物经济，或者是在生命科学、生物产业最前沿进行研究或者产业化的科学家、企业家和投资人，还有地方政府负责人，他们对生物科技、生物产业和生物经济都有一定的发言权。

——**王宏广认为，以物理学为主导，多学科共同推动的工业技术、信息技术革命正在深入发展，而以生命科学为主导、多项技术共同推动的新科技革命正在加速形成。**农业科技革命，使人类不再以打猎、采野果为生，地球养活了77亿人口。工业科技革命，机械化、电气化强化了人类的体力，信息化、智能化强化了人类的脑力，未来的"生物化"则直接延长人类寿命，人活90岁成常态，大多数人的健康生活、工作时间可能延长10年以上。"生物化"不但能够像其他几次科技革命一样改造自然世界，而且还能够改变人类自身，其作用远远大于前几次科技革命。

——中国科学院微生物研究所微生物资源与大数据中心主任、国家微生

物科学数据中心主任、世界微生物数据中心主任马俊才说，生命科学研究已经进入"数据密集型科学发现"时代，生物技术与信息技术融合发展已成为人类社会演化的新特征，同时也正在改变我们对生命与人类本身的认识，是对社会有重大影响的变革性力量，也是影响产业发展的巨大推动力，对未来社会图景有颠覆性影响。

——在生物医药领域创业20多年、成功培育两家上市公司的谢良志博士认为，由于测序技术的进步，完成一份完整的人类基因组测序所需的时间已经从最初的十几年降低到几天，成本从30亿美元降低到几千美元，这就是一场技术革命。随着基因测序技术革命性的进展，全基因组测序已成为日常性工作，基因测序和检测的速度、成本使得更多的临床和医学应用成为可能，也为个体化诊疗技术和产业的发展提供了关键的技术支持和发展空间。"基因科技只是现代生物学、生物医药中的一个较小的组成部分，是一个重要的工具和技术能力，最终治病救人还是需要更好的药品、医学技术的发展和医护人员的付出。"

——在致力于生命数据化和精准健康管理的推广与应用的北京奇云诺德信息科技有限公司董事长及创始人罗奇斌看来，生物技术与信息技术的融合发展进入了相互推动、齐头并进的时代，并成为新一轮科技革命和产业变革的重大推动力和战略制高点。在未来二三十年内，生命科学与生物技术的发展将使人类认识自身和生命起源与演化的知识超过过去数百年，生命科学正酝酿着新的突破。生物技术的新进展将会给农业、医疗与保健带来根本性的变化，并对信息、材料、能源、环境与生态科学带来革命性的影响。

——邓心安认为，**生命科学与信息技术、物质科学和工程学等学科正在发生跨界融合。纳米科学与技术、生物技术、信息技术、认知科学等四大科技领域的加速协同与融合，共同形成"NBIC会聚技术"，被认为是生命科学继DNA双螺旋结构发现、人类基因组计划破译等两次革命后的正在经历的第三次革命，将使生命科学研究向定量、精确、数字化、可视化发展。**

——中科院成都文献情报中心战略情报部主任、生物科技战略研究中心执行主任陈方判断，当生物产业集群在国民经济中逐渐占据主导带动作用，与其相关的经济活动越发广泛和繁荣，有望推动产业革命和社会经济结构调整时，就有理由推测其可能引领经济形态的新一轮更替。

　　——在细胞治疗领域耕耘10多年、在全世界率先突破细胞规模化制备的深圳赛动生物自动化有限公司总经理刘沐芸说，人类基因组计划催生了高通量测序仪的出现，引发了生命密码解读的革命。生物科技革命将在下一个10到20年孕育出4万亿美元的新产业。并且这些新技术的应用并不局限于健康领域，而是会拓展到农业、食物、消费品、材料、化工和能源等领域，将对人类社会和人类生活的方方面面产生深远的影响。这场生物科技革命目前还只是一个新的起点，远没有到成功的时候。

　　——中科院遗传与发育生物学研究所再生医学研究中心主任、分子发育生物学国家重点实验室副主任戴建武认为，近20年里，基因行业获得蓬勃发展。从基因测序技术到基因合成技术、基因治疗技术，这些技术的突破在不断改变我们的生活。现代生命科学的发展，将带来一场产业革命。基因技术、细胞科学的发展，已经成为"生物医药、生物育种、生物材料、生物能源"等四大代表性产业的发展基础，成为生物经济的基础。

　　——马俊才说，全面系统地解析微生物的结构和功能，搞清相关的调控机制，将为解决人类社会面临的健康、农业和环境等重大系统问题带来革命性的新思路，而相关的微生物技术革新，又能带来颠覆性的手段，提供不同寻常的解决方案。

　　——国际生物材料科学与工程学会联合会主席、四川大学教授张兴栋院士指出，当代生物材料科学与产业正在发生革命性变革，可再生人体组织或器官的生物材料已成为生物材料的发展方向和前沿。我们应该基于国家对生物材料的战略需求，前瞻生物材料的发展方向，立足生物材料科学与产业前沿，创新驱动，跨越式发展。

　　——中科院遗传与发育生物学研究所原党委书记、浙江省杭州市副市长胥伟华指出，生物经济是交叉经济、融合经济，具有高科技、高附加值的特性，生物技术与基因技术、蛋白质工程技术、信息技术、大数据技术、人工智能技术等交叉融合，带来新的技术突破，可应用于医疗健康、资源环境、能源、食品等众多行业，推动行业的革命性变化。新冠肺炎疫情势必会倒逼生物技术引领的新科技革命、生物经济引领的新产业革命加速到来。

四、从"万物互联"转向"万物共生"

人类究竟处于生物经济的哪个阶段？

邓心安的看法，代表了不少人的共识——以 1953 年 DNA 双螺旋结构的发现为标志，生物经济（形态）进入孕育阶段；2000 年人类基因组草图的破译完成，标志着生物经济进入成长阶段。大约到 21 世纪 30 年代初，生物基及生物科技产品将得以廉价且普遍使用，标志着生物经济发展进入其成熟阶段，到那个时候，才可称经济社会进入真正的生物经济时代。然而，实际发展是不平衡的，从细分角度来看，少数发达国家可能会在此之前，即大约在 2020 年代中期进入生物经济时代。在生物经济时代，基因重塑世界，以革命性的手段改变人类的生产和生活方式，生物、信息、物质跨界大融合，世界经济社会发展的主流从"万物互联"转向"万物共生"。

这场科技革命、产业革命，会给未来带来怎样一幅图景？

——牛津大学讲座教授、《自私的基因》《盲眼钟表匠》等书作者理查德·道金斯预言："今天，胸腔 X 射线可以告诉你是否有肺癌或者肺结核。到 2050 年，用胸腔 X 光线的钱，你可以知道每个基因的全部信息。医生给你的，不是大家一样的病历本，而是针对你个人的基因组的处方。那当然是好事情，但你个人的清单也惊人准确地预言了你的自然终点。"

——麻省理工学院人工智能实验室主任 R·布鲁克斯如此憧憬和预测未来："到 21 世纪的中点，我们将拥有许许多多新的生物能力。有些在今天看来还是幻想，正如今天的计算机的速度、存储和价格，对 1950 年工作在第一代数字计算机面前的工程师们来说，也像梦幻一般。我们似乎有理由相信，到 2050 年的时候，我们不但能在受精时干预和选择婴儿的性别，还能选择许多体貌、精神和性格的特征""为改变我们的身体而发展起来的技术也可以用于我们的工业系统。我们现在生产的许多东西，将来可以通过利用基因工程的生命来培育——那些生命在我们的数字控制下完成分子的操作。我们的身体和我们工厂里的材料将成为同样的东西。"

……

生物经济时代，关于生命的一切，都有可能发生。

五、中国，没有任何理由、任何资本再次与新科技革命失之交臂

我们站在一个新时代——生物经济时代的门槛上。机遇不可错过。

这是专家们的呼吁：

——王宏广说，从历史规律看，谁引领科技革命，谁就引领世界经济发展。回顾历史，世界第一大经济体都曾引领过科技革命，农业经济时代的中国，工业经济时代的欧洲，数字经济时代的美国都是如此！我国要达到并长期保持世界第一大经济体，必然要引领生物技术引领的新科技革命，我国没有任何理由、任何资本再次与新科技革命失之交臂！

"机不可失、时不再来，生物科技革命之后的科技革命，还不知道是什么技术引领，但肯定要等上几十年，甚至几百年，此时不搏，更待何时？"王宏广已经不是呼吁，而是呐喊了。他建议将生物经济作为引领世界未来发展的核心，像抓"两弹一星"一样抓生物经济，以人才为核心，广聚各个民族、国家的优秀人才，引领世界未来的发展。

——李开复坚信，全球生命科学正经历巨大变革，医疗数据在快速地被数字化，除了穿戴设备的普及，医疗的部分流程如AI影像、基因测序等新技术都将带来标准化、结构化的海量新数据。数据是AI发展的必要燃料，肯定会给AI在医疗领域的创新应用带来更好更多的机会。而中国对医疗新技术的拥抱和投入，有望引领这场AI+医疗的产业变革。

——专注医疗健康行业投资的启明创投主管合伙人梁颖宇说，纵观全球最具代表性的世界级生物医药产业集群的发展脉络可以发现，打造世界级生物医药产业集群离不开普惠化的产业政策、关键核心技术突破、完善的产学研转化体系、专业化的产业分工和协作等。新冠肺炎疫情的暴发，叠加医疗健康产业的发展周期，使得医疗健康行业、企业都成为全球关注的焦点，也让中国医疗健康市场迸发出巨大的潜力和创新活力。相信在政策支持下，未来中国将有一大批拥有全球领导者地位的龙头企业发展起来。

——胥伟华表示，无论是工业经济、信息经济还是生物经济，就像马拉松，不在于起步是否领先，重要的是能否持之以恒跑下去，跟强者跑、跟时间跑、跟自己跑，最后成为领先者。相信在生物经济时代，我们有着比以往

更为优越的条件，我们会从跟跑转向并跑，并最终成为领跑者，但这不是一朝一夕的事情，需要我们几代人不懈的努力。

——刘沐芸呼吁："无创产前诊断检测技术"，是在器官组织水平出现变化之前"捕捉"到"病变信号"。这是一个革命性的创新。从过去的有创到无创，从过去的"可供观察的质变"到这个"极早期的信号改变"，工具的进步赋予了我们人类认知极微观世界的能力。但如此革命性的诊断工具，至今没有一项进入临床诊断指南，成为临床诊断金标准，这是值得我们反思的地方。

同时她发出警告，对人类来讲，生物科技的重要性毋庸置疑，但我们在全力推进生物产业革命发生的同时，必须进行充分的风险评估，以确保在最大化生物科技益处的同时控制其风险。因为相较于数据技术和AI带来的数据风险，生物技术带来的生物数据隐私风险将会有过之无不及，互联网、人工智能获取的数据仅仅是人类外部数据，而生物数据来自人类自身，这些数据更敏感、更个人化。"20世纪90年代，我们开始通过基因测序的方法'阅读'我们自身，熟读了之后，自然而然地就想要'写'，然后就想要'改'了，为什么呢？因为想要更好啊，然后就想要凭空'造'了。那未来'人'还是'本人'吗？这一点，需要大家共同思考和回答。"

……

"未来'人'还是'本人'吗？"刘沐芸博士的疑问，我早在20多年前与毛磊主编、合著的《你还是你吗？——人类基因组报告》中就提出过：基因技术的发展，会不会有一天让一个资质平平者突然变得绝顶聪明？未来人是否会坐上造物主的宝座，成为自己的设计师？如果这一切真的有可能成为现实，那么人类如何面对这些新的拷问，如"我还是我吗？""我还是人吗？"人类对自身的改造真的会走如此远吗？

《你还是你吗？——人类基因组报告》这本书还颇带预见性，以一个章节的形式提出"迎接基因经济时代"："人类基因组图谱绘制成功，不仅在技术上具有与发现DNA分子结构类似的革命性，同时也标志着生物产业开始了一个新的发展阶段，预示着全球经济即将迎来新的形态。在即将到来的新经济形态中，基因技术将扮演关键的角色。在重要性方面，基因技术将与信息技术、材料技术以及能源技术分庭抗礼。以基因技术为龙头的新型生物经济，很可能在未来取代信息经济成为经济生活中的主导，并使信息经济相形见绌。"

这场新的科技革命、产业革命，和以往的科技革命、产业革命，大不相同！因为它关乎生命本身，关乎人类命运前途……期待更多人、更多企业和投资人、更多地方政府乃至中央政府进一步真正认识到"做大做强生物经济"之路，认识到这是中国抓住新一轮科技革命和产业革命的难得的历史性机遇，认识到以问题带导向的大目标大需求、核心技术、核心工具、大平台和研究队伍"五合一"的重要性。

看到了趋势，我们就要紧紧把握住趋势；

看到了未来，我们就要积极去创造未来；

看到了新世界，我们就要力争做新世界里能掌握自己命运的人……

不吐不快，不写不快，于是历经半年努力，终于有了这本集体智慧的结晶——《生物经济：一个革命性时代的到来》。

"尽管科技发展的速度已经超过了人们习以为常的工作速度和决策速度，我们仍然可以预测未来。预测未来其实就是认识现在正在兴起的趋势，然后在合适的时间做出合适的行动……"在哥伦比亚大学和纽约大学商学院教授未来预测课程、创办未来今日研究所的世界知名未来学家，被《福布斯》评选为"改变世界的五大女性之一"的艾米·韦布在《预见：未来是设计出来的》一书中这样指出。

集众智出版《生物经济：一个革命性时代的到来》一书，就是想告诉人们：无论是作为一个个体生命，还是一个国家，抓住正在兴起的生物经济发展趋势，"在合适的时间做出合适的行动"，才会有更好的未来……

感谢所有的参与者，感谢出版单位，感谢无数个周末和节假日时光，感谢无数个夜晚的默默坚持……对于非常想将"未来已来"告诉人们的我来说，是一种信念让我选择了坚持。

有关生物经济参考书目

1.〔美〕普雷斯顿·埃斯特普:《长寿的基因——如何通过饮食调理基因,延长大脑生命力》,姜佟琳译,浙江人民出版社2016年版。

2.王立铭:《上帝的手术刀:基因编辑简史》,浙江人民出版社2017年版。

3.〔美〕约翰·布罗克曼:《生命:进化生物学、遗传学、人类学和环境科学的黎明》,黄小骑译,浙江人民出版社2017年版。

4.〔美〕丹尼尔·利伯曼:《人体的故事:进化、健康与疾病》,蔡晓峰译,浙江人民出版社2017年版。

5.〔美〕阿图·葛文德:《最好的告别:关于衰老与死亡,你必须知道的常识》,彭小华译,浙江人民出版社2015年版。

6.〔美〕埃里克·托普:《未来医疗:智能时代的个体医疗革命》,郑杰译,浙江人民出版社2016年版。

7.〔美〕克雷格·文特尔:《生命的未来:从双螺旋到合成生命》,贾拥民译,浙江人民出版社2016年版。

8.〔美〕D.L.哈特尔、〔美〕M.鲁沃洛:《遗传学:基因和基因组分析》,杨明译,科学出版社2015年版。

9.〔美〕D.L.斯托克姆:《再生生物学与再生医学》,庞希宁、付小兵译,科学出版社2013年版。

10.杨焕明:《基因组学》,科学出版社2016年版。

11.杨焕明:《"天"生与"人"生:生殖与克隆》,科学出版社2008年版。

12.〔英〕尼克·莱恩:《生命的跃升:40亿年演化史上的十大发明》,张博然译,科学出版社2016年版。

13.〔比〕克里斯·韦伯:《长寿密码:来自科学前沿的健康长寿秘诀》,王钊、范丽译,科学出版社2019年版。

14. 杨天林：《生物的故事》，科学出版社2018年版。

15. 伍焜玉：《血液的奥秘：你必须知道的血液知识》，科学出版社2015年版。

16.［美］迈克尔·贝尔菲奥尔：《疯狂科学家大本营：世界顶尖科研机构的创新秘密》，《疯狂科学家大本营：世界顶尖科研机构的创新秘密》翻译组译，科学出版社2012年版。

17.［奥］埃尔温·薛定谔：《生命是什么：生物细胞的物理学见解》，罗来欧、罗辽复译，湖南科学技术出版社2016年版。

18.［美］克雷格·文特尔：《解码生命》，赵海军、周海燕译，湖南科学技术出版社2011年版。

19.［英］弗朗西斯·克里克：《惊人的假说》，汪九云等译，湖南科学技术出版社2007年版。

20.［美］戴尔·E.布来得森：《终结阿尔茨海默病：全球首套预防与逆转老年痴呆的个性化程序》，何琼尔译，湖南科学技术出版社2018年版。

21.［美］马丁·布莱泽：《消失的微生物：滥用抗生素引发的健康危机》，傅贺译，湖南科学技术出版社2016年版。

22.［美］悉达多·穆克吉：《基因传：众生之源》，马向涛译，中信出版集团2018年版。

23.［美］丹尼尔·利伯曼、［美］迈克尔·E.朗：《贪婪的多巴胺：欲望分子如何影响人类的情绪、想象、冲动和创造力》，郑李垚译，中信出版集团2021年版。

24.［英］亚当·卢瑟福：《我们人类的基因：全人类的历史与未来》，严匡正、庄晨晨译，中信出版集团2017年版。

25.［美］道尔顿·康利、［美］詹森·弗莱彻：《基因：不平等的遗传》，王磊译，中信出版集团2018年版。

26.［美］沙龙·莫勒姆、［美］乔纳森·普林斯：《病者生存：疾病如何延续人类寿命》，程纪莲译，中信出版集团2018年版。

27. 尹烨：《生命密码——你的第一本基因科普书》，中信出版集团2018年版。

28. 尹烨：《生命密码——人人都关心的基因科普》，中信出版集团2020年版。

29. 互联网医疗中国会编著，李未柠、王晶主编：《互联网+医疗——重构医疗生态》，中信出版集团2016年版。

30.［美］罗伯特·普罗明：《基因蓝图：DNA究竟如何塑造我们的性格、智力和行为？》，刘颖、吴岩译，中信出版集团2020年版。

31.［英］琳达·格拉顿、［英］安德鲁·斯科特：《百岁人生：长寿时代的生活和工作》，吴奕俊译，中信出版集团2018年版。

32.［英］理查德·道金斯：《盲眼钟表匠》，王道还译，中信出版社2014年版。

33.［美］史蒂文·门罗·利普金、［美］乔恩 R·洛马：《基因组时代：基因医学的技术革命》，许宗瑞、陈宏斌译，机械工业出版社2016年版。

34.［英］道恩·菲尔德、［英］尼尔·戴维斯：《基因组革命：基因技术如何改变人类的未来》，刘雁译，机械工业出版社2017年版。

35.［英］马特·里德利：《先天后天：基因、经验以及什么使我们成为人》，黄菁菁译，机械工业出版社2015年版。

36.［美］迈克尔·N.艾布拉姆斯、［美］丽塔·E.纽默奥夫：《医疗再造：基于价值的医疗商业模式变革》，张纯辉译，机械工业出版社2017年版。

37.［英］马特·里德利：《基因组：生命之书23章》，尹烨译，机械工业出版社2021年版。

38.［美］唐娜·玛维、［美］唐娜 J·斯洛文斯琪：《移动医疗：智能化医疗时代的来临》，王振湘、杜莹婧译，机械工业出版社2016年版。

39.［德］埃拉德·约姆－托夫：《医疗大数据：大数据如何改变医疗》，潘苏悦译，机械工业出版社2016年版。

40.［美］戴维·珀尔马特、［美］克里斯廷·洛伯格：《谷物大脑》，温旻译，机械工业出版社2020年版。

41.［美］戴维·珀尔马特、［美］克里斯廷·洛伯格：《谷物大脑完整生活计划》，闫佳译，机械工业出版社、中国纺织出版社2020年版。

42.［美］戴维·珀尔马特、［美］克里斯廷·洛伯格：《菌群大脑：肠道微生物影响大脑和身心健康的惊人真相》，张雪、魏宁译，机械工业出版社、中国纺织出版社2020年版。

43.［德］托马斯·瑞德：《机器崛起：遗失的控制论历史》，王晓、郑心湖等译，机械工业出版社2017年版。

44.［美］埃里克·托普：《颠覆医疗：大数据时代的个人健康革命》，张南、魏巍、何雨师译，电子工业出版社2014年版。

45.罗奇斌、陈金雄主编：《互联网+基因空间：迈向精准医疗时代》，电子工业出版社2017年版。

46.［美］迈克尔·格雷格、［美］吉恩·斯通：《救命！逆转和预防致命疾病的科学饮食》，谢宜晖、张家绮译，电子工业出版社2018年版。

47.［美］《科学新闻》杂志编著：《生命与进化：探索生命与进化的前沿科学》，陈方圆、蔡晶晶译，电子工业出版社2018年版。

48.［美］乔丹·斯莫勒：《正常的另一面：美貌、信任与养育的生物学》，郑嬫译，生活·读书·新知三联书店2016年版。

49.［美］芭芭拉·纳特森-霍洛威茨、［美］凯瑟琳·鲍尔斯：《共病时代：动物疾病与人类健康的惊人联系》，陈筱宛译，生活·读书·新知三联书店2017年版。

50.［美］戴安娜·阿克曼：《人类时代：被我们改变的世界》，伍秋玉、澄影、王丹译，生活·读书·新知三联书店2017年版。

51.［美］史蒂芬·奥布莱恩：《猎豹的眼泪》，朱小健、夏志、蒋环环译，北京大学出版社2014年版。

52.刘虹主编：《医学概述》，北京大学医学出版社2015年版。

53.李萍萍主编：《癌症离你有多远——肿瘤是可以预防的》，北京大学医学出版社2012年版。

54.［美］以太·亚奈、［美］马丁·莱凯尔：《基因社会：哈佛大学人性本能10讲》，尹晓虹、黄秋菊译，江苏凤凰文艺出版社2017年版。

55.曲黎敏、陈震宇：《曲黎敏图说人体自愈妙药》，江苏凤凰科学技术出版社2015年版。

56.胡显亚、王义祁、侯晞、梁枫：《基因学解析》，江苏科学技术出版社2011年版。

57.［英］内莎·凯里：《遗传的革命：表观遗传学将改变我们对生命的理解》，贾乙、王亚菲译，重庆出版社2016年版。

58.［美］林恩·马古利斯、［美］多里昂·萨根：《小宇宙：细菌主演的地球生命史》，王文祥译，漓江出版社2017年版。

59.［英］比尔·布莱森：《人体简史：你的身体30亿岁了》，闾佳译，文汇出版社2020年版。

60.［美］贾雷德·戴蒙德：《枪炮、病菌与钢铁：人类社会的命运》，谢延光译，上海译文出版社2014年版。

61.李亚一、陈复成、李志琼编著：《生物技术——跨世纪技术革命的主角》，中国科学技术出版社1994年版。

62.［美］厄尔·明德尔等：《家庭用药必备手册》，单学伦译，新华出版社2005年版。

63.朱晓华：《生命由自己把握》，商务印书馆2017年版。

64.高福、刘欢:《流感病毒:躲也躲不过的敌人》,科学普及出版社2018年版。

65.朱兵:《系统针灸学:复兴"体表医学"》,人民卫生出版社2015年版。

66.叶哲伟主编:《智能医学》,人民卫生出版社2020年。

67.〔美〕伊芙·赫洛尔德:《超越人类》,欧阳昱译,北京联合出版公司2018年版。

68.〔英〕马修·沃克:《我们为什么要睡觉》,田盈春译,北京联合出版公司2021年版。

69.〔英〕帕特里克·霍尔福德:《营养圣经:健康一生的营养计划》,范志红等译,北京联合出版公司2018年版。

70.〔美〕罗伯特·C.阿特金斯:《抗衰老饮食——阿特金斯医生的营养饮食计划》,仝雅青译,北京联合出版公司2018年版。

71.〔美〕苏珊·布卢姆、〔美〕米歇尔·本德:《免疫功能90天复原方案:从根源上构筑人体免疫防线的健康策略》,王树岩译,北京科学技术出版社2020年版。

72.〔德〕耶尔·阿德勒、〔德〕卡佳·施皮策:《人体的秘密:那些说不出口的正经事》,马心湖译,北京科学技术出版社2020年版。

73.〔美〕莎拉·巴兰坦:《原始饮食:远离自身免疫性疾病的细胞营养学》,邓源、郑璐译,北京科学技术出版社2019年版。

74.〔美〕徐嘉:《非药而愈:一场席卷全球的餐桌革命》,江西科学技术出版社2018年版。

75.〔法〕大卫·塞尔旺-施莱伯:《每个人的战争:抵御癌症的有效生活方式》,张俊译,广西师范大学出版社2017年版。

76.〔美〕露易斯·海:《生命的重建》,徐克茹译,中国宇航出版社2008年版。

77.李经纬:《中医史》,海南出版社2015年版。

78.曲绵域:《运动医学》,长春出版社2000年版。

79.于康:《做自己的营养医生》,求真出版社2011年版。

80.金观涛、凌锋、鲍遇海、金观源:《系统医学原理》,中国科学技术出版社2017年版。

81.〔美〕约瑟夫·米歇利:《管理的完美处方:向世界顶级医疗机构学习领导力》,张国萍、王泽瑶译,中国人民大学出版社2017年版。

82.〔美〕杰弗瑞·布兰德:《功能医学圣经——全面战胜慢性病》,李汉威译,天下生活出版股份有限公司2016年版。

83.〔德〕尤格·布莱克:《无效的医疗:手术刀下的谎言和药瓶里的欺骗》,穆易译,北京师范大学出版社2007年版。

84.［美］迪帕克·乔普拉、［美］鲁道夫·E·坦齐：《超级基因：如何改变你的未来》，钱晓京、潘治译，中国工信出版集团、人民邮电出版社2016年版。

85.杨金水编著：《基因组学》，高等教育出版社2019年版。

86.［美］埃里克·托普：《深度医疗：智能时代的医疗革命》，郑杰、朱烨琳、曾莉娟译，河南科学技术出版社2020年版。

87.［美］哈尔·埃尔罗德：《早起的奇迹：那些能够在早晨8点前改变人生的秘密》，易伊译，南方出版传媒、广东人民出版社2018年版。

88.《2021基因行业蓝皮书》（内部资料），2021年3月12日。

89.［美］杰里米·里夫金：《生物技术世纪——用基因重塑世界》，付立杰译，上海科技教育出版社2000年版。

90.［英］尼克·莱恩：《复杂生命的起源》，严曦译，贵州大学出版社2020年版。

91.［美］苏珊·霍克菲尔德：《生命科学：无尽的前沿》，高天羽译，湖南科学技术出版社2021年版。

92.［美］大卫·朱利安·麦克伦茨：《未来食品：现代科学如何改变我们的饮食方式》，董志忠、陈历水译，中国轻工业出版社2020年版。

93.［匈牙利］赫塔拉·麦斯可：《颠覆性医疗革命》，大数据文摘翻译组译，中国人民大学出版社2016年版。

94.［美］马文·明斯基：《心智社会》，任楠译，机械工业出版社2016年版。

95.［以色列］尤瓦尔·赫拉利：《人类简史：从动物到上帝》，林俊宏译，中信出版集团2017年版。

96.［以色列］尤瓦尔·赫拉利：《未来简史：从智人到智神》，林俊宏译，中信出版集团2017年版。